楼梯建筑结构
设计技巧与实例精解

LOUTI JIANZHU JIEGOU
SHEJI JIQIAO YU SHILI JINGJIE

周俐俐　编著

化学工业出版社

·北京·

本书根据我国最新颁布的现行建筑规范和结构规范编写，通过工程实例全面阐述了常见房屋结构体系的楼梯建筑形式和结构形式。全书分5章，主要内容包括楼梯建筑设计技巧、楼梯结构设计技巧、框架结构钢筋混凝土楼梯设计实例、钢楼梯设计实例、砌体结构钢筋混凝土楼梯设计实例等。本书内容丰富翔实、设计实例分析透彻、实用性强。

本书可供高等学校土木工程专业、高等专科学校和高等职业技术学院房屋建筑工程专业学生毕业设计时使用，也可作为报考注册结构师的人员进行专业知识强化时的参考用书，还可供研究生和工程结构设计人员及土木工程相近专业人员在工程设计中参考。

图书在版编目（CIP）数据

楼梯建筑结构设计技巧与实例精解/周俐俐编著. —北京：
化学工业出版社，2018.8
ISBN 978-7-122-32313-2

Ⅰ.①楼…　Ⅱ.①周…　Ⅲ.①楼梯-建筑设计　Ⅳ.①TU229

中国版本图书馆 CIP 数据核字（2018）第 115242 号

责任编辑：彭明兰　　　　　　　　　　　　　装帧设计：韩　飞
责任校对：王　静

出版发行：化学工业出版社（北京市东城区青年湖南街 13 号　邮政编码 100011）
印　　装：涿州市京南印刷厂
787mm×1092mm　1/16　印张 13½　字数 339 千字　2018 年 9 月北京第 1 版第 1 次印刷

购书咨询：010-64518888　　　　　　　售后服务：010-64518899
网　　址：http://www.cip.com.cn
凡购买本书，如有缺损质量问题，本社销售中心负责调换。

定　　价：68.00 元

前言

　　楼梯是建筑物使用最为广泛的竖向交通设施，楼梯间在建筑结构设计中只占极小的部分，但却是房屋结构的重要组成部分，在地震突发、人员紧急疏散时楼梯是唯一的紧急逃生通道。面对地震中空旷的楼梯间的严重震害，确保楼梯间在大震中不倒是设计中的重中之重，因此，楼梯的合理设计应该引起设计人员的足够重视。但目前的现状是关于楼梯设计的专门用书极少，也侧面反映了人们对楼梯设计不够重视。在校土木工程专业学生和设计院的设计人员对楼梯设计的重要性认识也不足，导致设计时对楼梯荷载仅进行粗略估算，计算模型与实际受力情况不符，大多仅限于用程序进行简单计算。

　　2008年汶川大地震后，笔者多次参与学校教学楼的抗震鉴定和加固修复工作，针对楼梯间的震损破坏，深感楼梯设计的重要性，因此，本书中笔者根据多年的建筑结构设计工作经验和二十多年的专业课教学经验，根据现行的国家标准和规范，通过各种楼梯的工程实例，全面阐述了常见房屋结构体系的楼梯建筑形式和结构形式。全书的主要内容包括楼梯建筑设计技巧、楼梯结构设计技巧、框架结构钢筋混凝土楼梯设计实例、钢楼梯设计实例和砌体结构钢筋混凝土楼梯设计实例等。本书内容丰富翔实、设计实例分析透彻、施工图纸规范完整，采用不同结构方案对比，因此，实用性很强。

　　本书由周俐俐编著，在编写过程中，张志强、周珂、郑伟、齐年平、高伟、雷劲松给予了一定的帮助，在此表示感谢。

　　在编写本书的过程中，参考了大量的文献资料。在此，谨向这些文献的作者表示衷心的感谢。

　　虽然本人对编写工作是努力的和认真的，但由于本人水平有限，疏漏之处在所难免，恳请读者雅正。

编著者

2018 年 3 月

目录

第4章　钢楼梯设计实例　　145

第5章　砌体结构钢筋混凝土楼梯设计实例　　160

第1章

楼梯建筑设计技巧

1.1 楼梯建筑设计基本规定

楼梯是建筑物使用最为广泛的竖向交通设施，在抗震救灾和人员紧急疏散时基本上是唯一通道。因此，对楼梯的设计应该引起设计人员的足够重视。在楼梯建筑设计方面，合理选择楼梯的形式、坡度、材料、细部构造精细做法等是必须重点考虑的内容。

1.1.1 楼梯建筑设计总体要求

1.1.1.1 要满足功能上的要求

楼梯的数量、位置、形式和楼梯的宽度、坡度均应该符合上下通畅、疏散方便的原则，楼梯间必须直接采光，采光面积应不小于1/12楼梯间平面面积。

1.1.1.2 要满足结构和建筑构造方面的要求

在建筑构造方面要满足坚固与安全的要求，例如扶手、栏杆和踏步之间应有牢固的连接，选用栏杆式样也应注意花饰形式，杆件与杆件的间距应考虑防止发生意外事故，栏杆间距的净空尺寸应按照少年儿童头部的平均宽度来考虑。如图1-1所示的栏杆设计是不恰当的，容易造成攀爬安全事故并且容易踩变形。空花栏杆以栏杆竖杆作为主要受力构件才是稳妥的。

图1-1 不恰当的栏杆形式

1.1.1.3 要满足防火、安全方面的要求

为保证楼梯有足够的通行和疏散能力，楼梯的间距和数量应根据建筑物的耐火等级，满足防火设计规范中民用建筑及工业辅助建筑安全出口所规定的要求。楼梯间四周墙厚至少为240mm，并且不准有凸出的砖柱、砖礅、散热片、消防栓等任何构件，防止人员在紧急疏散通行时受阻而发生意外。

1.1.1.4 美观、经济方面要求

楼梯形式、材料和细部做法的选择，应根据建筑不同的使用要求和装修标准，做出恰当

的选择，既要考虑建筑空间的装饰效果，也要考虑经济合理的问题。

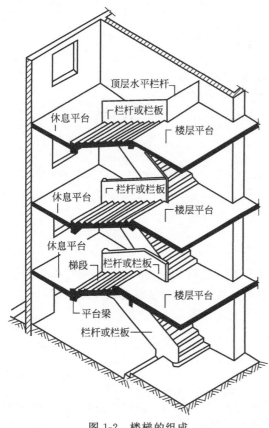

图1-2 楼梯的组成

1.1.2 楼梯的组成

楼梯一般由梯段；平台梁（梁式楼梯还包括斜梁，在本书第2章楼梯结构设计技巧中详细说明）；休息平台板；楼层平台板；栏杆；扶手等组成，如图1-2所示。梯段的踏步步数一般不宜超过18级，但也不宜少于3级，如果步数太少，则不易为人们察觉，容易摔倒。休息平台或楼层平台最好不能有凸出的结构构件，避免人群拥挤时发生踩踏。栏杆（或栏板）和扶手一般在梯段临空一侧设置，当梯段宽度大于1.65m时，应加设靠墙扶手；当梯段宽度大于2.2m时，还应在梯段中间设置中间扶手。

1.1.3 楼梯的形式

楼梯的形式主要由楼梯梯段与平台的组合形式来区分的，主要有单跑直楼梯、双跑直楼梯、转角楼梯、双跑平行楼梯、双分平行楼梯、三角形三跑楼梯、双分转角楼梯、三跑楼梯、五角形楼梯、六角形楼梯、八角形楼梯、马蹄形楼梯、圆形楼梯等基本形式，如图1-3所示。比较复杂的防火交叉楼梯、剪刀楼梯和交叉楼梯的平面图和剖面图如图1-4所示。悬挑式楼梯如图1-5所示，由于没有中间平台梁和立柱，建筑效果较好，多用于次要楼梯。螺旋楼梯分无中柱和有中柱两种类型，无中柱形式分为板式螺旋楼梯和梁式螺旋楼梯，如图1-6所示；有中柱螺旋楼梯如图1-7所示。弧形楼梯如图1-8所示，其造型优美，一般用于门厅。

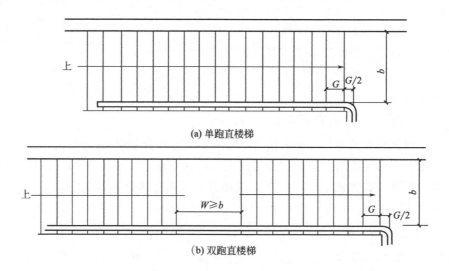

(a) 单跑直楼梯

(b) 双跑直楼梯

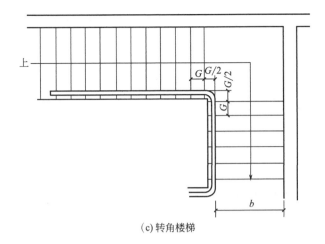

(c) 转角楼梯

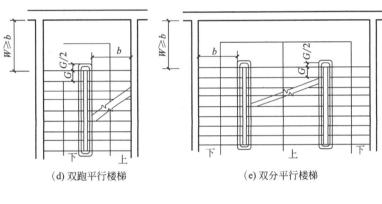

(d) 双跑平行楼梯　　　　　　　(e) 双分平行楼梯

(f) 三角形三跑楼梯

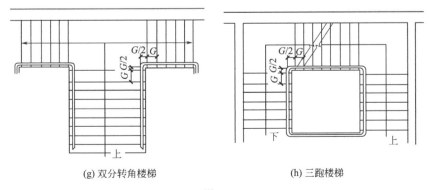

(g) 双分转角楼梯　　　　　　　(h) 三跑楼梯

图 1-3

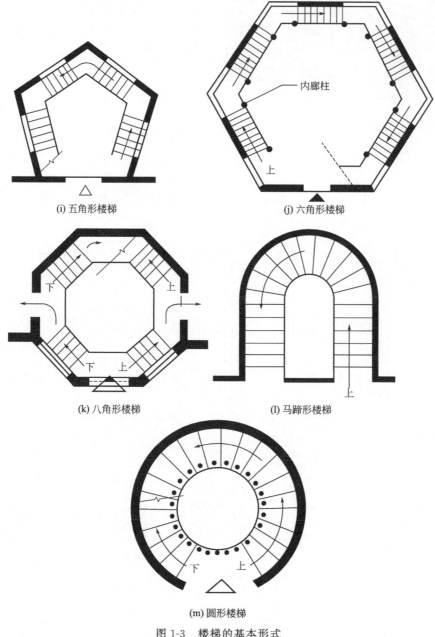

(i) 五角形楼梯

(j) 六角形楼梯

内廊柱

上

(k) 八角形楼梯

下 上

下 上

(l) 马蹄形楼梯

上

(m) 圆形楼梯

下 上

图 1-3　楼梯的基本形式

G—踏步宽度；b—梯段净宽；W—平台净宽

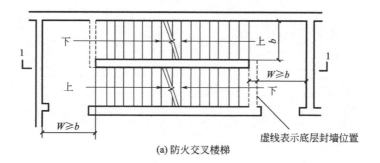

下 上

上 下

b

$W \geqslant b$

$W \geqslant b$

虚线表示底层封墙位置

(a) 防火交叉楼梯

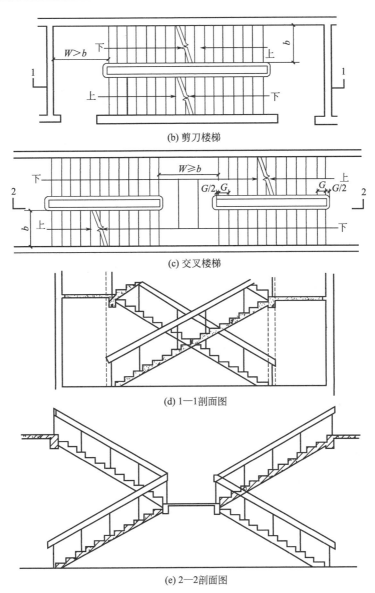

(b) 剪刀楼梯

(c) 交叉楼梯

(d) 1—1剖面图

(e) 2—2剖面图

图 1-4　复杂楼梯平面图和剖面图

G—踏步宽；b—梯段净宽；W—平台净宽

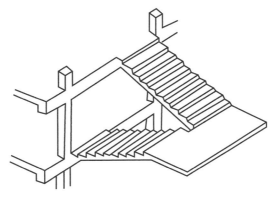

图 1-5　悬挑式楼梯

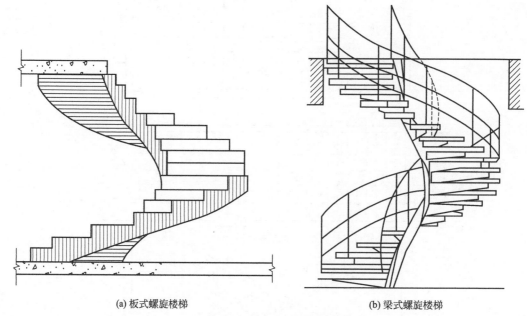

(a) 板式螺旋楼梯　　　　　　　　　　　　(b) 梁式螺旋楼梯

图 1-6　无中柱螺旋楼梯

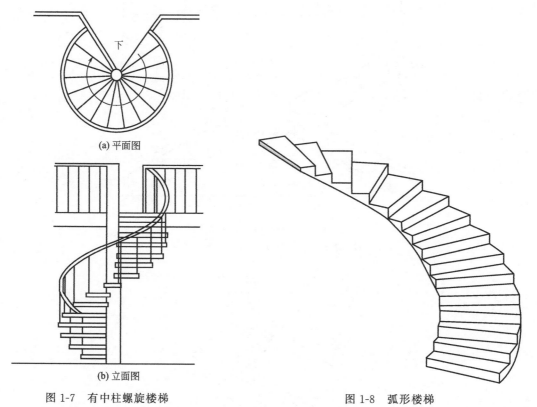

(a) 平面图

(b) 立面图

图 1-7　有中柱螺旋楼梯　　　　　　图 1-8　弧形楼梯

1.1.4　楼梯建筑图画法图例

《建筑制图标准》（GB/T 50104—2010）规定了楼梯的建筑图画法图例，详见表 1-1。

表 1-1　楼梯建筑图画法图例

说　明	图　例
底层楼梯平面	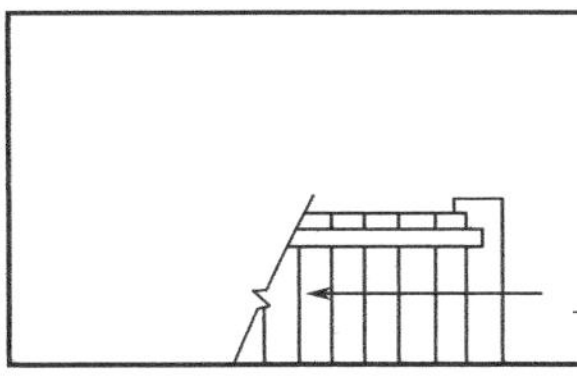
中间层楼梯平面	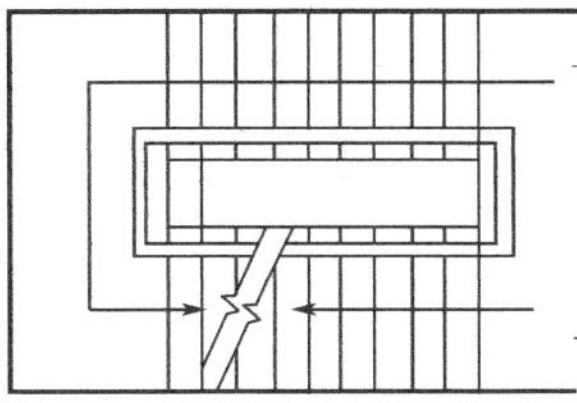
顶层楼梯平面	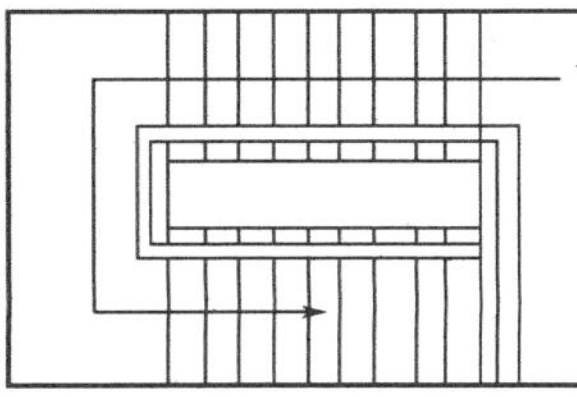

注：楼梯及栏杆扶手的形式和楼梯段踏步数按实际情况绘制。

1.1.5　民用建筑设计对楼梯的基本要求

①　墙面至扶手中心线或扶手中心线之间的水平距离即楼梯梯段宽度除应符合防火规范的规定外，供日常主要交通用的楼梯梯段宽度应根据建筑物使用特征，按每股人流为 0.55m＋(0～0.15)m 确定，并不应少于两股人流。0～0.15m 为人流在行进中人体的摆幅，公共建筑人流众多的场所应取上限值。

②　梯段改变方向时，扶手转向端处的平台最小宽度不应小于梯段宽度，并不得小于 1.20m，当有搬运大型物件需要时应适量加宽。

③　每个梯段的踏步不应超过 18 级，亦不应少于 3 级。

④　楼梯平台上部及下部过道处的净高不应小于 2m，梯段净高不宜小于 2.20m。梯段净高为自踏步前缘（包括最低和最高一级踏步前缘线以外 0.30m 范围内）量至上方突出物下缘间的垂直高度。

⑤　托儿所、幼儿园、中小学及少年儿童专用活动场所的楼梯，梯井净宽大于 0.20m 时，必须采取防止少年儿童攀滑的措施，楼梯栏杆应采取不易攀登的构造，当采用垂直杆件做栏杆时，其杆件净距不应大于 0.11m。

⑥　楼梯踏步的高宽比应符合表 1-2 的规定。

表 1-2　楼梯踏步最小宽度和最大高度　　单位：m

楼梯类别	最小宽度	最大高度
住宅共用楼梯	0.26	0.175

续表

楼梯类别	最小宽度	最大高度
幼儿园、小学学校等楼梯	0.26	0.15
电影院、剧场、体育馆、商场、医院、旅馆和大中学校等楼梯	0.28	0.16
其他建筑楼梯	0.26	0.17
专用疏散楼梯	0.25	0.18
服务楼梯、住宅套内楼梯	0.22	0.20

注：无中柱螺旋楼梯和弧形楼梯离内侧扶手中心 0.25m 处的踏步宽度不应小于 0.22m。

1.1.6 楼梯的无障碍设计要求

供残疾人使用的楼梯与台阶应符合表 1-3 的设计要求。残疾人使用的楼梯、台阶踏步的宽度和高度应符合表 1-4 的设计要求。

表 1-3 楼梯与台阶设计要求

类别	设计要求
楼梯与台阶形式	1.应采用有休息平台的直线形梯段和台阶 2.不应采用无休息平台的楼梯和弧形楼梯 3.不应采用无踢面和凸缘为直角形踏步
宽度	1.公共建筑梯段宽度不应小于 1.50m 2.居住建筑梯段宽度不应小于 1.20m
扶手	1.楼梯两侧应设扶手 2.从三级台阶起应设扶手
踏面	1.应平整而不应光滑 2.明步踏面应设高不小于 50mm 安全挡台
盲道	距踏步起点与终点 25~30cm 处应设提示盲道
颜色	踏面和踢面的颜色应有区分和对比

表 1-4 楼梯、台阶踏步的宽度和高度

建筑类别	最小宽度/m	最大高度/m
公共建筑楼梯	0.28	0.15
住宅、公寓建筑公共楼梯	0.26	0.16
幼儿园、小学学校楼梯	0.26	0.14
室外台阶	0.30	0.14

1.1.7 多层民用建筑防火设计对楼梯的要求

1.1.7.1 疏散走道、安全出口、疏散楼梯和房间疏散门的净宽度

学校、商店、办公楼、候车（船）室、民航候机厅、展览厅、歌舞娱乐放映游艺场所等民用建筑中的疏散走道、安全出口、疏散楼梯以及房间疏散门的各自总宽度，应根据楼层位置、耐火等级等按表 1-5 经计算确定。人员密集的公共场所、观众厅的疏散门不应设置门槛，其净宽度不应小于 1.4m，且紧靠门口内外各 1.4m 范围内不应设置踏步。

表 1-5　疏散走道、安全出口、疏散楼梯以及房间疏散门的净宽度

单位：m/100 人

楼层位置	耐火等级		
	一、二级	三级	四级
地上一、二层	0.65	0.75	1.00
地上三层	0.75	1.00	—
地上四层及四层以上各层	1.00	1.25	—
与地面出入口地面的高差不超过 10m 的地下建筑	0.75	—	—
与地面出入口地面的高差超过 10m 的地下建筑	1.00	—	—

注：1. 当每层人数不等时，疏散楼梯的总宽度可分层计算，地上建筑中下层楼梯的总宽度应按其上层人数最多一层的人数计算；地下建筑中上层楼梯的总宽度应按其下层人数最多一层的人数计算；

2. 当人员密集的厅、室以及歌舞娱乐放映游艺场所设置在地下或半地下时，其疏散走道、安全出口、疏散楼梯以及房间疏散门的各自总宽度，应按其通过人数每 100 人不小于 1.0m 计算确定；

3. 首层外门的总宽度应按该层或该层以上人数最多的一层人数计算确定，不供楼上人员疏散的外门，可按本层人数计算确定；

4. 录像厅、放映厅的疏散人数应按该场所的建筑面积 1.0 人/m² 计算确定；其他歌舞娱乐放映游艺场所的疏散人数应按该场所的建筑面积 0.5 人/m² 计算确定。

1.1.7.2　疏散楼梯

疏散楼梯是供人员在火灾紧急情况下安全疏散所用的楼梯。当发生火灾时，普通电梯如未采取有效的防火防烟措施，因供电中断，一般会停止运行。此时，楼梯便成为最主要的垂直疏散设施。它是楼内人员的避难路线，是受伤者或老人的救护路线，还可能是消防人员灭火进攻路线。普通楼梯间在防火上是不安全的，它是烟、火向其他楼层蔓延的主要通道。因多层建筑层数不算很多，疏散较方便，加上这种楼梯直观、易找，使用方便、经济，所以是多层建筑中使用较多的。疏散楼梯的形式按防烟火的作用可分为防烟楼梯、封闭楼梯、室外疏散楼梯、敞开楼梯等。医院、疗养院的病房楼、旅馆、超过 2 层的商店等人员密集的公共建筑，设置有歌舞娱乐放映游艺场所且建筑层数超过 2 层的建筑，超过 5 层的其他公共建筑等的室内疏散楼梯应采用封闭楼梯间（包括首层扩大封闭楼梯间）或室外疏散楼梯。自动扶梯和电梯不应作为安全疏散设施。

1.1.8　高层民用建筑防火设计对楼梯的要求

在《建筑设计防火规范》（GB 50016—2014）中规定的高层建筑是指建筑高度大于 27m 的住宅建筑和建筑高度大于 24m 的非单层厂房、仓库和其他民用建筑。对于高层建筑，疏散楼梯的设计非常重要。

1.1.8.1　疏散楼梯的设置要求

一类高层公共建筑和建筑高度大于 32m 的二类高层公共建筑，其疏散楼梯应采用防烟楼梯间。裙房和建筑高度不大于 32m 的二类高层公共建筑，其疏散楼梯应采用封闭楼梯间。下列多层公共建筑的疏散楼梯，除与敞开式外廊直接相连的楼梯间外，均应采用封闭楼梯间：

① 医疗建筑、旅馆、老年人建筑及类似使用功能的建筑；

② 设置歌舞娱乐放映游艺场所的建筑；

③ 商店、图书馆、展览建筑、会议中心及类似使用功能的建筑；

④ 6 层及以上的其他建筑。

高层公共建筑的疏散楼梯，当分散设置确有困难且从任一疏散门至最近疏散楼梯间入口的距离不大于 10m 时，可采用剪刀楼梯间，设置要求如下：

① 楼梯间应为防烟楼梯间；

② 梯段之间应设置耐火极限不低于 1.00h 的防火隔墙；

③ 楼梯间的前室应分别设置。

住宅建筑疏散楼梯的设置要求如下。

① 建筑高度不大于 21m 的住宅建筑可采用敞开楼梯间；与电梯井相邻布置的疏散楼梯应采用封闭楼梯间，当户门采用乙级防火门时，仍可采用敞开楼梯间。

② 建筑高度大于 21m、不大于 33m 的住宅建筑应采用封闭楼梯间；当户门采用乙级防火门时，可采用敞开楼梯间。

③ 建筑高度大于 33m 的住宅建筑应采用防烟楼梯间。户门不宜直接开向前室，确有困难时，每层开向同一前室的户门不应大于 3 樘且应采用乙级防火门。

建筑高度大于 33m 的住宅建筑、一类高层公共建筑和建筑高度大于 32m 的二类高层公共建筑、设置消防电梯的建筑的地下或半地下室、埋深大于 10m 且总建筑面积大于 3000m² 的其他地下或半地下建筑（室）等建筑应设消防电梯。

每层疏散楼梯总宽度应按其通过人数每 100 人不小于 1.00m 计算，各层人数不相等时，其总宽度可分段计算，下层疏散楼梯总宽度应按其上层人数最多的一层计算。疏散楼梯的最小净宽度不应小于表 1-6 的规定。

表 1-6   疏散楼梯的最小净宽度

高层建筑	疏散楼梯的最小净宽度/m
医院病房楼	1.30
居住建筑	1.10
其他建筑	1.20

1.1.8.2   疏散楼梯间的设计要求

(1) 耐火构造   疏散楼梯间的墙体应为耐火 2h 以上，可用厚 15cm 的砖、混凝土和加气混凝土等材料建成；楼梯应耐火 1～1.5h 以上，可用钢筋混凝土制作，也可用钢材加防火保护层。楼梯间的内装修采用 A 级材料。

(2) 前室   前室的功能是火灾烟气的隔离空间和人员滞留的暂避地，在发生火灾的情况下，前室自身是第二安全分区。因此要保证前室不得作其他房间使用。我国规定楼梯间前室面积：公共建筑不小于 6m²，居住建筑不小于 4.5m²；与消防电梯合用前室时，公共建筑不小于 10m²，居住建筑不小于 6m²。

(3) 门窗洞口   各门开启的方向均须与疏散方向一致。楼梯间及防烟楼梯间前室的内墙上，除开设通向公共走道的疏散门外，不应开设其他房间的门、窗、洞口。

(4) 尺寸与面积   疏散楼梯的宽度及前室面积等应通过计算确定。梯跑和平台的宽度不宜小于 1.2m；踏步宽不宜小于 25cm；高不宜大于 20cm；防火门的宽度不宜小于 0.9m。

1.2   楼梯建筑设计的基本内容

1.2.1   楼梯的基本尺寸

1.2.1.1   踏步尺寸

楼梯踏步的高度是按女性身高的平均高度来考虑的，成人以 150mm 左右较适宜，不应高于175mm。踏步的水平投影宽度以300mm左右为宜，不应窄于260mm。当踏步宽度过宽时，会导致梯段水平投影面积的增加。当踏步宽度过窄时，会使人流行走不安全。为了在踏步宽度一定的情况下增加行走舒适度，常将踏步出挑20～30mm，使踏步实际宽度大于其水平投影宽度，踏步出挑形式如图1-9所示。踏步高度和宽度一般应该满足式(1-1)的要求，600mm为女子及儿童的平均踏步长度。常用楼梯的踏步高和踏步宽尺寸见表1-7。

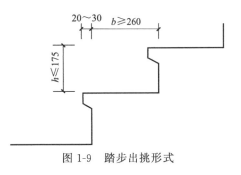

图1-9 踏步出挑形式

$$S = 2h + b \approx 600 \text{mm} \qquad (1-1)$$

式中 h——踏步高度，mm；

b——踏步宽度，mm。

表1-7 常用楼梯的踏步高和踏步宽尺寸 单位：mm

名称	住宅	学校、办公楼	剧院、会堂	医院(病人用)	幼儿园
踏步高 h	150～175	140～160	120～150	150	120～150
踏步宽 b	250～300	280～340	300～350	300	260～300

1.2.1.2 楼梯坡度

楼梯坡度是依据建筑的使用性质和人流行走的舒适度、安全感、楼梯间的尺度、面积等因素进行综合确定的。人流量大（比如公共建筑）、安全要求高的楼梯坡度应该平缓一些，反之则可陡一些，以节约楼梯间面积。常用的坡度为1：2左右。坡度为30°左右的楼梯行走最舒适，室内楼梯的坡度可在20°～45°之间，但不宜超过38°。踏步的高宽比决定了楼梯的坡度。楼梯的坡度与踏步尺寸的关系如图1-10所示。

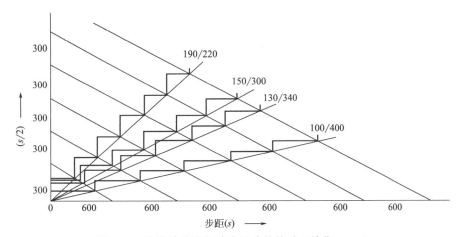

图1-10 楼梯的坡度与踏步尺寸的关系（单位：mm）

1.2.1.3 梯段尺度确定

梯段尺度主要指梯宽和梯长。梯宽应按《建筑设计防火规范》（GB 50016—2014）来确定，每股人流通常按［550＋（0～150）］mm宽度考虑，双人通行时为1000～1100mm，三人通行时为 1500～1650mm。同时，还需满足各类建筑设计规范中对梯段宽度的限定，如住宅大于等于 1100mm，公共建筑大于等于 1300mm 等。梯长即踏面宽度的总和。

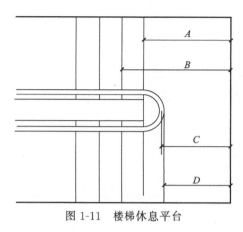

图 1-11　楼梯休息平台

1.2.1.4　平台宽度

平台宽度有中间休息平台宽度和楼层平台宽度，通常中间平台宽度不应小于梯宽，以保证同股数人流正常通行。楼层平台宽度，一般比中间平台更宽松一些，以利人流分配和停留。楼梯休息平台最小宽度指墙面至扶手中心线或扶手中心线之间的水平距离，不是指扶手边缘到墙面的距离。图 1-11 中楼梯休息平台宽度为 C 标注。

1.1.2.5　梯井宽度

梯井是从顶层到底层贯通的梯段之间的空当。为了梯段安装和平台转弯缓冲，可设梯井。梯井宽度不宜过大，一般 100～200mm 为宜，最小不宜小于 60mm。供少年儿童使用的楼梯梯井宽度不应大于 120mm，以利安全。

1.1.2.6　扶手高度

一般楼梯扶手的计算高度见表 1-8。

表 1-8　一般楼梯扶手的计算高度　　　　　　单位：mm

踏步尺寸	130×340	150×300	170×260
扶手高度	890	890	900

1.2.2　楼梯下部净高的控制

楼梯下的净高包括梯段部位和平台部位，其中梯段部位净高不应小于 2200mm，若楼梯平台下做通道时，平台中部位下净高应不小于 2000mm，如图 1-12 所示。为使平台下净高满足要求，一般可以采用以下方式解决。

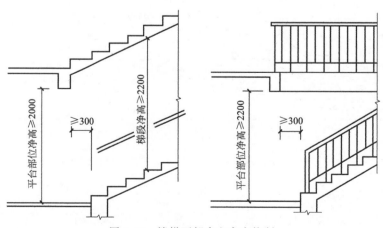

图 1-12　楼梯下部净空高度控制

　　① 在底层变作长短跑梯段。在楼梯间进深较大、底层休息平台宽度富余时可将第一跑设置为长跑，第二跑设置为短跑，以提高中间休息平台标高，如图 1-13(a) 所示。

　　② 局部降低底层中间休息平台下地坪标高，使其低于室内地坪标高（±0.000），但应高于室外地坪标高，以免雨水内溢，如图 1-13(b) 所示。

　　③ 综合以上两种方式，在采取长短跑梯段的同时，又降低底层中间休息平台下地坪标高，如图 1-13(c) 所示。

　　④ 底层用直行楼梯直接从室外上二层，如图 1-13(d) 所示。这种方式常用于住宅建筑，设计时需注意入口处雨篷底面标高的位置，应保证净空高度的要求。

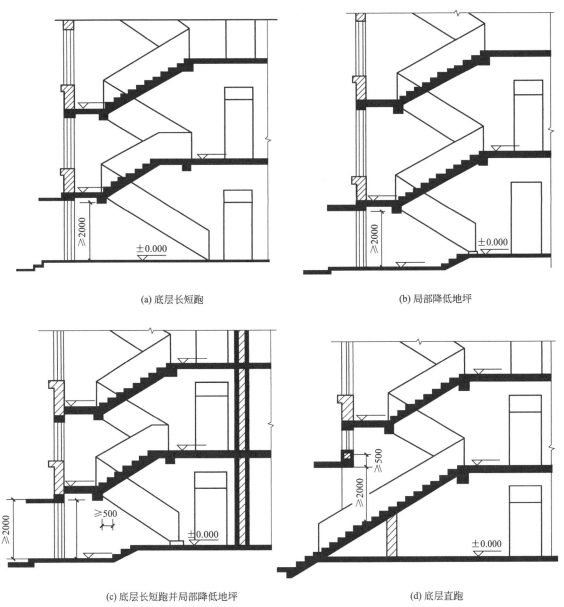

(a) 底层长短跑　　　　　　　　　　　　　　　(b) 局部降低地坪

(c) 底层长短跑并局部降低地坪　　　　　　　　(d) 底层直跑

图 1-13　楼梯下部净高的控制方法

1.3　钢筋混凝土楼梯构造

1.3.1　现浇整体式钢筋混凝土板式楼梯

　　板式楼梯由梯段板、平台板和平台梁三部分组成，如图1-14所示。梯段板承受梯段上的荷载，再把荷载传给平台梁，平台梁再把力传递给承重墙或柱，有时也会取消一端或两端的平台梁，使梯段板和平台板连接成一体，组合成一块折线形板，称之为折板式楼梯，折板式楼梯又分为上折式板式楼梯、下折式板式楼梯和双折式板式楼梯。现浇整体式钢筋混凝土板式楼梯示意图如图1-15～图1-18所示。板式楼梯受力明确、结构计算简单、梯段板底平整、施工方便，应用广泛。考虑到经济因素，板式楼梯的水平投影长度不宜大于3600mm。

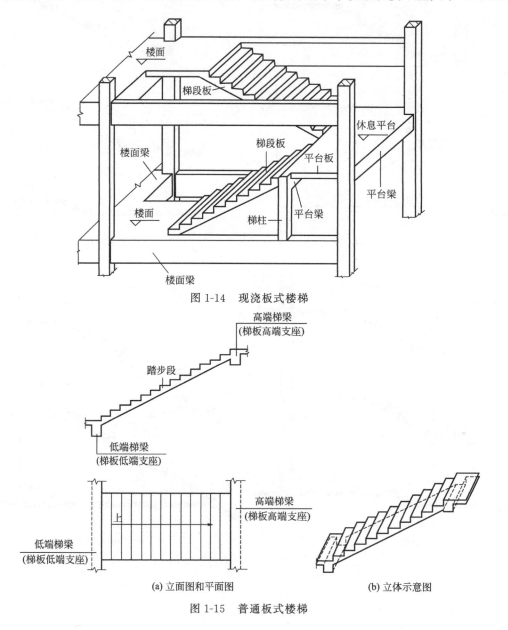

图1-14　现浇板式楼梯

(a) 立面图和平面图　　　(b) 立体示意图

图1-15　普通板式楼梯

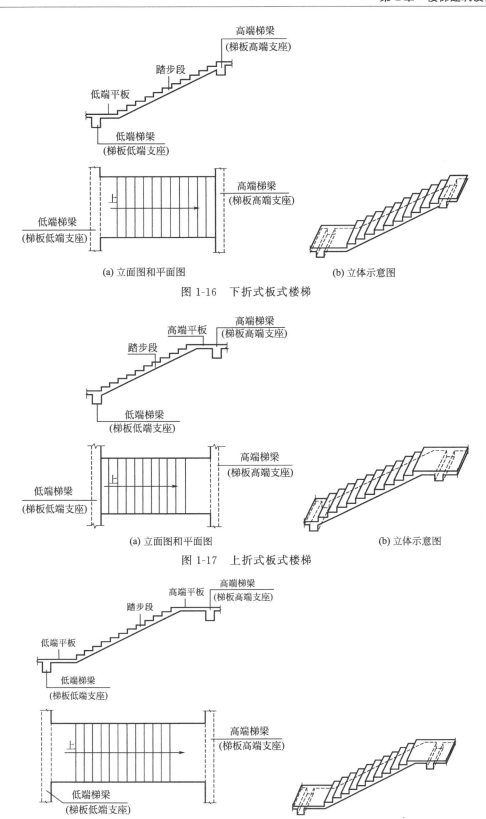

(a) 立面图和平面图　　　　(b) 立体示意图

图 1-16　下折式板式楼梯

(a) 立面图和平面图　　　　(b) 立体示意图

图 1-17　上折式板式楼梯

(a) 立面图和平面图　　　　(b) 立体示意图

图 1-18　双折式板式楼梯

1.3.2　现浇整体式钢筋混凝土梁式楼梯

当楼梯梯段水平投影长度较大时，若选用板式楼梯，则板厚增大，自重大，不够经济，这时可选用梁式楼梯。当梯段板水平投影长度大于 3600mm 时，采用梁式楼梯比较经济。

梁式楼梯由踏步板、平台板、斜梁和平台梁组成，踏步板把梯段上的荷载先传递给斜梁，再通过平台梁把力传递给承重墙或柱。梁式楼梯有双梁和单梁两种布置情况。一般双梁比较常用。

双梁楼梯是将斜梁布置在楼梯踏步的两边，踏步板的跨度就是楼梯段的宽度，这种楼梯有时把斜梁布置在楼梯踏步板下面，称为正梁式［图 1-19（a）］；有时把斜梁布置在楼梯踏步板上面，称为反梁式［图 1-19（b）］。单梁梁式楼梯一般为单梁悬臂支承踏步板和平台板，斜梁设置在踏步板中间，如图 1-20 所示。当斜梁高度受到限制时，为满足楼梯净高要求可

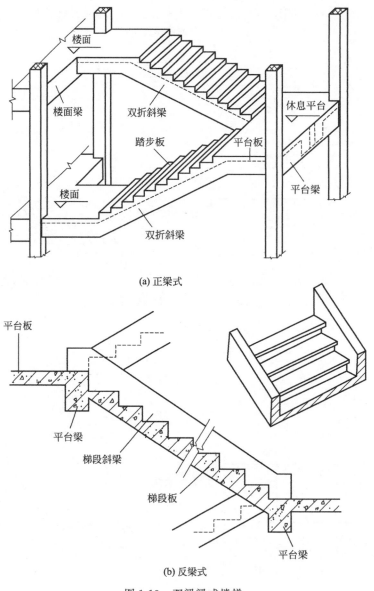

(a) 正梁式

(b) 反梁式

图 1-19　双梁梁式楼梯

采用宽扁梁形式，如图 1-20(f) 所示。单梁梁式楼梯常用于中小型楼梯、室外露天楼梯或小品景观楼梯。

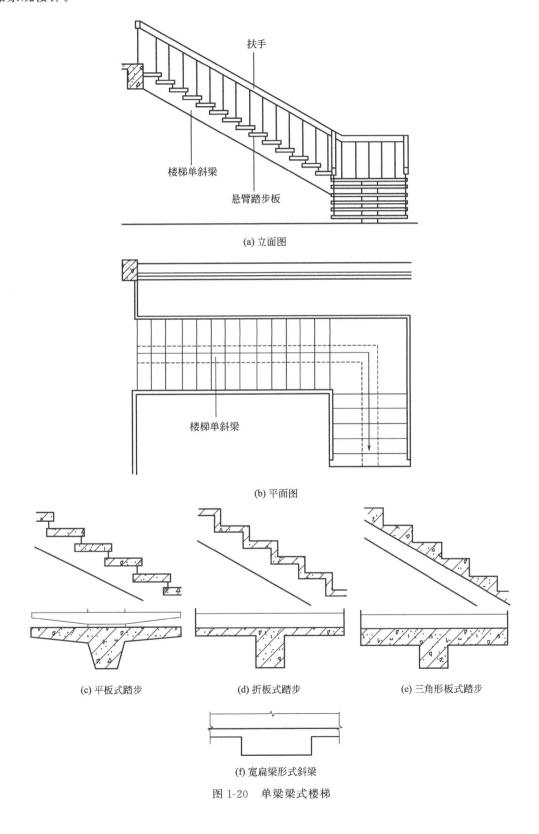

(a) 立面图

(b) 平面图

(c) 平板式踏步　　　　　(d) 折板式踏步　　　　　(e) 三角形板式踏步

(f) 宽扁梁形式斜梁

图 1-20　单梁梁式楼梯

1.3.3　预制装配式钢筋混凝土楼梯

预制装配式钢筋混凝土楼梯是将楼梯分成平台板、平台梁、梯段板等组成部分，这些构件在预制厂生产或施工现场预制，施工时将预制构件进行安装拼合而成的楼梯。与现浇式钢筋混凝土楼梯相比，采用预制装配式楼梯可提高工业化施工水平，节约模板，提高施工速度。但预制装配式钢筋混凝土楼梯的整体性、抗震性、灵活性等比现浇钢筋混凝土楼梯差，在抗震设防地区应慎重使用。

预制装配式钢筋混凝土楼梯按其构造方式可分为梁承式、墙承式和墙悬臂式等类型。

1.3.3.1　预制装配梁承式钢筋混凝土楼梯

预制装配梁承式钢筋混凝土楼梯的梯段由楼梯斜梁和踏步板组成。一般在踏步板两端各设一根楼梯斜梁，踏步板支承在楼梯斜梁上。由于构件小型化，施工时不需要大型起重设备，因此，其施工简便，如图 1-21 所示。

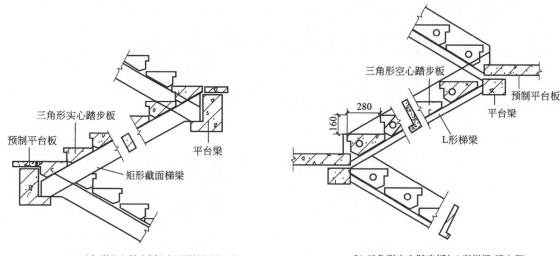

(a) 三角形实心踏步板与矩形梯梁(梁下翻)　　　(b) 三角形空心踏步板与L形梯梁(梁上翻)

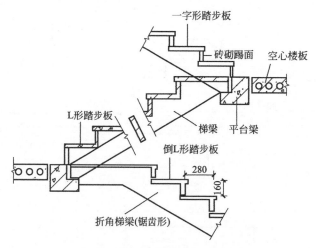

(c) 正反L形踏步和一字形踏步与锯齿形梯梁

图 1-21　预制装配梁承式钢筋混凝土楼梯

1.3.3.2 预制装配墙承式钢筋混凝土楼梯

预制装配墙承式钢筋混凝土楼梯（图 1-22）的踏步两端均有墙体支承，不需要设置平台梁和楼梯斜梁，也不需要设栏杆，可设置靠墙扶手，因此，节约材料。预制装配墙承式钢筋混凝土楼梯施工比较麻烦，楼梯间整体性差，不利于抗震。由于在梯段之间有墙，搬运家具不方便，也阻挡视线，上下人流易相撞。通常在中间墙上开设观察口使上下人流视线流通。

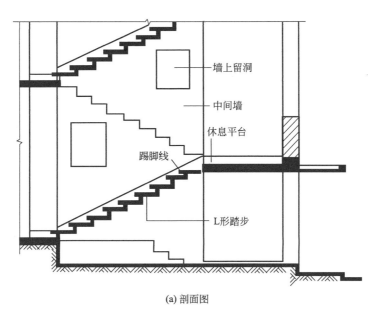

(a) 剖面图

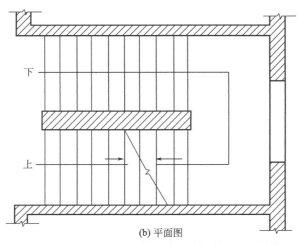

(b) 平面图

图 1-22　预制装配墙承式钢筋混凝土楼梯

1.3.3.3 预制装配墙悬臂式钢筋混凝土楼梯

预制装配墙悬臂式钢筋混凝土楼梯（图 1-23）的踏步板一端嵌固于楼梯间侧墙上，另一端悬挑。楼梯轻巧通透，占用结构空间少，在住宅建筑中使用较多。但楼梯间整体刚度很差，不能用于有抗震设防要求的地区。施工时需要边砌筑墙体边安装踏步板，同时需设临时支撑，因此，施工比较麻烦。

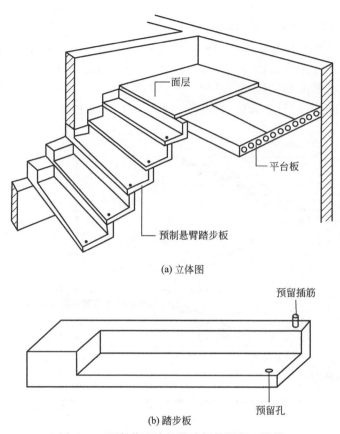

(a) 立体图

(b) 踏步板

图 1-23　预制装配墙悬臂式钢筋混凝土楼梯

1.4　楼梯的合理应用

楼梯的形式很多。下面举例说明几种楼梯的合理应用情况。

1.4.1　钢楼梯

钢楼梯造型轻巧、自重轻、施工方便、工期短、适应性强。目前，钢楼梯应用得越来越多。图 1-24 所示的是一些室内和室外的钢楼梯。

(a)　　　　　　　　　　(b)

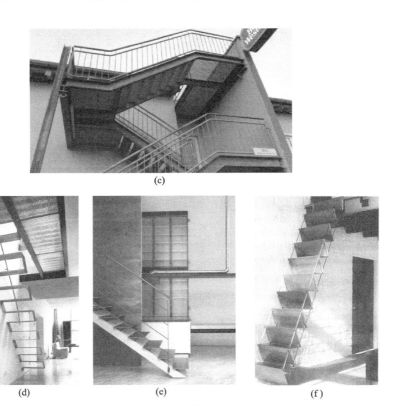

(c)

图 1-24　钢楼梯

1.4.2　折线形楼梯

折线形楼梯包括折线形板式楼梯和折线形梁式楼梯，折线形楼梯最大的特点就是有一个转角处的平台。折线形楼梯既可连接上层空间，又可以起到分隔下层空间的作用。虽然空间有点浪费，但这种楼梯形式造型有特色，深受建筑师喜爱。设计时应注意两段楼梯的坡度应保持相同，每节高度及踏步宽度基本保持一致。图 1-25 所示的是一些折线形楼梯，有的是两折，有的是三折，均可灵活应用。

(a)

(b)

图 1-25

图 1-25   折线形楼梯

1.4.3   悬挑式楼梯

悬挑式楼梯多用于居住建筑中人流不多的楼梯或次要楼梯，多设置于室外，如图 1-26 所示。悬挑式楼梯的梯段板、平台梁及休息平台板均为悬挑构件，因此必须有可靠的支座来支撑。图 1-26(a)、(c)、(d) 所示的悬挑式楼梯均是柱上直接挑出梁，梯段板支承在挑梁上。图 1-26(b) 所示楼梯是踏步板直接悬挑。图 1-26(e) 是单梁式悬挑楼梯。

1.4.4   悬挂楼梯

常规的思维定势是荷载一般情况是向下传递给支承结构，但是悬挂楼梯是通过吊杆把荷载传递给其上方的支座，例如上部的结构梁、板等。图 1-27 就是一个悬挂楼梯的实例。有的悬挂楼梯并不按照常规先做楼梯的主体承重部分，再安装栏杆和扶手，而是反过来先固定栏杆，再利用其作为吊杆来悬挂楼梯梯段（图 1-28）。这个实例反映出设计时运用逆向思维是很好的尝试。

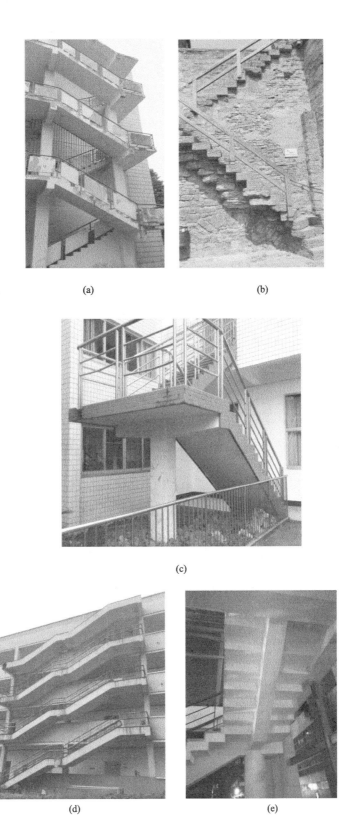

图 1-26 悬挑式楼梯

图 1-27　悬挂楼梯

图 1-28　用栏杆作吊杆的悬挂楼梯

第 2 章
楼梯结构设计技巧

2.1　楼梯对整个房屋的影响

楼梯对整个房屋的影响主要体现在以下两个方面。

（1）影响房屋的整体刚度

楼板是房屋抵抗水平荷载的主要支撑，对于加强建筑物的整体刚度起着重要作用。但是楼板在楼梯处往往断开，整个楼梯间从下到上都是贯通的，楼梯间的空旷和楼板不连续使其成为建筑物整体刚度的薄弱环节，因此有必要在楼梯间加强构造措施来抵消这种削弱。例如尽量不把楼梯间放在建筑物的端部；在砌体结构中，往往在楼梯间的四角和梯段板端部设置构造柱；在框架结构中，楼梯间四角的框架柱箍筋全长加密，纵筋加强。

（2）有可能影响开窗的整体协调性

由于平面交通方便的需要，楼梯的楼层平台总是与主要的通道相连通，而半层休息平台则常常处在靠近外墙的位置。在这种情况下，楼梯间的开窗位置（高度方向）会与同一墙面的其他部位的窗有所不同（图 2-1）。尤其要注意的是，考虑楼梯间的开窗高低时必须留意不要截断某些重要的构件，例如砌体结构中的圈梁，如果出于立面的考虑而必须这样做的时候，应该采取必要的结构或构造措施来加以补救，比如设置附加圈梁或者洞口两侧加立柱连接圈梁。图 2-2 所示的是德国两栋建筑的立面。从立面看出，窗户设置的位置不同，可以判断楼梯间窗户位置的高度变化。图 2-2(a) 所示的建筑是德国艺术家在德国东部城市德累斯顿建造的"会唱歌的房子"，房子的外面安装了许多由雨水作为动力推动的乐器，每到雨天就会伴着雨点奏出音乐。

图 2-1　楼梯半层平台对开窗的影响

(a) 德累斯顿的"会唱歌的房子"　　　　　　　　　　(b) 德国住宅楼立面

图 2-2　楼梯间窗户的设置位置

2.2　钢筋混凝土楼梯梯段板厚度的取值

钢筋混凝土板式楼梯的楼梯跑是一块斜板，外形呈锯齿形，一端支承在平台梁上，另一端支承在楼层梁上。斜板是斜向支承的单向板，计算轴线是倾斜的，所以斜板最小的正截面高度是指锯齿形踏步凹角处垂直于计算轴线的最小板厚，用 t 表示，为了保证斜板有足够的刚度，一般可取 $t = \left(\dfrac{1}{30} \sim \dfrac{1}{25}\right)l_n'$，$l_n'$ 是斜板的斜向净跨度。当楼梯活荷载较大，比如有人群密集的可能时，取 1/25；当楼梯活荷载较小时，则取 1/30，梯板厚度不小于 80mm。估算梯板厚度是为了估算平台梁的梁高，平台梁的梁高会影响楼梯的净空尺寸。

在实际设计中一般对斜板的挠度不进行直接计算，而是通过概念设计的思想来满足其变形要求，即在允许值范围内估算其厚度来保证刚度，从而使挠度满足要求。上文中板厚是根据梯段板的斜长进行计算的，但有一些人理解为应该按楼梯斜板的水平投影长度进行计算，参考文献［23］《板式楼梯斜板厚度取值的讨论》通过算例说明了现浇板式楼梯斜板的斜向厚度估算公式 $t = \left(\dfrac{1}{30} \sim \dfrac{1}{25}\right)l_n'$，式中 l_n' 应为板的斜向净跨度。按照弹性方法设计现浇板式楼梯斜板时，在满足刚度要求的前提下，斜板的最小高跨比应取 1/27，也即板厚合理取值范围应为 $t = \left(\dfrac{1}{27} \sim \dfrac{1}{25}\right)l_n'$。

2.3　钢筋混凝土楼梯结构设计方法

2.3.1　现浇整体式钢筋混凝土板式楼梯结构设计方法

板式楼梯由梯段板、平台板和平台梁三部分组成，如图 1-14 所示。板式楼梯的荷载传递路线如图 2-3 所示。

2.3.1.1　梯段斜板

梯段斜板的计算特点是按斜放的简支板计算，考虑到梯段斜板两端与平台梁的整浇固结作用，梯段斜板的计算跨度取平台梁间的斜长净距 l_n'。板式楼梯梯段斜板计算简图如图 2-4 所示。

设楼梯单位水平长度上的竖向均布荷载设计值为 q（垂直于水平面，包括恒荷载和活荷

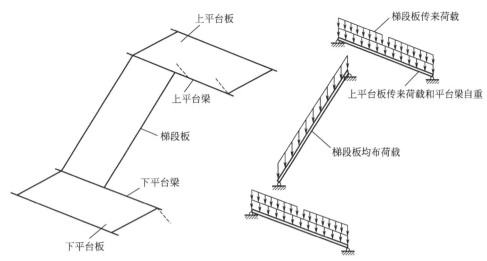

图 2-3　板式楼梯的荷载传递路线

载），则沿斜板单位斜长上的均布荷载设计值为 $q'=q\cos\alpha$（垂直向下，沿梯板斜向分布）。

α 为梯段板与水平线间的夹角。由于总荷载不变，即 $q'l'_n=ql_n$，则 $q'=\dfrac{ql_n}{l'_n}=q\cos\alpha$。将 q' 分解为 q'_x（垂直于梯板斜面）和 q'_y（平行于梯板斜面），则

$$q'_x=q'\cos\alpha=q\cos\alpha\cdot\cos\alpha=q\cos^2\alpha$$
$$q'_y=q'\sin\alpha=q\cos\alpha\cdot\sin\alpha$$

忽略 q'_y 对梯段板的影响，只考虑 q'_x 对梯段板的弯曲作用。

设 l_n 为梯段板的水平投影净跨长，l'_n 为梯段板的斜向净跨长，$l_n=l'_n\cos\alpha$。

梯段板的跨中弯矩为：

$$M_{max}=\frac{1}{8}q'_x(l'_n)^2=\frac{1}{8}q\cos^2\alpha\times(l_n/\cos\alpha)^2=\frac{1}{8}ql_n^2$$

梯段板的支座剪力为：

$$V_{max}=V_A=V_B=\frac{1}{2}q'_xl'_n=\frac{1}{2}q\cos^2\alpha\times\frac{l_n}{\cos\alpha}=\frac{1}{2}ql_n\cos\alpha$$

可见，简支梯段斜板在竖向荷载 q 作用下的最大弯矩，等于其相应水平简支梁在同一截面处的最大弯矩，截面剪力等于相应水平简支梁在同一截面处剪力乘以 $\cos\alpha$。

虽然梯段板按简支计算，但由于梯段板与平台梁整浇，平台梁对梯段板的变形有一定的约束作用，所以计算梯段板的跨中弯矩时，也可以近似取 $M_{max}=\dfrac{1}{10}ql_n^2$。

对于如图 2-5 所示的折板楼梯的梯段板，由于平台梁对梯段板的嵌固作用较小，可按简支考虑，进行内力计算时，可将折板楼梯梯板转化为相应的水平投影简支板。由于斜板部分与水平段部分恒荷载不同，因此，需要按剪力为 0 的极值条件求出最大弯矩 M_{max} 所在的截面位置。下面推导楼梯梯段折板的最大弯矩和最大剪力。

根据图 2-5(b)，求支座反力 R_A。

由 $\sum M_B=0$ 得

$$R_Al=q_1l_1(l_1/2+l_2)+q_2l_2^2/2$$

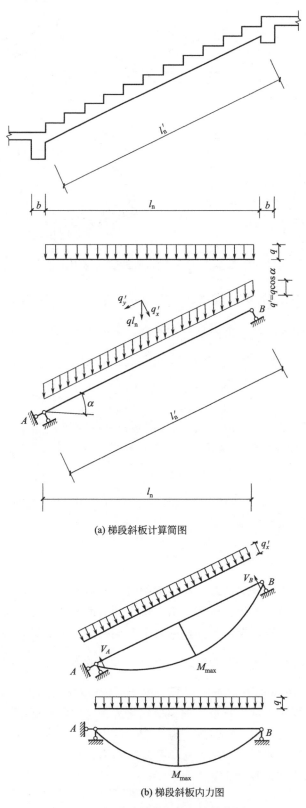

(a) 梯段斜板计算简图

(b) 梯段斜板内力图

图 2-4　板式楼梯梯段斜板计算简图

则
$$R_A = \frac{q_1 l_1 (l_1/2 + l_2) + q_2 l_2^2/2}{l}$$

根据图 2-5(a)，斜板支座反力 $R'_A = R_A \cos\alpha$，$R'_B = R_B$。

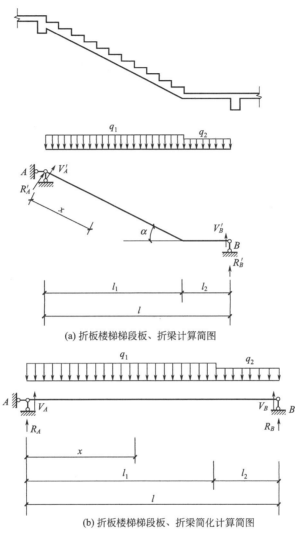

(a) 折板楼梯梯段板、折梁计算简图

(b) 折板楼梯梯段板、折梁简化计算简图

图 2-5　楼梯梯段折板、楼梯折梁内力

求截面 x 处的剪力，由 $\sum Y' = 0$ 得
$$V'_x + R'_A = q_1 \cos^2\alpha \cdot x$$

注意上式中 $q_1 \cos^2\alpha$ 为换算成垂直于梯板斜面的荷载。

则
$$V'_x = q_1 \cos^2\alpha \cdot x - R'_A$$

剪力为 0 时弯矩达到最大值 M_{max}，令 $V'_x = q_1 \cos^2\alpha \cdot x - R'_A = 0$，则
$$x = \frac{R'_A}{q_1 \cos^2\alpha} = \frac{R_A}{q_1 \cos\alpha}$$

此时
$$M_{max} = q_1 \cos^2\alpha \cdot \frac{x^2}{2} = q_1 \cos^2\alpha \cdot \frac{1}{2} \cdot \left(\frac{R_A}{q_1 \cos\alpha}\right)^2 = \frac{R_A^2}{2q_1}$$

斜板板端剪力 $V'_{max}=V'_A=R_A\cos\alpha$，$V'_B=V_B$。

梯段板内轴力很小，可以忽略不计。上面推导的结论对于楼梯折梁也同样适用。

也可以直接根据图 2-5(b) 图进行推导，利用"简支梯段斜板在竖向荷载 q 作用下的最大弯矩，等于其相应水平简支梁在同一截面处的最大弯矩，截面剪力等于相应水平简支梁在同一截面处剪力乘以 $\cos\alpha$"这一结论求支座反力 R_A。

对于一些跨度较大的板式楼梯，楼梯梯板的厚度比较大，可能出现梯段钢筋影响平台梁钢筋的不利情况，如图 2-6(a) 中圆圈位置所示。此时梯段板底与右端平台梁底只有很小的高差，可能会造成楼梯梯段板下皮钢筋与平台梁钢筋"打架"的情况，增加了施工的难度。实际设计中遇到这种情况时，有两种处理方法：一是在满足建筑净高要求的前提下加大梁高，使板底与梁底有 50mm 以上的高差；二是向右移动平台梁，原来的 AT 型板变为上部有平直段的 CT 型板。

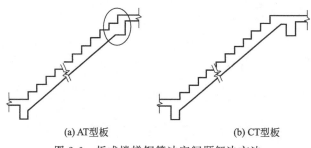

(a) AT型板　　　　　　　　(b) CT型板

图 2-6　板式楼梯钢筋冲突问题解决方法

2.3.1.2　平台板

平台板一般为四边支承板，根据平台板的长宽尺寸判断是单向板还是双向板，一般为单向板，可取 1m 宽板带进行计算，平台板一端与平台梁整体连接，另一端可能支承在砖墙上，也可能与边梁整浇。跨中弯矩可近似取 $M_{max}=M_{中}=\dfrac{ql^2}{8}$ 或 $M_{max}=M_{中}=\dfrac{ql^2}{10}$。

2.3.1.3　平台梁

平台梁承受梯段板、平台板传来的均布荷载和自重。半层平台梁（休息平台高度）两端与构造柱（砌体结构）或梯柱（框架结构）相连，可按一般梁进行设计，但由于平台梁与构造柱或梯柱整浇，形成门式刚架，按门式刚架进行受力计算比较合理，在本书第 3 章进行多种计算方法对比，平台梁和节点构造应按框架梁规定要求考虑。构造柱或梯柱构造应按框架柱规定要求考虑。

2.3.1.4　楼梯梯段板配筋的简化算法

楼梯梯段板按单向板初步估计时，荷载设计值可近似取 $15kN/m^2$，表 2-1 给出了楼梯梯段板不同跨度的板厚和配筋经验值，可以在初估时参考。

表 2-1　楼梯梯段板不同跨度的板厚和配筋经验值

计算跨度/m	板厚尺寸/mm	跨度计算钢筋面积/mm²	单向受力的实配钢筋面积 A_S/mm²
4	130	842	HRB400 的 Φ12@130 A_S=754
4.7	160	913	HRB400 的 Φ12@100 A_S=1131
6	200	1157	HRB400 的 Φ12@100 A_S=1131

计算跨度/m	板厚尺寸/mm	跨度计算钢筋面积/mm²	单向受力的实配钢筋面积 A_S/mm²
6.7	220	1222	HRB400 的 ϕ14@100 A_S＝1500
8	270	1481	HRB400 的 ϕ14@100 A_S＝1500

2.3.1.5　板的厚度取值方法

根据受力的不同，楼板一般可分为单向板和双向板。钢筋混凝土楼盖结构中由纵横两个方向的梁把楼板分割为很多区格板，每一区格的板一般在四边都有梁或墙支承，形成四边支承板。为了设计上的方便，《混凝土结构设计规范》（GB 50010—2010）第 9.1.1 条规定：

① 当长边与短边长度之比小于或等于 1.0 时，应按双向板计算；

② 当长边与短边长度之比大于 1.0，但小于 3.0 时，宜按双向板计算；当按沿短边方向受力的单向板计算时，应沿长边方向布置足够数量的构造钢筋；

③ 当长边与短边长度之比大于或等于 3.0 时，可按沿短边方向受力的单向板计算。

两对边支承的板按单向板计算。

板的厚度应满足承载力、刚度和裂缝控制的要求，还应满足使用要求、施工方便及经济等方面的要求，一般可根据刚度的要求确定板的跨厚比，由表 2-2 初估板的厚度，同时应满足表 2-3 的最小厚度要求。板厚的模数为 10mm。

表 2-2　一般不做挠度验算的板的厚度参考尺寸

项次	板的种类				
	单向板	双向板	悬臂板	无梁楼盖（有柱帽）	无梁楼盖（无柱帽）
1	$l/30$	$l/40$	$l/12$	$l/35$	$l/30$

注：1. l 为板的计算跨度；对双向板为短边计算跨度；对无梁楼盖为区格长边计算跨度。
2. 悬臂板根部最小厚度限值：悬臂长度≤500mm 时应≥70mm；悬臂长度＞500mm 时应≥80mm 及 $l/10$ 两者中的大值。

表 2-3　现浇钢筋混凝土板的最小厚度　　　　单位：mm

板的类别		最小厚度
单向板	屋面板	60
	民用建筑楼板	60
	工业建筑楼板	70
	行车道下的楼板	80
双向板		80
密肋楼盖	面板	50
	肋高	250
悬臂板（根部）	悬臂长度不大于 500mm	60
	悬臂长度 1200mm	100
无梁楼板		150
现浇空心楼盖		200

2.3.1.6　梁的截面尺寸确定方法

梁的截面尺寸应根据承受竖向荷载大小、跨度、抗震设防烈度、混凝土强度等级等诸多因素综合考虑确定。在一般荷载情况下，一般梁及框架梁的截面尺寸可参考表 2-4 的数值。

有时为了降低楼层高度，或便于通风管道等通行，必要时可设计成宽度较大的扁梁。当梁高较小时，除验算其承载力外，还应注意满足刚度及剪压比的要求。

表 2-4　梁截面尺寸的估算

构件种类	简支	多跨连续	悬臂	说明
次梁	$h \geqslant \dfrac{1}{15}l$	$h = \left(\dfrac{1}{18} \sim \dfrac{1}{12}\right)l$	$h \geqslant \dfrac{1}{6}l$	现浇整体肋形梁
主梁	$h \geqslant \dfrac{1}{12}l$	$h = \left(\dfrac{1}{12} \sim \dfrac{1}{8}\right)l$	$h \geqslant \dfrac{1}{6}l$	现浇整体肋形梁
独立梁	$h \geqslant \dfrac{1}{12}l$	$h = \dfrac{1}{15}l$	$h \geqslant \dfrac{1}{6}l$	—
框架梁		$h = \left(\dfrac{1}{10} \sim \dfrac{1}{8}\right)l$	—	1. 现浇整体式框架梁（荷载较大或跨度较大时） 2.《高层建筑混凝土结构技术规程》(JGJ 3—2010)规定框架结构主梁的梁高可取：$h = \left(\dfrac{1}{18} \sim \dfrac{1}{10}\right)l$
		$h = \left(\dfrac{1}{12} \sim \dfrac{1}{10}\right)l$	—	现浇整体式框架梁（荷载较小或跨度较小时）
		$h = \left(\dfrac{1}{10} \sim \dfrac{1}{8}\right)l$	—	装配整体式或装配式框架梁
框架扁梁		$h = \left(\dfrac{1}{18} \sim \dfrac{1}{15}\right)l$	—	现浇整体式钢筋混凝土框架扁梁（扁梁的截面高度应不小于 1.5 倍板的厚度）
		$h = \left(\dfrac{1}{25} \sim \dfrac{1}{20}\right)l$	—	预应力混凝土框架扁梁（扁梁的截面高度应不小于 1.5 倍板的厚度）
井字梁		$h = \left(\dfrac{1}{20} \sim \dfrac{1}{15}\right)l$	—	—

注：1. 表中 l 为梁的计算跨度，h 为梁的截面高度，b 为梁的截面宽度。对于矩形截面梁，$b/h = 1/3.5 \sim 1/2$，对于 T 形截面梁，$b/h = 1/4 \sim 1/2.5$。

　　2. 当 $l \geqslant 9\text{m}$ 时，表中数值乘 1.2 系数。

　　3. 表中数值适用于普通混凝土和 $f_y \leqslant 400\text{N/mm}^2$ 的钢筋。

2.3.1.7　梁、板的计算跨度

梁、板计算跨度的取值方法可以参考表 2-5。

表 2-5　梁、板的计算跨度

按弹性理论计算	单跨	两端搁置	$l_0 = l_n + a \leqslant l_n + h$（板） $l_0 = l_n + a \leqslant 1.05l_n$（梁）
		一端搁置、一端与支承构件整浇	$l_0 = l_n + a/2 \leqslant l_n + h/2$（板） $l_0 = l_n + a/2 + b/2 \leqslant 1.025l_n + b/2$（梁）
		两端与支承构件整浇	$l_0 = l_n$（板） $l_0 = l_c$（梁）
	多跨	两端搁置	$l_0 = l_n + a \leqslant l_n + h$（板） $l_0 = l_n + a \leqslant 1.05l_n$（梁）
		一端搁置、一端与支承构件整浇	$l_0 = l_n + b/2 + a/2 \leqslant l_n + b/2 + h/2$（板） $l_0 = l_n + b/2 + a/2 \leqslant 1.025l_n + b/2$（梁）
		两端与支承构件整浇	$l_0 = l_c$（板和梁）
按塑性理论计算	多跨	两端搁置	$l_0 = l_n + a \leqslant l_n + h$（板） $l_0 = l_n + a \leqslant 1.05l_n$（梁）
		一端搁置、一端与支承构件整浇	$l_0 = l_n + a/2 \leqslant l_n + h/2$（板） $l_0 = l_n + a/2 \leqslant 1.025l_n$（梁）
		两端与支承构件整浇	$l_0 = l_n$（板和梁）

注：l_0——板、梁的计算跨度；l_c——支座中心线间距离；l_n——板、梁的净跨；h——板厚；a——板、梁端搁置的支承长度；b——中间支座宽度或与构件整浇的端支承长度。

2.3.1.8　梁侧纵向构造腰筋

当梁的截面尺寸较大时，有可能在梁侧面产生垂直于梁轴线的收缩裂缝。为此，应在梁两侧沿梁长度方向设置纵向构造钢筋，也即腰筋。《混凝土结构设计规范》（GB 50010—2010）规定当梁的腹板高度 $h_w \geqslant 450mm$ 时，在梁的两个侧面应沿高度配置纵向构造钢筋，每侧纵向构造钢筋（不包括梁上、下部受力钢筋及架立钢筋）的截面面积不应小于腹板截面面积 bh_w 的 0.1%，且其间距不宜大于 200mm。腹板高度 h_w 对矩形截面，为有效高度；对 T 形截面，为有效高度减去翼缘高度；对工字形截面，为腹板净高。

根据上述的腰筋设计规定，下面举例说明腰筋的设置。对常见的现浇钢筋混凝土梁板结构，当梁高 $h = 600mm$，有效高度 $h_0 = 565mm$。如果现浇板厚（即翼缘高度）为 120mm，$h_w = 445mm < 450mm$，梁侧可不设纵向构造钢筋即腰筋；如果现浇板厚为 110mm，$h_w = 455mm > 450mm$，必须设腰筋且每侧腰筋必须设两根，否则腰筋间距已大于 200mm。仅仅是板厚 10mm 的变化，出现从每侧不需要设腰筋到需设两道腰筋，这反映了规范的一些不协调之处。

梁两侧纵向构造腰筋，一般仅伸至支座中，若按计算配置时，则在梁端应满足受拉钢筋的锚固要求。

梁两侧纵向构造腰筋宜用拉结筋联系。拉结筋直径与梁截面宽度 b 有关。当 $b \leqslant 350mm$ 时，直径为 6mm；当 $b > 350mm$ 时，直径为 8mm。一般可比梁箍筋直径小一级或者相同，其间距一般为箍筋间距的 2 倍，且不大于 600mm。

2.3.2　现浇整体式钢筋混凝土梁式楼梯结构设计方法

梁式楼梯由踏步板、平台板、斜梁和平台梁组成，如图 1-19 所示。梁式楼梯中，斜梁是楼梯梯段的主要受力构件，因此梁式楼梯的跨度可比板式楼梯的大些，通常当楼梯梯段的水平投影长度大于 3.6m 时，采用梁式楼梯比较经济。梁式楼梯的荷载传递路线如图 2-7 所示。

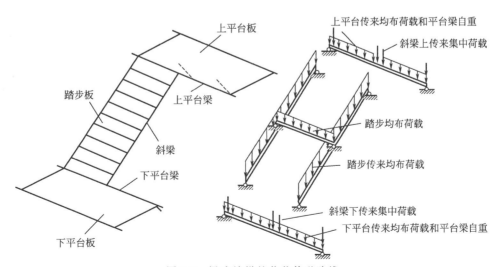

图 2-7　梁式楼梯的荷载传递路线

2.3.2.1　踏步板

现浇梁式楼梯的踏步板（图 2-8）两端支承在梯段斜梁上，按两端简支的单向板计算，

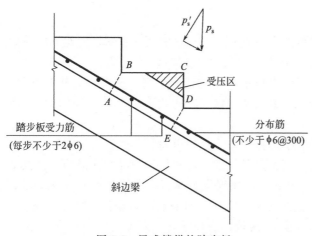

图 2-8　梁式楼梯的踏步板

一般取一个踏步作为计算单元。若采用单梁的梁式楼梯，则踏步板中间支承在斜梁上，两端悬臂，按悬臂板计算。板厚一般不小于 $30\sim40$ mm。每一踏步一般需配置不少于 $2\phi6$ 的受力钢筋，沿斜向布置的分布筋直径不小于 6 mm，间距不大于 300 mm。

踏步板是在垂直于斜梁方向弯曲的，其受压区为三角形。为计算方便，通常偏于安全的近似按截面宽为斜宽 b，截面有效高度 $h_0 = h_1/2$ 的矩形截面计算。式中 h_1 为三角形顶至底面的垂直距离，即 $h_1 = d\cos\alpha + t$，如图 2-9(a) 所示。

有时为了方便，踏步板的内力计算和截面设计也可近似地按以下方法进行：竖向切出一个踏步，按竖向简支板计算，在计算跨中最大弯矩设计值时采用踏步板上铅直向下的均布线荷载 p_s 进行计算。截面设计时，可近似地按矩形截面进行，截面宽度为 e，截面高度可近似地取梯形截面的平均高度，即 $h = \dfrac{d}{2} + \dfrac{t}{\cos\alpha}$，如图 2-9(b) 所示。这种简化的结果与实际受力情况不一致，但配筋计算结果偏于安全。

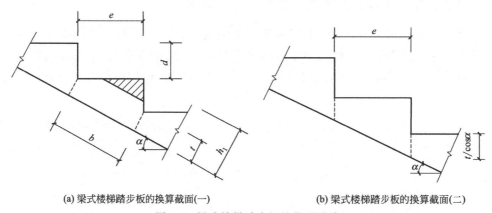

(a) 梁式楼梯踏步板的换算截面(一)　　　　　(b) 梁式楼梯踏步板的换算截面(二)

图 2-9　梁式楼梯踏步板的截面设计

2.3.2.2　楼梯斜梁

楼梯斜梁两端支承在上下平台梁上，楼梯斜梁的内力计算与板式楼梯的梯板计算方法相同。斜梁计算时可不考虑两端平台梁的约束作用，按简支梁计算，跨中弯矩可近似取为 $M_{\max} = \dfrac{ql_0^2}{8}$。踏步板位于楼梯斜梁截面高度的上部时，斜梁为倒 L 形截面；位于楼梯斜梁截面高度的下部时，斜梁为 L 形截面，计算时也可近似取为矩形截面。楼梯斜梁的截面高度可参考表 2-4 进行估算。

2.3.2.3　平台板

平台板的计算方法与板式楼梯相同。

2.3.2.4 平台梁

平台梁主要承受自重、斜边梁传来的集中荷载（由上、下楼梯段斜梁传来）和平台板传来的均布荷载，平台梁一般按简支梁计算。具体计算方法在本书第3章设计实例中详细讲解。

2.3.3 框架结构楼梯平台避免短柱的措施

《高层建筑混凝土结构技术规程》（JGJ 3—2010）的强制性条文规定：框架结构按抗震设计时，不应采用部分由砌体墙承重之混合形式。框架结构中的楼、电梯间及局部出屋顶的电梯机房、楼梯间、水箱间等，不应采用砌体墙承重，应采用框架承重，屋顶设置的水箱和其他设备应可靠地支承在框架主体上。框架结构与砌体结构是两种截然不同的结构体系，两种结构体系所用的承重材料完全不同，其抗侧刚度、变形能力、结构延性、抗震性能等相差很大。如在同一结构单元中采用部分由砌体墙承重、部分由框架承重的混合承重形式，必然会导致建筑物受力不合理、变形不协调，对建筑物的抗震能力产生很不利的影响。因此，纯框架结构的楼梯间中间休息平台处的平台梁，其支承通常是生根于下层框架梁的楼梯柱。中间休息平台处靠近外侧部分的支承梁，通常由设置在框架柱之间的柱间梁承担，这样，柱间梁时常使支承该梁的框架柱形成短柱。为了避免出现短柱，可在平台靠踏步处设平台梁，平台板外端不

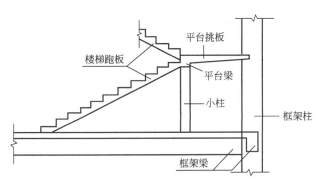

图2-10 楼梯平台避免短柱的措施

再设梁而梯段板外伸悬挑板，如图2-10所示。楼梯休息平台也可以设置悬挑梁与主体结构分开避免短柱，如图2-11(a)所示，此时，楼梯休息平台为四边支承板，悬挑梁截面可以设

(a) 楼梯平台悬挑梁　　(b) 变截面悬挑梁

图2-11 楼梯平台悬挑梁避免短柱

置为变截面，如图 2-11(b) 所示。

2.3.4 框架结构抗震设计时楼梯间应符合的构造要求

《高层建筑混凝土结构技术规程》（JGJ 3—2010）规定了框架结构抗震设计时楼梯间应符合的构造要求：

① 楼梯间的布置应尽量减小其造成的结构平面不规则；

② 宜采用现浇钢筋混凝土楼梯，楼梯结构应有足够的抗倒塌能力；

③ 宜采取措施减小楼梯对主体结构的影响；

④ 当钢筋混凝土楼梯与主体结构整体连接时，应考虑楼梯对地震作用及其效应的影响，并应对楼梯构件进行抗震承载力验算。

2.4 楼梯配筋构造

2.4.1 带滑动支座现浇钢筋混凝土板式楼梯配筋构造

板式楼梯梯板的主体为踏步段，除踏步段之外，梯板可包括低端平板、高端平板和中位平板。常见的有在低端与高端梯梁之间无平板的情况、在低端与高端梯梁之间有低端平板的情况和在低端与高端梯梁之间有高端平板的情况。对于一般民用建筑的板式楼梯，其跨中弯矩可取完全简支计算结果的 80%，带滑动支座现浇钢筋混凝土板式楼梯可分为 ATa 型和 ATb 型，ATa 型和 ATb 型楼梯设滑动支座，不参与结构整体抗震计算。梯板配筋均采用双层双向配筋，构造要求可参考图 2-12 和图 2-13。ATa 型和 ATb 型的区别在于图 2-12 和图 2-13 中梯梁是否要挑出。ATa 型梯梁不挑出，ATb 型梯梁要挑出。

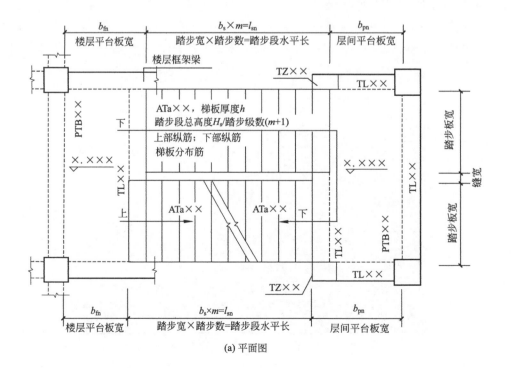

(a) 平面图

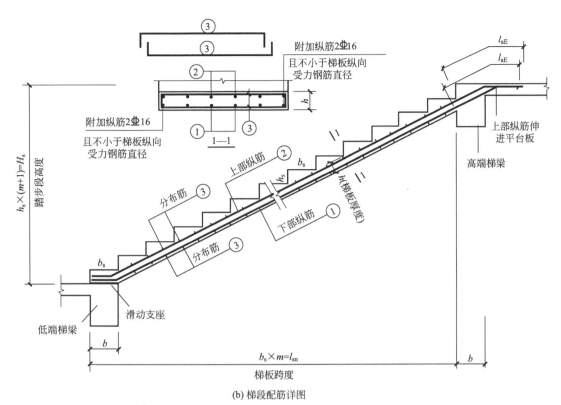

(b) 梯段配筋详图

图 2-12　低端与高端梯梁之间无平板的梯段配筋构造（ATa 型）

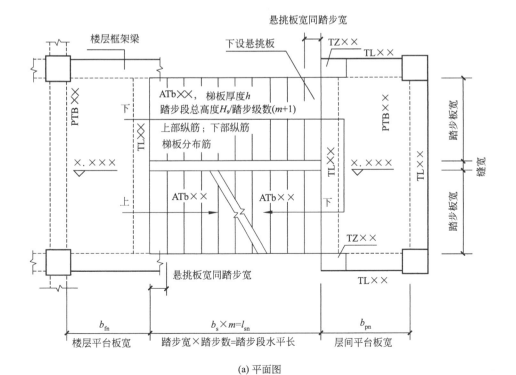

(a) 平面图

图 2-13

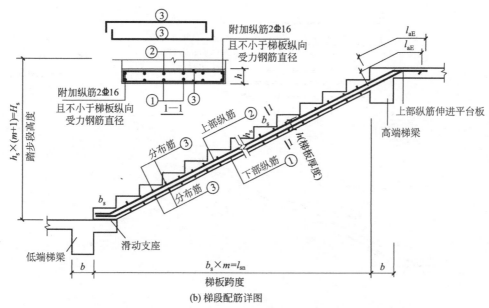

(b) 梯段配筋详图

图 2-13 低端与高端梯梁之间无平板的梯段配筋构造（ATb 型）

2.4.2　不带滑动支座现浇钢筋混凝土板式楼梯配筋构造

2.4.2.1　框架结构不带滑动支座现浇钢筋混凝土板式楼梯配筋构造

框架结构不采用滑动支座的现浇钢筋混凝土板式楼梯时，为 ATc 型（图 2-14），此时，应考虑楼梯参与结构的整体作用，楼梯作为斜撑构件，构造要求很高。梯板厚度按计算确

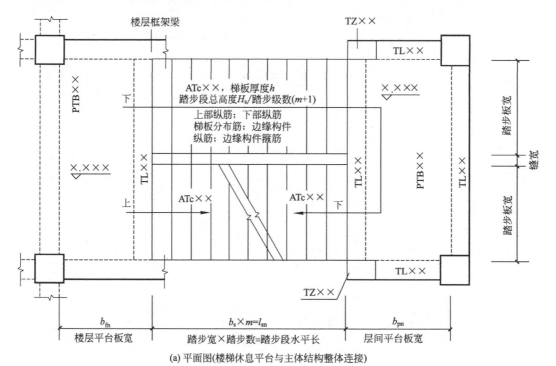

(a) 平面图(楼梯休息平台与主体结构整体连接)

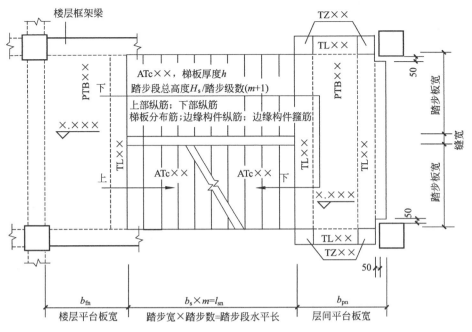

(b) 平面图(楼梯休息平台与主体结构脱开连接)

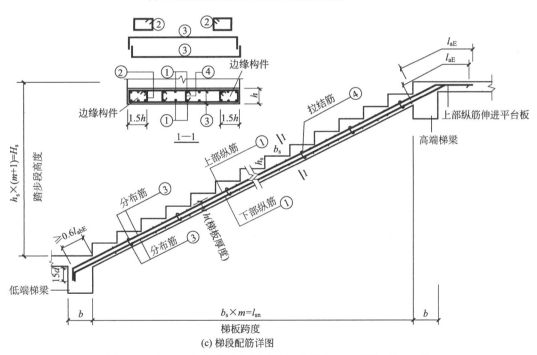

(c) 梯段配筋详图

图 2-14 低端与高端梯梁之间无平板的梯段配筋详图（ATc 型）

定，且不小于 140mm；梯板采用双层配筋；梯板两侧设置边缘构件（暗梁），边缘构件的宽度取 1.5 倍板厚；边缘构件纵筋数量，当抗震等级为一、二级时不少于 6 根，当抗震等级为三、四级时不少于 4 根；纵筋直径不小于 φ12 且不小于梯板纵向受力钢筋的直径；箍筋直径不小于 φ6，间距不大于 200mm。

2. 4. 2. 2 砌体结构不带滑动支座现浇钢筋混凝土板式楼梯配筋构造

砌体结构现浇钢筋混凝土板式楼梯不带滑动支座，有七种情况，即低端与高端梯梁之间无平板的 AT 型；在低端与高端梯梁之间有低端平板的 BT 型；在低端与高端梯梁之间有高端平板的 CT 型；在低端与高端梯梁之间同时有低端平板和高端平板的 DT 型；两梯梁之间的矩形梯板由低端踏步段、中位平板、高端踏步段构成的 ET 型；楼梯间内不设置梯梁，由楼层平板、两跑踏步段、层间平板构成的 FT 型；楼梯间设置楼层梯梁（不设置层间梯梁），由两跑踏步段与层间平板构成的 GT 型。常见的 AT 型梯段配筋详图如图 2-15 所示，其余型号板式楼梯配筋构造详见《混凝土结构施工图平面整体表示方法制图规则和构造详图》（16G101-2）。

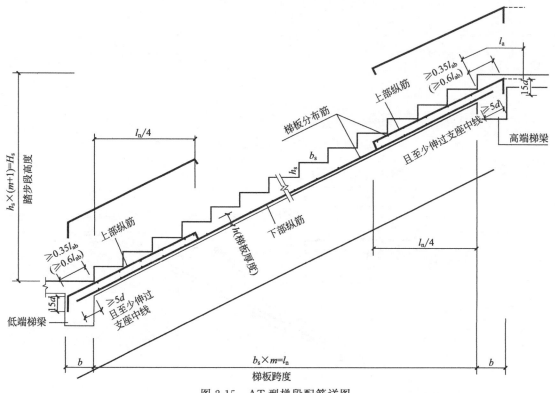

图 2-15　AT 型梯段配筋详图

除了 AT 型之外其余均为折线形板式楼梯，折线形板式楼梯应该注意两个构造问题。

① 折线形板式楼梯梯段板的水平段板厚与梯段斜板的厚度相同。

② 折线形板式楼梯梯段板的内折角部位一般处于构件的受拉区，受力复杂，容易应力集中，如果构造处理不当，混凝土易于开裂，必然造成工程事故，比如内折角处的钢筋不能沿板底弯折，否则受拉的纵向钢筋将有拉直的趋势，产生较大的向外合力，使内折角处的混凝土崩脱，如图 2-16 所示。所以必须重视内折角部位的构造分析，合理配置钢筋，尤其应注意钢筋的锚固和截断。

向上折的板式楼梯梯板，如图 2-17（a）、（b）所示，在转折部位处于受拉区，图中标出了内折角的位置，并分水平段的长度 $\geqslant l_n/4$ 和 $<l_n/4$ 两种情况考虑，l_n 表示两楼梯梁之间的折板净跨。内折角处的板下部受拉钢筋不能连续，其截断和锚固可参照图 2-17（a）、（b）所示。向下折的板式楼梯梯板，如图 2-17（c）、（d）所示，图中箭头所指的转折部位处于梁

的受压区，不是受拉的内折角，也分水平段的长度 $\geqslant l_n/4$ 和 $< l_n/4$ 两种情况考虑。

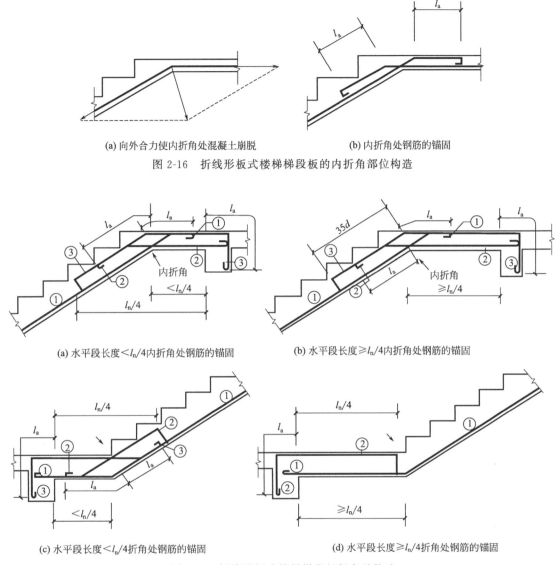

(a) 向外合力使内折角处混凝土崩脱   (b) 内折角处钢筋的锚固

图 2-16 折线形板式楼梯梯段板的内折角部位构造

(a) 水平段长度 $< l_n/4$ 内折角处钢筋的锚固   (b) 水平段长度 $\geqslant l_n/4$ 内折角处钢筋的锚固

(c) 水平段长度 $< l_n/4$ 折角处钢筋的锚固   (d) 水平段长度 $\geqslant l_n/4$ 折角处钢筋的锚固

图 2-17 折线形板式楼梯梯段板折角处构造

2.4.3 梁式楼梯的配筋构造

梁式楼梯梯段梁的配筋和配筋形式与一般梁相同，但在设计现浇梁式楼梯时要注意梯段梁与平台梁的连接设计。平台梁是梯段梁的支座，必须保证其主筋（纵向受力筋）放在平台梁的主筋之上；因此平台梁的高度 h_2 除应满足承载能力和刚度的要求外，还应满足 $h_2 \geqslant \dfrac{h_1}{\cos\alpha}$，$h_1$ 为梯段梁的高度，α 为梯段梁的倾斜角度，如图 2-18 所示。

当楼梯梯段梁带有水平段时，向上折的楼梯折梁具有内折角（图 2-19），并且内折角处于受拉区，梯段梁在转折处的配筋，应按有内折角的梁处理。当梁的内折角 $\alpha \geqslant 160°$ 时，内折角的情况不很严重，纵向受拉钢筋可以采用折线形钢筋，不必断开，如图 2-19(a) 所示；

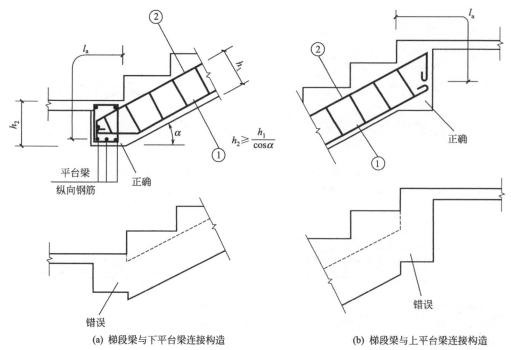

(a) 梯段梁与下平台梁连接构造   (b) 梯段梁与上平台梁连接构造

图 2-18　梯段梁与平台梁连接构造示意

但箍筋应适当加强，规范中没有明确规定，可参照搭接钢筋为受拉时，在搭接接头长度范围内箍筋的构造要求，即箍筋的间距不应大于 $5d$（d 为受力钢筋中的最小直径），且不应大于 100mm。当梁的内折角 $\alpha < 160°$ 时，除可采用图 2-19(b) 的配筋形式，也可采用在内折角处增加角托的配筋形式，如图 2-19(c) 所示。

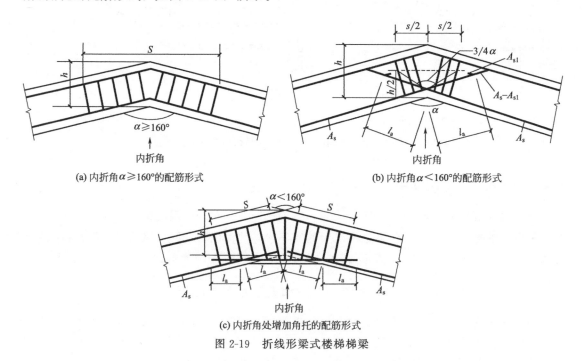

(a) 内折角$\alpha \geqslant 160°$的配筋形式   (b) 内折角$\alpha < 160°$的配筋形式

(c) 内折角处增加角托的配筋形式

图 2-19　折线形梁式楼梯梯梁

当构件的内折角处于受拉区时应增设箍筋（图 2-20），该箍筋应能承受未在受压区锚固的纵向受拉钢筋的合力，且在任何情况下不应小于全部纵向钢筋合力的 35%。

未在受压区锚固的纵向受拉钢筋的合力为：

$$N_{s1} = 2f_y A_{s1} \cos \frac{\alpha}{2} \tag{2-1}$$

全部纵向受拉钢筋合力的 35% 为：

$$N_{s2} = 0.7 f_y A_s \cos \frac{\alpha}{2} \tag{2-2}$$

式中　A_s——全部纵向受拉钢筋的截面面积；

　　　A_{s1}——未在受压区锚固的纵向受拉钢筋的截面面积；

　　　α——构件的内折角。

增设的箍筋应在长度 s 范围内设置，$s = h \tan(3\alpha/8)$。

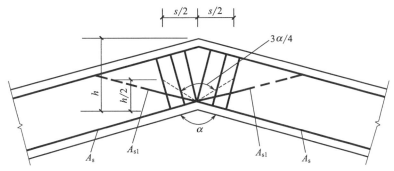

图 2-20　钢筋混凝土梁内折角处配筋

2.4.4　梁上立柱的纵向钢筋连接构造

在古建筑中，梁上立柱现象非常常见，比如为了支承椽子，在椽子下设置小立柱，小立柱生根于下面的木梁，如图 2-21 所示。

(a) 梁上立双柱

(b) 梁上立单柱

图 2-21　古建筑中的梁上立柱

在框架结构或框架-剪力墙结构中，有时候需要在框架梁上立柱，目的是为层间的休息平台梁提供支承。楼梯休息平台位于层间，层间平台梁和平台板与框架梁和框架柱均不直接相连，但通过梁上立柱可与主体结构连接在一起。不能把平台梁直接支承在楼梯间的填充墙上，如果抗震结构将层间平台梁直接支承在楼梯间的填充墙上，则属于比较严重的设计失误。

当采用梁上柱支承层间梯梁时，根据结构高度和抗震设防等级的不同，可以有如下三种选择方案。

(1) 设置贯穿各层的梁上柱支承层间梯梁 当结构高度和抗震设防等级均较高时，建议采用设置贯穿各层的梁上柱支承层间梯梁，如图 2-22(a) 所示。

(2) 逐层设置梁上柱的上承短柱支承层间梯梁 当结构高度和抗震设防等级均较低时，可以采用逐层设置梁上柱的上承短柱支承层间梯梁，如图 2-22(b) 所示。

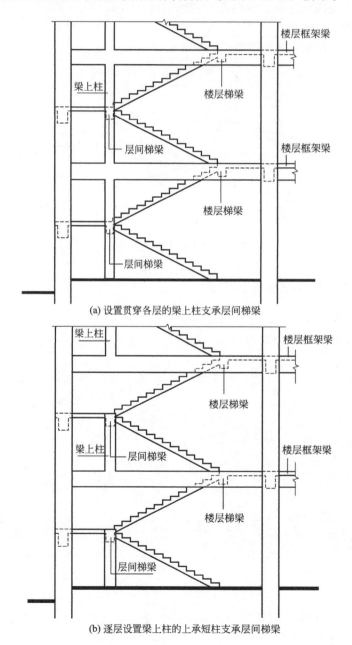

(a) 设置贯穿各层的梁上柱支承层间梯梁

(b) 逐层设置梁上柱的上承短柱支承层间梯梁

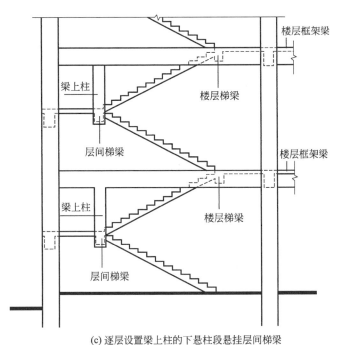

(c) 逐层设置梁上柱的下悬柱段悬挂层间梯梁

图 2-22　框架结构楼梯梁上柱的构造做法

(3) 逐层设置梁上柱的下悬柱段悬挂层间梯梁　逐层设置梁上柱的下悬柱段悬挂层间梯梁如图 2-22(c) 所示。采用下悬柱段悬挂层间梯梁的措施较少见，原因是下悬柱实际为拉杆，而混凝土做拉杆不妥当，也可以采用钢拉杆作为下悬柱，但钢拉杆与钢筋混凝土平台梁的连接较为麻烦。

梁上立柱时的纵向钢筋连接构造分为抗震设计（图 2-23）和非抗震设计（图 2-24）两

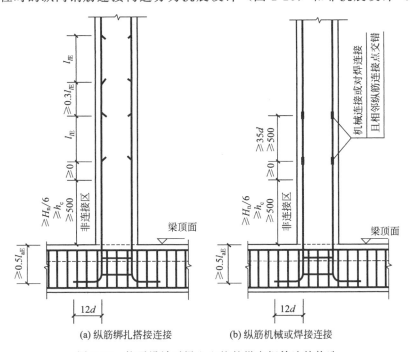

(a) 纵筋绑扎搭接连接　　　　　　　　　(b) 纵筋机械或焊接连接

图 2-23　抗震设计时梁上立柱的纵向钢筋连接构造

种情况，纵向钢筋的连接又分为绑扎搭接、机械连接和焊接连接。图 2-23 和图 2-24 中在梁内设两道柱箍筋。

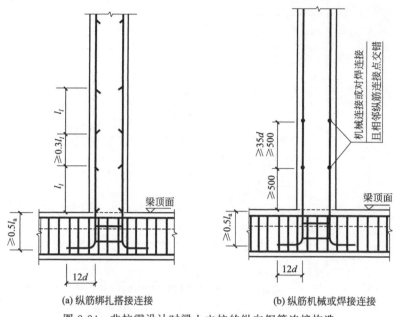

(a) 纵筋绑扎搭接连接　　　　　(b) 纵筋机械或焊接连接

图 2-24　非抗震设计时梁上立柱的纵向钢筋连接构造

2.4.5　现浇钢筋混凝土板式楼梯第一跑与基础连接构造

2.4.5.1　采用滑动支座时现浇钢筋混凝土板式楼梯第一跑与基础连接构造

采用滑动支座时，现浇钢筋混凝土板式楼梯第一跑与基础连接构造可采用图 2-25 所示的做法。

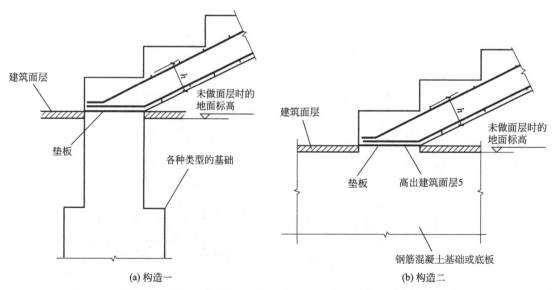

(a) 构造一　　　　　　　　　(b) 构造二

图 2-25　采用滑动支座时现浇钢筋混凝土板式楼梯第一跑与基础的连接构造做法

2.4.5.2 普通现浇钢筋混凝土板式楼梯

普通现浇钢筋混凝土板式楼梯第一跑与基础的连接构造可参考图 2-26 所示的构造做法。图中 $0.35l_{ab}$ 用于设计按铰接的情况，比如在计算时不考虑地震作用及非人防的普通楼梯，支座通常可按简支考虑。括号内数据 $0.6l_{ab}$ 用于设计考虑充分发挥钢筋抗拉强度的情况。

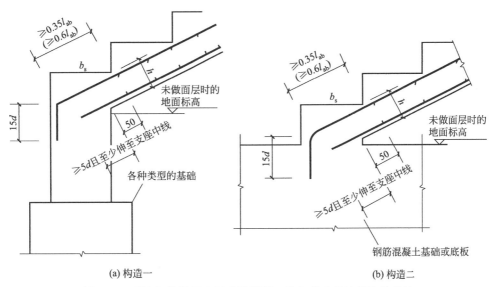

(a) 构造一   (b) 构造二

图 2-26 现浇钢筋混凝土板式楼梯第一跑与基础的连接构造做法

2.4.5.3 现浇钢筋混凝土板式楼梯第一跑梯段板支承在梯梁上

为保证沉降均匀和第一跑梯段板上部不易开裂，建议现浇钢筋混凝土板式楼梯第一跑梯段板支承在梯梁上，设置梯梁的同时设置梯柱。

2.4.5.4 人防楼梯的设计

人防楼梯的支座不能按简支考虑。人防楼梯踏步斜板的上、下层纵向钢筋均为按计算结果而配置的受拉钢筋，人防楼梯的纵向受拉钢筋锚固长度与普通楼梯在支座里的锚固长度要求不同，应满足受拉钢筋的构造要求。人防楼梯应采用双层配筋（图 2-27），在上、下钢筋网层间设置拉结钢筋，并拉住最外侧钢筋，拉结钢筋直径不小于 6mm，间距不大于 500mm，且呈梅花形布置，图中纵向受力钢筋的锚固长度 $l_{aF} = 1.05l_a$，l_a 为受拉钢筋锚固长度。

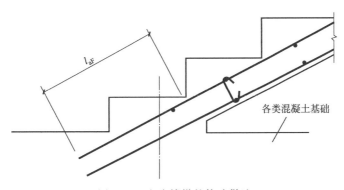

图 2-27 人防楼梯的构造做法

2.4.6 集中力作用处附加横向钢筋

2.4.6.1 一个集中力作用

次梁与主梁相交处，在主梁高度范围内受到次梁传来的集中荷载作用。次梁顶部在负弯矩作用下将产生裂缝，如图 2-28(a) 所示。因次梁传来的集中荷载将通过其受压区的剪切面传至主梁截面高度的中、下部，使其下部混凝土可能产生斜裂缝，最后被拉脱而发生局部破坏，如图 2-28(b) 所示。因此，为保证主梁在这些部位有足够的承载力，位于梁下部或梁截面高度范围内的集中荷载，应全部由附加横向钢筋（箍筋、吊筋）承担，如图 2-29 所示。梁式楼梯平台梁承受楼梯斜梁传来的集中力，在集中力作用处应附加横向钢筋。附加横向钢筋宜优先采用附加箍筋。箍筋应布置在长度为 $s = 2h_1 + 3b$ 的范围内。当采用吊筋时，其弯起段应伸至梁上边缘，且末端水平段长度在受拉区不应小于 $20d$，在受压区不应小于 $10d$，d 为弯起钢筋的直径。

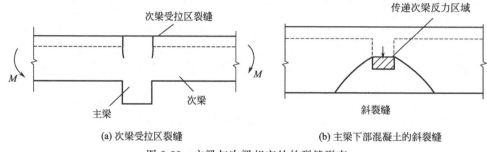

(a) 次梁受拉区裂缝　　　　(b) 主梁下部混凝土的斜裂缝

图 2-28　主梁与次梁相交处的裂缝形态

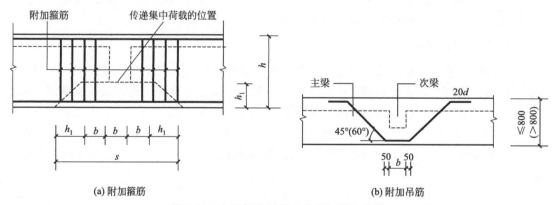

(a) 附加箍筋　　　　(b) 附加吊筋

图 2-29　主梁与次梁相交处附加横向钢筋

附加横向钢筋所需的总截面面积由下式计算：

$$F \leqslant 2f_y A_{sb} \sin\alpha + mn f_{yv} A_{sv1} \tag{2-3}$$

式中　F——由次梁传递的集中荷载设计值，N；

　　　f_y——吊筋的抗拉强度设计值，N/mm²；

　　　f_{yv}——附加箍筋的抗拉强度设计值，N/mm²；

　　　A_{sb}——一根吊筋的截面面积，mm²；

　　　A_{sv1}——单肢箍筋的截面面积，mm²；

m——附加箍筋的排数;

n——在同一截面内附加箍筋的肢数;

α——吊筋与梁轴线间的夹角。

如果集中荷载全部由附加吊筋承受,则

$$A_{sb} \geqslant \frac{F}{2f_y \sin\alpha} \tag{2-4}$$

附加吊筋可承受的集中荷载设计值可直接参考表 2-6 中数值,也可根据集中荷载设计值直接选择附加吊筋的根数和直径。

表 2-6　附加吊筋可承受的集中荷载设计值 F　　　　　单位:N

吊筋直径 d			12mm	14mm	16mm	18mm	20mm	22mm	25mm	28mm	32mm
$\alpha=45°$	HPB300	吊筋根数 1	43148	58803	76749	97178	119897	145098	187482	235212	307188
		2	86295	117606	153499	194355	239794	290197	374965	470424	614377
		3	129443	176409	230248	291533	359691	435295	562447	705636	921565
	HRB335	1	47942	65337	85277	107975	133219	161220	208314	261347	341320
		2	95884	130673	170554	215950	266438	322441	416627	522693	682641
		3	143826	196010	255831	323926	399657	483661	624941	784040	1023961
	HRB400	1	57530	78404	102332	129570	159863	193464	249976	313616	409585
		2	115060	156808	204665	259140	319725	386929	499953	627232	819169
		3	172590	235212	306997	388711	479588	580393	749929	940848	1228754
	HRB500	1	69516	94738	123652	156564	193167	233770	302055	378953	494915
		2	139031	189476	247304	313128	386335	467539	604110	757905	989829
		3	208547	284214	370955	469692	579502	701309	906164	1136858	1484744
$\alpha=60°$	HPB300	吊筋根数 1	52845	72019	93998	119018	146843	177708	229618	288075	376227
		2	105690	144037	187997	238036	293687	355417	459236	576149	752455
		3	158535	216056	281995	357054	440530	533125	688854	864224	1128682
	HRB335	1	58717	80021	104443	132242	163159	197454	255131	320083	418030
		2	117433	160041	208885	264484	326318	394908	510262	640166	836061
		3	176150	240062	313328	396726	489478	592361	765393	960249	1254091
	HRB400	1	70460	96025	125331	158690	195791	236945	306157	384100	501637
		2	140920	192050	250662	317381	391582	473889	612315	768199	1003273
		3	211380	288075	375994	476071	587373	710834	918472	1152299	1504910
	HRB500	1	85139	116030	151442	191751	236581	286308	369940	464120	606144
		2	170278	232060	302884	383502	473162	572616	739880	928241	1212288
		3	255417	348090	454326	575253	709742	858924	1109820	1392361	1818433

如果集中荷载全部由附加箍筋承受,则

$$A_{sv1} \geqslant \frac{F}{mnf_{yv}} \tag{2-5}$$

附加箍筋可承受的集中荷载设计值可直接参考表 2-7 中数值,也可根据集中荷载设计值直接选择附加箍筋的根数和直径。

表 2-7　附加箍筋可承受的集中荷载设计值 *F*

钢筋级别	箍筋直径/mm	双肢箍/N			四肢箍/N		
		次梁两侧的箍筋根数			次梁两侧的箍筋根数		
		2	4	6	2	4	6
HPB300	6	30564	61128	91692	61128	122256	183384
	8	54324	108648	162972	108648	217296	325944
	10	84780	169560	254340	169560	339120	508680
	12	122148	244296	366444	244296	488592	732888
HRB335	8	60360	120720	181080	120720	241440	362160
	10	94200	188400	282600	188400	376800	565200
	12	135720	271440	407160	271440	542880	814320
HRB400	8	72432	144864	217296	144864	289728	434592
	10	113040	226080	339120	226080	452160	678240
	12	162864	325728	488592	325728	651456	977184
HRB500	8	87522	175044	262566	175044	350088	525132
	10	136590	273180	409770	273180	546360	819540
	12	196794	393588	590382	393588	787176	1180764

2.4.6.2　两个集中力距离较近

当两个集中力距离较近，附加横向钢筋采用箍筋时，不减少两个集中力间的附加箍筋的数量，次梁外侧的布置长度取较近一侧次梁的宽度范围，如图 2-30 所示。

当两个集中力距离较近，附加横向钢筋采用吊筋时，可将两个集中力合并为一个集中力考虑，也就是合并设置一组吊筋，如图 2-31 所示。

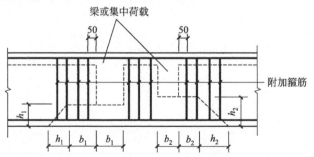

图 2-30　两个集中力距离较近时附加箍筋的构造做法

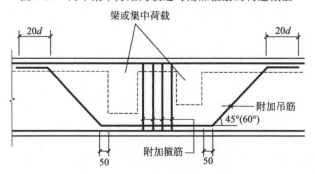

图 2-31　两个集中力距离较近时附加吊筋的构造做法

2.5 楼梯的抗震概念设计

2.5.1 框架结构楼梯间的震害

历次大地震的震害表明，在地震作用下，框架结构中楼梯间的破坏形式主要有如下几种。

① 梯段板破坏，即梯段板板底在 $1/4 \sim 1/3$ 跨位置出现大量裂缝或较宽裂缝，混凝土脱落，钢筋裸露甚至被拉断，破坏严重时梯段板整体坍塌，如图 2-32(a)～(c) 所示。

② 平台板、平台梁在楼梯井的位置发生剪切破坏，平台板断裂，平台梁端混凝土酥碎，钢筋严重变形，如图 2-32(d)、(e) 所示。

③ 梯柱柱顶混凝土酥碎，钢筋扭曲变形，如图 2-32(f) 所示。

④ 楼梯间框架柱破坏，即框架柱与平台板或平台梁交接处混凝土酥碎脱落，钢筋屈服破坏，有时钢筋呈灯笼式破坏形式。如图 2-32(g)、(h) 所示的支承平台梁的框架柱，明显是短柱，国内外历次震害调查和模拟试验结果均表明，短柱容易发生沿斜裂缝截面滑移、混凝土严重剥落等脆性破坏。其破坏特点是裂缝几乎遍布柱全高，斜向裂缝贯通后，强度急剧下降，破坏非常突然。因此，在结构的抗震设计中，首先设法不使短柱成为主要抗震构件，当无法避免使用短柱时，应该采取必要的措施，比如采用加大纵筋和全长加密箍筋等措施。

(a) 梯段板出现裂缝

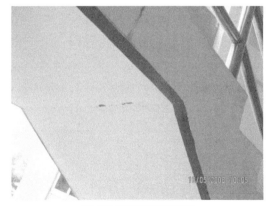

(b) 折线形斜梯板出现裂缝

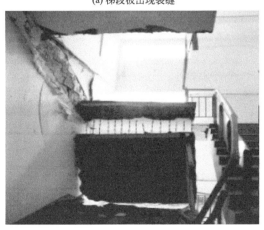

(c) 梯段板断裂下垂

(d) 平台板剪切破坏

图 2-32

(e) 平台梁剪切破坏

(f) 梯柱柱顶破坏

(g) 楼梯间框架柱破坏(一)

(h) 楼梯间框架柱破坏(二)

(i) 楼梯间填充墙破坏

图 2-32　框架结构中楼梯间的破坏形式

⑤ 楼梯间填充墙体开裂，面层剥落，严重时会发生坍塌，如图 2-32(i) 所示。

2.5.2　砌体结构楼梯间的震害

楼梯间由梯段板、平台板、平台梁等错层构件组成，楼板不连续，楼梯间空旷薄弱，结构传力复杂，对抗震不利，因此，在砌体结构中，为减轻楼梯间的震害，设置构造柱和圈梁是很好的抗震措施，但是，有时为了降低造价，不设置构造柱和圈梁，只有砖墙和预制板的楼梯间，整体性和抗震性很差，在地震中不可避免会倒塌。如图 2-33 所示的楼梯间，没有设置构造柱和圈梁，在地震时倒塌。

如果按照规范的规定严格在砌体结构中设置构造柱和圈梁，则在地震作用下，情况比没有设置构造柱和圈梁的房屋好很多，楼梯间不会倒塌。如图 2-34 所示的楼梯间，因为设置了构造柱和圈梁，在房屋其他部分没有设置构造柱和圈梁的砌体均已倒塌的情况下，依然屹立不倒，这是充分体现了大震不倒的设计理念。

图 2-33 无构造柱和圈梁倒塌的楼梯间

图 2-34 设置构造柱和圈梁的楼梯间依然屹立

2.5.3 楼梯间的抗震概念设计

在历次大地震中，楼梯间是多层钢筋混凝土框架结构和砌体结构的一个震害集中区，楼梯间往往先于主体结构而产生严重破坏，这直接影响地震发生时的应急使用，甚至导致惨重的伤亡事故。楼梯间在建筑结构设计中只占极小的部分，但是在地震时是唯一的紧急逃生通道，确保楼梯间在大震中不倒是设计中的重中之重，因此，楼梯间的设计应该引起设计人员的足够重视。

2.5.3.1 建筑设计时应考虑楼梯间的平面布置和立面布置

如图 2-35 所示的一幢住宅楼中间的楼梯间，该楼梯间布置在结构平面的薄弱区域，也就是蜂腰、瓶颈部位。楼梯间所在开间进深较小，建筑平面尺寸突变，刚度也突变。由于刚度突变和应力集中，在地震中发生了巨大破坏，裂缝密布、混凝土破碎，甚至倒塌，严重影响了地震时的人员疏散。从这个实例我们得到的经验是：在建筑设计时，不仅要考虑楼梯间在立面布置上的均衡

图 2-35 蜂腰、瓶颈部位的楼梯间震害情况

对称，还要考虑楼梯间在平面布置上的简单、方正，尽量避免平面上的凹凸不平和形状不规则。

2.5.3.2 框架结构楼梯间设置

张耀庭、段剑林在《钢筋混凝土框架结构中楼梯间布置位置的研究》（参见本书参考文献［43］）一文中按照现行规范设计了一栋 6 层钢筋混凝土框架结构，并选用了 6 种方案楼梯间布置位置，通过对其进行静力弹塑性分析，研究楼梯间位置对框架结构的振型、内力及破坏机制的影响。分析结果表明：楼梯间的位置对主体结构刚度及内力分布影响较大，在建筑与结构设计时，应考虑楼梯间位置所带来的不利影响。对于普通的钢筋混凝土框架结构，在建筑设计阶段，建议在布置楼梯间时尽量将其分散地布置在结构外围，也就是布置在建筑物周边，这样可使框架结构的扭转效应减小。但楼梯间也不宜布置在最边跨，因为楼梯间布置于边跨会使边柱内力显著增大，对结构造成不利影响，楼梯间应布置在边跨的内一跨。在结构设计阶段，应充分考虑楼梯对框架结构的振动特性及内力分布的影响，并采取构造措施加强内力较大的构件。如果楼梯间布置在结构中部，应着重考虑由此带来的扭转效应的影响。如果楼梯间位置靠近建筑物周边，则应着重考虑与楼梯间相连的框架结构构件内力增大的影响。

《建筑楼梯在 2008 年汶川大地震中的震害分析》（参见本书参考文献［28］）一文通过对 2008 年汶川大地震中不同结构类型建筑的楼梯震害分析，并经有限元对比计算，得出如下结论：应考虑楼梯参与主体结构的共同作用，此时应采取增大主体结构侧向刚度措施或者通过构造措施，尽可能减少楼梯参与结构的抗震作用；增设生根于框架梁的附加梯柱，将楼梯与主体结构脱离，把半层休息平台与框架柱分离，避免框架柱形成短柱，在水平方向有效避免地震作用时楼梯对主体结构的不利影响，在竖向荷载作用下，竖向荷载经附加梯柱传至框架梁，框架梁完全可以满足竖向荷载承载要求。

2.5.3.3 砌体结构楼梯间设置

在砌体结构楼梯间平面布置时，建筑与结构应配合良好，既要满足建筑功能的要求，又要保证结构的安全，尽量避免在房屋特殊的部位设置楼梯间，比如容易引起结构扭转破坏的端部和转角处。

砌体结构楼梯间是砌体结构中最薄弱的环节，必须按规范要求设置构造柱和圈梁。

2.5.4 震损梯段板的加固工法

2018 汶川大地震之后，哈尔滨工业大学建筑质量评价与加固处理事务所参加了西南科技大学教学楼的震损楼梯加固工作，针对梯段板的破坏情况，给出了切实可行的梯段板加固方案，加固工法特别做如下说明。

① 在震损梯段板下设置足够的支撑，支撑数量与布置方法视支撑杆件的材料、截面而定。

② 清除震损梯段板板底抹灰直至板底结构层，并将结构层表面进行凿毛处理。

③ 清除震损梯段板板底抹灰层后，若发现震损梯段板在施工缝处出现水平裂缝，则剔除施工缝宽度范围内的（含台阶）破碎混凝土，并用 C30 微膨胀细石混凝土置换（为达到微膨胀，可加入水泥用量 6％的 UEA）。

④ 在震损梯段板的下表面设置 M8 膨胀螺栓，双向间距 200mm，螺栓深入震损梯段板的深度 60mm，在距震损梯段板原结构层底面 27mm（净距）处垂直于螺栓焊接φ8@200 的

分布钢筋（分布钢筋长度等于梯段板宽度），在分布钢筋上方布置沿震损梯段板跨度方向的 $\Phi 12@120$ 的受力筋，受力筋两端植入平台梁的植入长度为 180mm（成孔直径 15mm，采用专用植筋胶）。

⑤ 喷射设计强度等级为 C30 的细石混凝土，厚度为 50mm。

震损梯段板的加固方法如图 2-36 所示。图 2-37 为震损梯段板加固施工过程中的梯段板钢筋布置情况。震损楼梯梯段板的加固也可采用贴碳纤维布的加固方法。

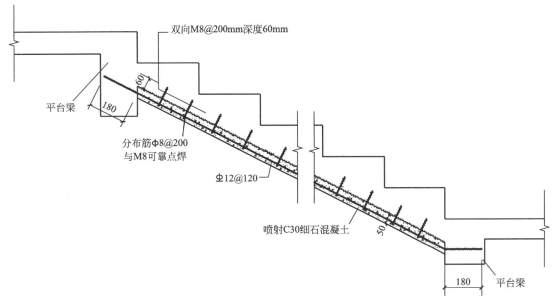

图 2-36　震损梯段板的加固方法

图 2-37　楼梯震损梯板的加固

第3章
框架结构钢筋混凝土楼梯设计实例

3.1 框架结构钢筋混凝土楼梯建筑施工图

　　某市建筑职业技术学校办公楼为四层钢筋混凝土框架结构体系，建筑面积约 2700m²，一至四层的建筑层高分别为 3.9m、3.6m、3.6m 和 3.9m。一至四层的结构层高分别为 4.9m（从基础顶面算起，包括初估地下部分 1.0m）、3.6m、3.6m 和 3.9m，室内外高差 0.45m。建筑设计使用年限 50 年。该办公楼原来建筑方案的各层建筑平面施工图如图 3-1～图 3-4 所示。办公楼方案优化之后的各层建筑平面施工图如图 3-5～图 3-8 所示。

　　该办公楼原来建筑方案柱网规整、受力均匀、使用灵活、造价经济。为什么要优化建筑设计方案？是因为楼梯间设置的问题。该办公楼原来建筑方案楼梯间有两个角没有框架柱，楼梯间内有框架柱突出部分，这些原因均有损楼梯间的抗震性能。优化后，办公楼建筑方案的楼梯间四角均布置框架柱，楼梯间是薄弱空间，这样有利于提高抗震性能。因为框架柱偏离轴线，楼梯间无障碍设计，没有突出的尖角，紧急疏散或人群密集时比较安全，不会因碰倒而发生踩踏事件，建筑师设计楼梯时应该注意这一点。

　　本实例框架结构办公楼的楼梯采用钢筋混凝土板式楼梯，钢筋混凝土板式楼梯的建筑施工图如图 3-9 所示。楼梯间地面采用厚度约为 30mm 厚水磨石地面，板底采用 20mm 厚混合砂浆粉刷。

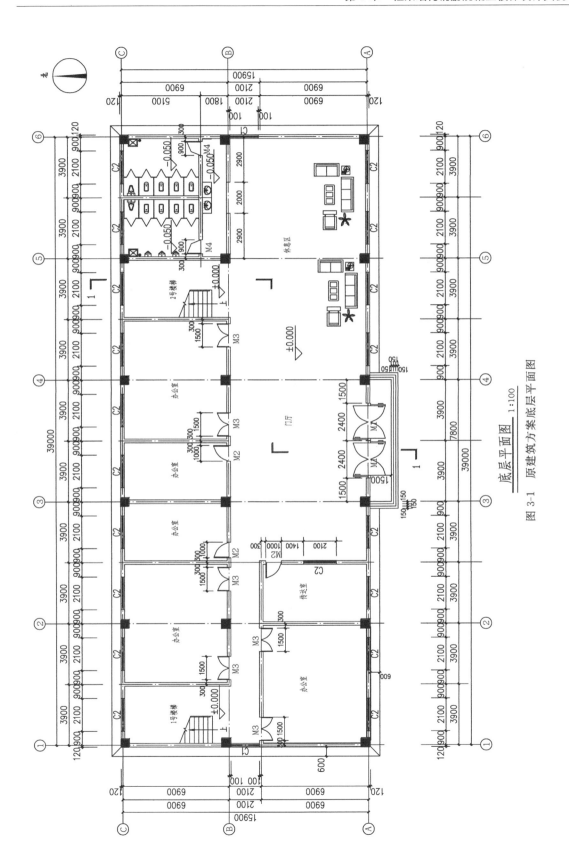

底层平面图 1:100

图 3-1　原建筑方案底层平面图

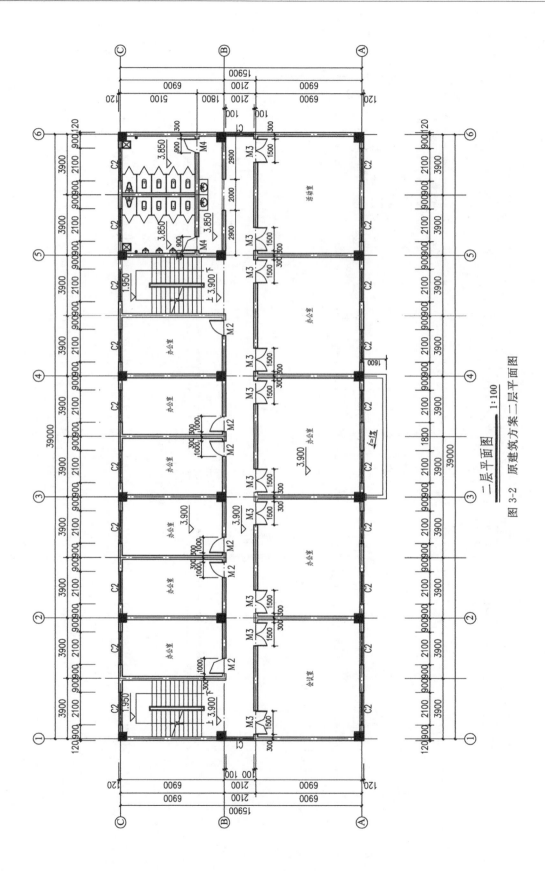

二层平面图
 1:100

图 3-2　原建筑方案二层平面图

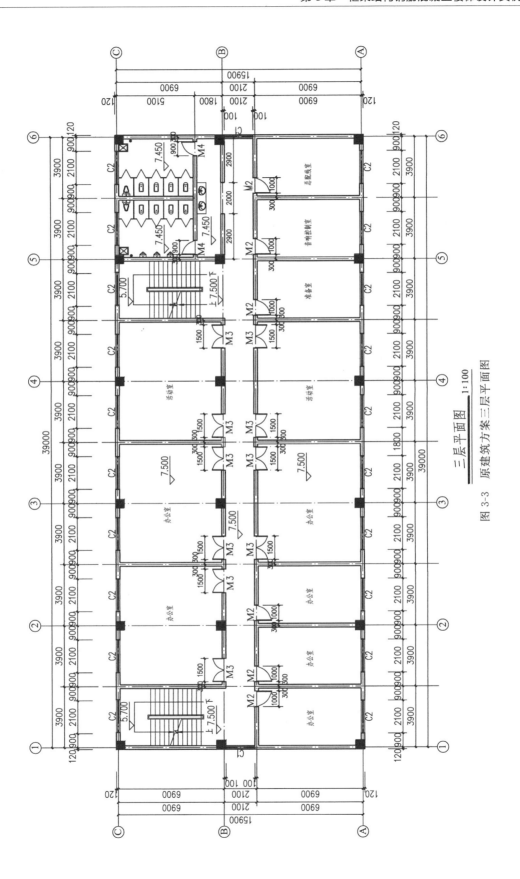

三层平面图　1:100

原建筑方案三层平面图

图 3-3

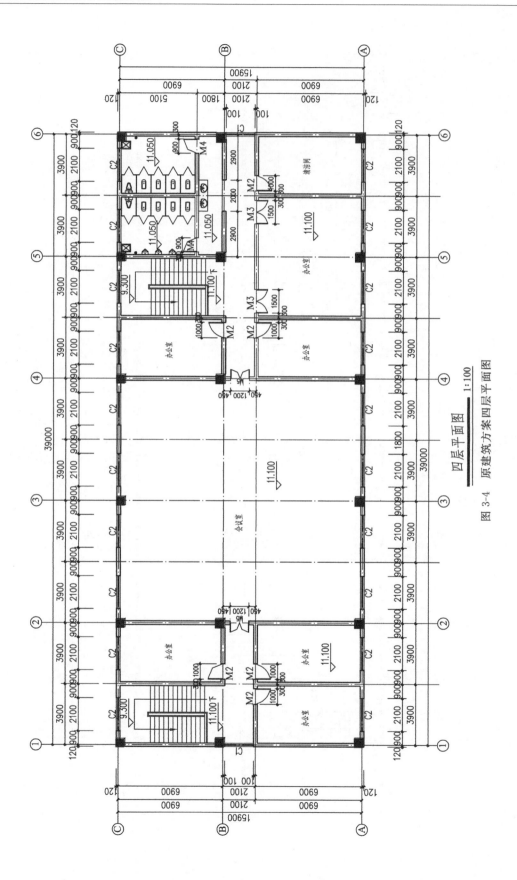

四层平面图 1:100

图 3-4 原建筑方案四层平面图

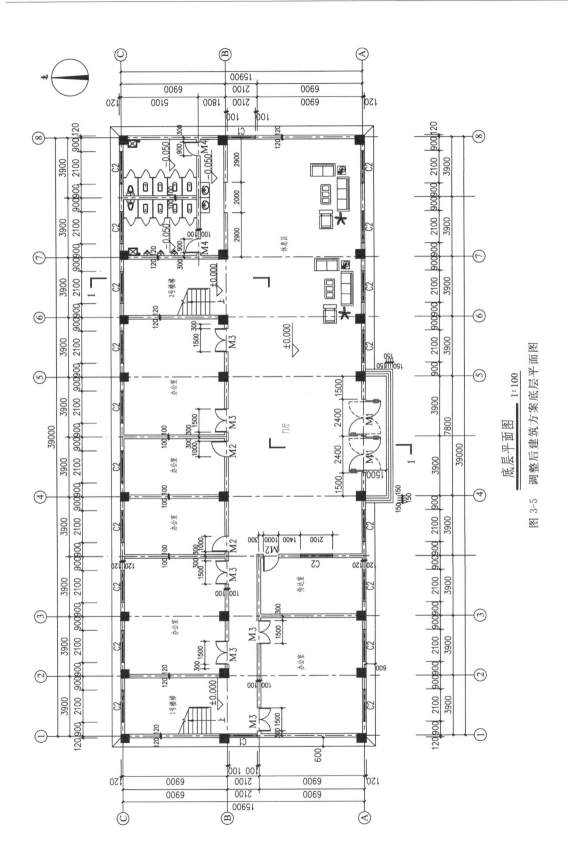

底层平面图

1:100

图 3-5　调整后建筑方案底层平面图

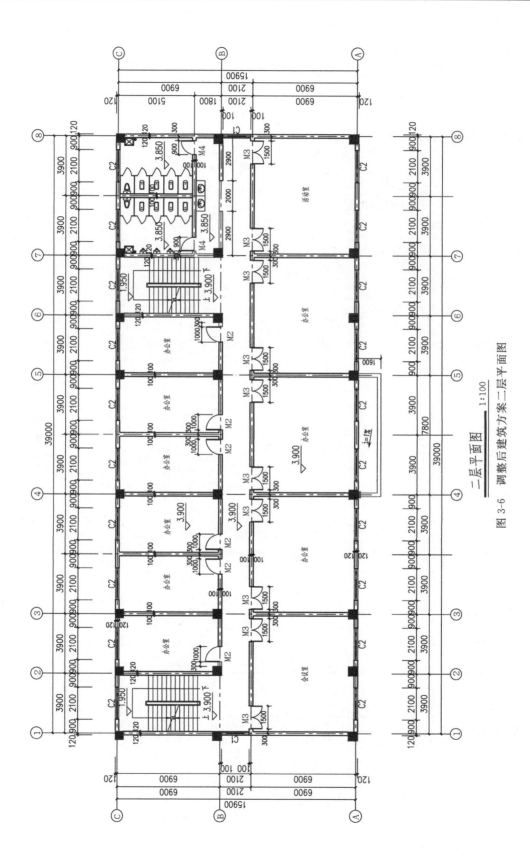

二层平面图 1:100

调整后建筑方案二层平面图

图 3-6

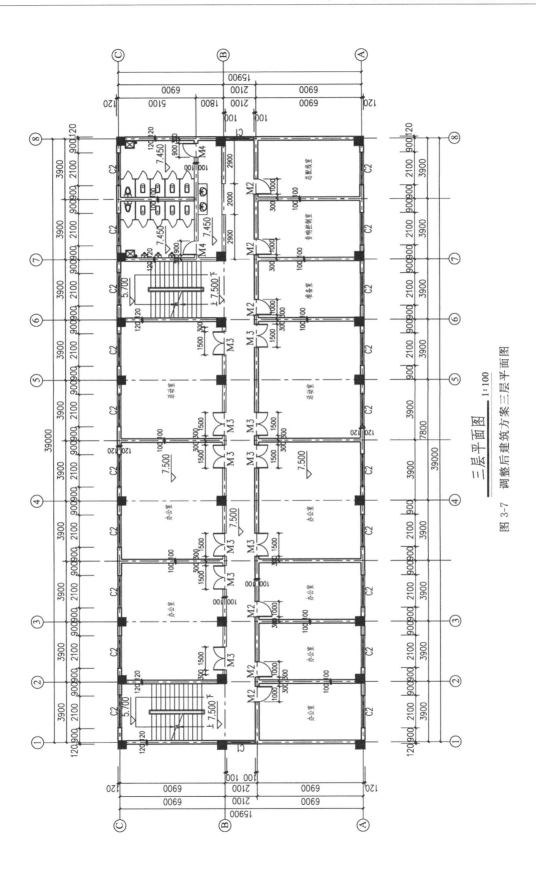

三层平面图　1:100

图 3-7　调整后建筑方案三层平面图

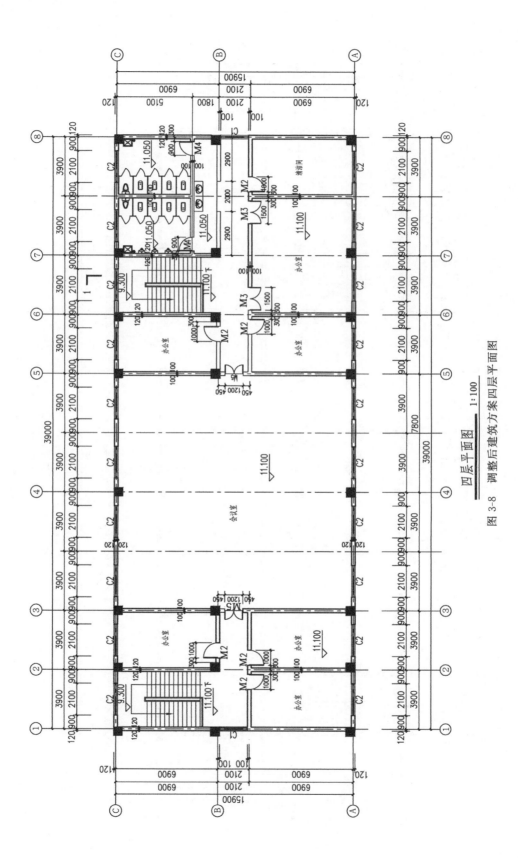

四层平面图 1:100

图 3-8 调整后建筑方案四层平面图

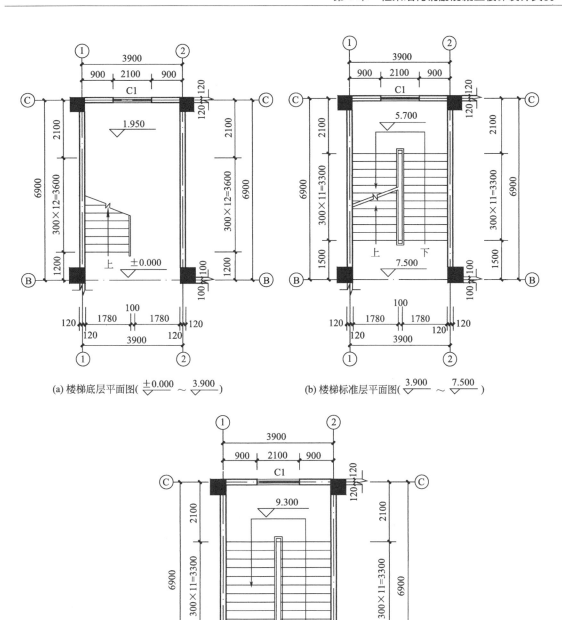

(a) 楼梯底层平面图($\frac{\pm 0.000}{\triangledown} \sim \frac{3.900}{\triangledown}$)　　(b) 楼梯标准层平面图($\frac{3.900}{\triangledown} \sim \frac{7.500}{\triangledown}$)

(c) 楼梯顶层平面图($\frac{7.500}{\triangledown} \sim \frac{11.100}{\triangledown}$)

图 3-9

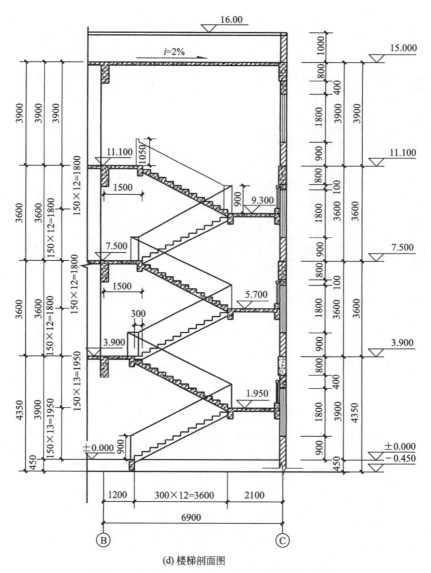

(d) 楼梯剖面图

图 3-9 框架结构钢筋混凝土楼梯建筑施工图

3.2 双跑平行现浇钢筋混凝土板式楼梯设计（设滑动支座方法）

依据图 3-9 所示的框架结构钢筋混凝土楼梯建筑施工图，进行该楼梯的结构布置。楼梯结构平面布置图如图 3-10 所示，楼梯结构剖面布置图如图 3-11 所示。混凝土强度等级选用 C25，采用 HRB335 级钢筋。下面设计该楼梯结构平面图中的楼梯构件。

3.2.1 楼梯梯段斜板设计

由于采用 ATb 型带滑动支座的板式楼梯，梯段斜板一端与梯梁固结，另一端自由，斜板跨度近似可按梯段斜板净跨计算。对斜板取 1m 宽作为其计算单元。楼梯踏步面层厚度，通常水泥砂浆面层取 15～25mm，水磨石面层取 28～35mm。

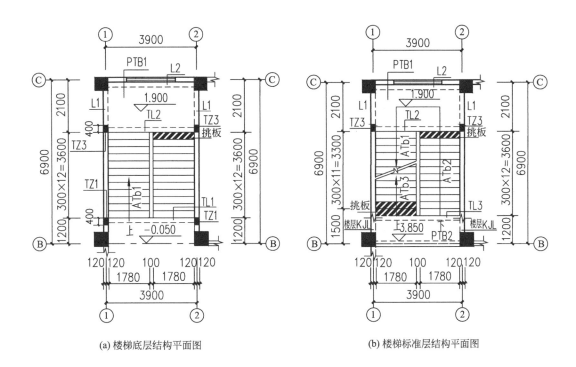

(a) 楼梯底层结构平面图　　　　　　　　　(b) 楼梯标准层结构平面图

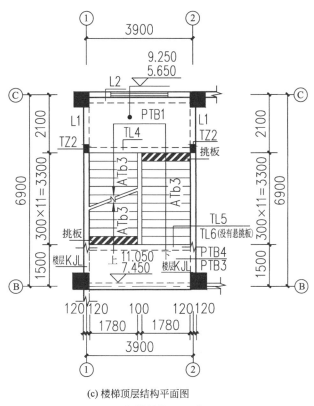

(c) 楼梯顶层结构平面图

图 3-10　楼梯结构平面布置图

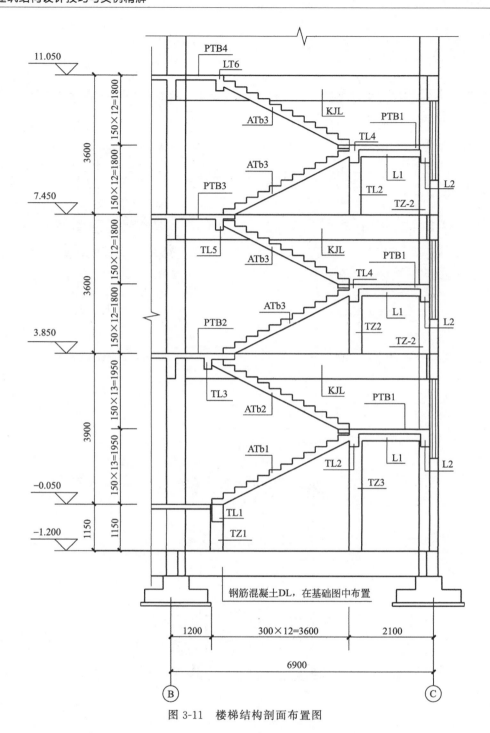

图 3-11　楼梯结构剖面布置图

3.2.1.1　ATb1 设计

(1) 确定斜板厚度

斜板的水平投影净长 $l_{1n}=3600\text{mm}$

斜板的斜向净长为 $l'_{1n}=\dfrac{l_{1n}}{\cos\alpha}=\dfrac{3600}{300/\sqrt{150^2+300^2}}=\dfrac{3600}{0.894}=4027\ (\text{mm})$

斜板厚度为 $t_1 = \left(\dfrac{1}{30} \sim \dfrac{1}{25}\right) l'_{1n} = \left(\dfrac{1}{30} \sim \dfrac{1}{25}\right) \times 4027 = 134 \sim 161$（mm）

注意：斜板厚度的取值应该为斜长的 $\dfrac{1}{30} \sim \dfrac{1}{25}$，而不是水平投影净长的 $\dfrac{1}{30} \sim \dfrac{1}{25}$。

取 $t_1 = 140$mm。

(2) 荷载计算

楼梯梯段斜板的荷载计算列于表 3-1 中。

表 3-1   楼梯梯段斜板荷载计算表

荷载种类		荷载标准值/(kN/m)
恒荷载	栏杆自重	0.2
	锯齿形斜板自重	$\gamma_2(d/2 + t_1/\cos\alpha) = 25 \times (0.15/2 + 0.14/0.894) = 5.79$
	30 厚水磨石面层	$\gamma_1(e+d)/e = 0.65 \times (0.3+0.15)/0.3 = 0.98$
	板底 20 厚混合砂浆粉刷	$\gamma_3 c_1/\cos\alpha = 17 \times 0.02/0.894 = 0.38$
	恒荷载合计	7.35
活荷载		3.5(考虑 1m 上的线荷载)

注：1. γ_1 为水磨石的面荷载为 0.65kN/m^2，30 厚水磨石面层包括 10mm 厚面层，20mm 厚水泥砂浆打底；γ_2 为钢筋混凝土的容重；γ_3 为混合砂浆的容重。

2. e、d 分别为三角形踏步的宽度和高度。

3. c_1 为板底粉刷的厚度。

4. α 为楼梯斜板的倾角。楼梯的倾斜角：$\cos\alpha = \dfrac{300}{\sqrt{150^2 + 300^2}} = 0.894$，$\alpha = 26.6°$。

5. t_1 为斜板的厚度。

(3) 荷载效应组合

由可变荷载效应控制的组合：

$q = 1.2 \times 7.35 + 1.4 \times 3.5 = 13.72(\text{kN/m})$

永久荷载效应控制的组合：

$q = 1.35 \times 7.35 + 1.4 \times 0.7 \times 3.5 = 13.35(\text{kN/m})$

所以选可变荷载效应控制的组合来进行计算，取 $q = 13.72$kN/m。

(4) 计算简图

斜板的计算简图可用一根假想的跨度为 l_{1n} 的水平梁替代，如图 3-12 所示，其计算跨度取水平投影净长 $l_{1n} = 3600$mm。

(5) 内力计算

斜板的内力一般只需计算跨中最大弯矩即可，考虑到斜板一端与梯梁固结，另一端自由，偏于安全取跨中最大弯矩为

$$M = \frac{ql_{1n}^2}{8} = \frac{13.72 \times 3.6^2}{8} = 22.23(\text{kN} \cdot \text{m})$$

(6) 配筋计算

$$h_0 = t_1 - 20 = 140 - 20 = 120(\text{mm})$$

$$\alpha_s = \frac{M}{\alpha_1 f_c b h_0^2} = \frac{22.23 \times 10^6}{1.0 \times 11.9 \times 1000 \times 120^2} = 0.130$$

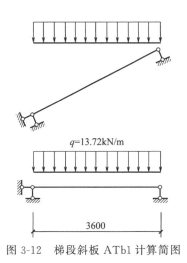

$q = 13.72$kN/m

3600

图 3-12   梯段斜板 ATb1 计算简图

$$\gamma_s=0.5(1+\sqrt{1-2\alpha_s})=0.5\times(1+\sqrt{1-2\times0.130})=0.930$$

$$A_s=\frac{M}{f_y\gamma_s h_0}=\frac{22.23\times10^6}{300\times0.930\times120}=664(\text{mm}^2)$$

$$\rho=\frac{A_s}{bh}=\frac{664}{1000\times140}=0.47\%>\rho_{min}=0.45\frac{f_t}{f_y}=0.45\times\frac{1.27}{300}=0.19\%$$

(7) 选配钢筋

板底受力钢筋选用 $\Phi12@120$，$A_s=942\text{mm}^2$，分布钢筋选用 $\Phi8@200$，$A_s=251\text{mm}^2$，大于单位宽度上受力钢筋的 15%〔即 $942\times15\%=141$（mm^2）〕，配筋率也大于 0.15%〔即 $140\times1000\times0.15\%=210$（$\text{mm}^2$）〕。若分布钢筋采用 $\Phi8@250$，则 $A_s=201\text{mm}^2$，此时就不满足要求。板顶负弯矩钢筋没有经过计算，和板底受力钢筋相同，即选用 $\Phi12@120$，分布钢筋选用 $\Phi8@200$。注意对于分布钢筋，当按单向板设计时，应验算是否满足《混凝土结构设计规范》（GB 50010—2010）第 9.1.7 条的要求。

ATb2 和 ATb1 相同，配筋计算过程与 ATb1 的配筋计算过程也相同，不再赘述。

3.2.1.2 ATb3 设计

(1) 确定斜板厚度

斜板的水平投影净长 $\qquad l_{2n}=3300\text{mm}$

斜板的斜向净长为 $\qquad l'_{2n}=\dfrac{l_{2n}}{\cos\alpha}=\dfrac{3300}{300/\sqrt{150^2+300^2}}=\dfrac{3300}{0.894}=3691(\text{mm})$

斜板厚度 $\qquad t_2=\left(\dfrac{1}{30}\sim\dfrac{1}{25}\right)l'_{2n}=\left(\dfrac{1}{30}\sim\dfrac{1}{25}\right)\times3691=123\sim148(\text{mm})$

取 $t_2=140\text{mm}$。

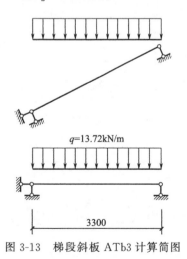

$q=13.72\text{kN/m}$

3300

图 3-13　梯段斜板 ATb3 计算简图

(2) 荷载计算

楼梯梯段斜板的荷载与 ATb1 相同，计算列于表 3-1 中。

(3) 荷载效应组合

荷载效应组合与 ATb1 相同，所以选可变荷载效应控制的组合来进行计算，取 $q=13.72\text{kN/m}$。

(4) 计算简图

斜板的计算简图可用一根假想的跨度为 l_{2n} 的水平梁替代，如图 3-13 所示，其计算跨度取水平投影净长 $l_{2n}=3300\text{mm}$。

(5) 内力计算

斜板的内力一般只需计算跨中最大弯矩即可，考虑到斜板一端与梯梁固结，另一端自由，偏于安全取跨中最大弯矩为

$$M=\frac{ql_{2n}^2}{8}=\frac{13.72\times3.3^2}{8}=18.68(\text{kN}\cdot\text{m})$$

(6) 配筋计算

$$h_0=t_2-20=140-20=120(\text{mm})$$

$$\alpha_s=\frac{M}{\alpha_1 f_c bh_0^2}=\frac{18.68\times10^6}{1.0\times11.9\times1000\times120^2}=0.109$$

$$\gamma_s = 0.5(1+\sqrt{1-2\alpha_s}) = 0.5\times(1+\sqrt{1-2\times 0.109}) = 0.942$$

$$A_s = \frac{M}{f_y \gamma_s h_0} = \frac{18.68\times 10^6}{300\times 0.942\times 120} = 551(\text{mm}^2)$$

$$\rho = \frac{A_s}{bh} = \frac{551}{1000\times 140} = 0.39\% > \rho_{\min} = 0.45\frac{f_t}{f_y} = 0.45\times\frac{1.27}{300} = 0.19\%$$

(7) 选配钢筋

板底受力钢筋选用φ12@150，$A_s = 754\text{mm}^2$，分布钢筋选用φ8@200。板顶负弯矩钢筋没有经过计算，和板底受力钢筋相同，即选用φ12@150，分布钢筋选用φ8@200。

3.2.2　平台板设计

3.2.2.1　PTB1 设计

(1) 平台板计算简图

平台板 PTB1 的计算简图如图 3-14 所示，楼梯间四周墙体厚度均为 240mm。平台板 PTB1 为部分带悬挑板的四边支承板，长宽比为 $3900/(1480+250)=2.3>2$（近似取板长宽轴线尺寸进行计算），因此按短跨方向的简支单向板计算，取 1m 宽作为计算单元。平台梁 TL2 的截面尺寸取 $b\times h = 250\text{mm}\times 400\text{mm}$。平台板两端均与梁整浇，所以平台板计算跨度 l_{01} 取平台板两端梁的中心线之间距离，即 $l_{01}=1480+250=1730(\text{mm})$，平台板为单向板，板厚度为跨度的 1/30，即 $1730/30=58(\text{mm})$，取平台板厚度 $t_1=120\text{mm}$。考虑到楼梯梯段板荷载以集中力形式传给平台板悬挑部分，因此，取平台板悬挑部分的板厚度为 $t_1'=150\text{mm}$。

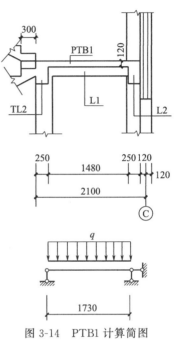

图 3-14　PTB1 计算简图

(2) 荷载计算

平台板的荷载计算列于表 3-2。

表 3-2　平台板 PTB1 四边支承部分荷载计算表

	荷载种类	荷载标准值/(kN/m)
恒荷载	平台板自重	$25\times 0.12\times 1 = 3.0$
	30 厚水磨石面层	$0.65\times 1 = 0.65$
	板底 20 厚混合砂浆粉刷	$17\times 0.02\times 1 = 0.34$
	恒荷载合计	3.99
	活荷载	3.5

(3) 荷载效应组合

由可变荷载效应控制的组合

$$q_1 = 1.2\times 3.99 + 1.4\times 3.5 = 9.69(\text{kN/m})$$

由永久荷载效应控制的组合

$$q_1 = 1.35\times 3.99 + 1.4\times 0.7\times 3.5 = 8.82(\text{kN/m})$$

所以选可变荷载效应控制的组合进行计算，取 $q_1=9.69\text{kN/m}$。

(4) 内力计算

考虑平台板两端梁的嵌固作用，跨中最大弯矩近似取

$$M = \frac{q_1 l_{01}^2}{10} = \frac{9.69 \times 1.73^2}{10} = 2.90(\text{kN} \cdot \text{m})$$

(5) PTB1 无悬挑板部分配筋计算

$$h_0 = 120 - 20 = 100(\text{mm})$$

$$\alpha_s = \frac{M}{\alpha_1 f_c b h_0^2} = \frac{2.90 \times 10^6}{1.0 \times 11.9 \times 1000 \times 100^2} = 0.0244$$

$$\gamma_s = 0.5(1 + \sqrt{1 - 2\alpha_s}) = 0.5 \times (1 + \sqrt{1 - 2 \times 0.0244}) = 0.988$$

$$A_s = \frac{M}{f_y \gamma_s h_0} = \frac{2.90 \times 10^6}{300 \times 0.988 \times 100} = 98(\text{mm}^2)$$

$$\rho = \frac{A_s}{bh} = \frac{98}{1000 \times 120} = 0.08\% < \rho_{\min} = 0.45 \frac{f_t}{f_y} = 0.45 \times \frac{1.27}{300} = 0.19\%$$

应按 $\rho_{\min}$ 配筋，每米宽应配置的受力钢筋：

$$A_{\text{smin}} = \rho_{\min} bh = 0.0019 \times 1000 \times 120 = 228(\text{mm}^2)$$

因此，板底选用受力钢筋 $\phi 10@150$，$A_s = 523\text{mm}^2$；分布钢筋采用 $\phi 10@200$，$A_s = 393\text{mm}^2$，满足要求。板顶选用钢筋 $\phi 10@150$；分布钢筋采用 $\phi 10@200$。

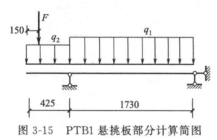

图 3-15　PTB1 悬挑板部分计算简图

(6) PTB1 悬挑板部分配筋计算

PTB1 悬挑板部分计算简图如图 3-15 所示。ATb2 与 ATb1 板厚相同，均为 140mm，所以可选 ATb1 可变荷载效应控制的组合来进行计算，即取 $q = 13.72\text{kN/m}$。ATb2 跨度为 3600mm，则传递到平台板悬挑部分的力为：$13.72 \times \dfrac{3.6}{2} = 24.70$ （kN）

该力为整个梯板宽度（1.78m）承担，因此

$$F = \frac{24.70}{1.78} = 13.9(\text{kN/m})$$

PTB1 悬挑板部分的荷载计算列于表 3-3。

表 3-3　平台板 PTB1 悬挑板部分荷载计算表

荷载种类		荷载标准值/(kN/m)
恒荷载	平台板悬挑部分自重	$25 \times 0.15 \times 1 = 3.75$
	板底 20 厚混合砂浆粉刷	$17 \times 0.02 \times 1 = 0.34$
	恒荷载合计	4.09

PTB1 悬挑板部分的荷载设计值 $q_2 = 1.2 \times 4.09 = 4.91$ （kN/m）

则平台板 PTB1 悬挑部分最大弯矩：

$$M^- = \frac{q_2 \times 0.425^2}{2} + F \times (0.425 - 0.15)$$

$$= \frac{4.91 \times 0.425^2}{2} + 13.9 \times (0.425 - 0.15)$$

$$= 4.27(\text{kN} \cdot \text{m})$$

$$h_0 = 150 - 20 = 130(\text{mm})$$

$$\alpha_s = \frac{M^-}{\alpha_1 f_c b h_0^2} = \frac{4.27 \times 10^6}{1.0 \times 11.9 \times 1000 \times 130^2} = 0.0212$$

$$\gamma_s = 0.5(1 + \sqrt{1 - 2\alpha_s}) = 0.5 \times (1 + \sqrt{1 - 2 \times 0.0212}) = 0.989$$

$$A_s = \frac{M^-}{f_y \gamma_s h_0} = \frac{4.27 \times 10^6}{300 \times 0.989 \times 130} = 111(\text{mm}^2)$$

$$\rho = \frac{A_s}{bh} = \frac{111}{1000 \times 150} = 0.07\% < \rho_{\min} = 0.45 \frac{f_t}{f_y} = 0.45 \times \frac{1.27}{300} = 0.19\%$$

应按 $\rho_{\min}$ 配筋，每米宽应配置的受力钢筋：

$$A_{s\min} = \rho_{\min} bh = 0.0019 \times 1000 \times 150 = 285(\text{mm}^2)$$

因此，板顶选用受力钢筋 $\phi 10@150$，$A_s = 523\text{mm}^2$；分布钢筋采用 $\phi 10@200$，$A_s = 393\text{mm}^2$，满足要求。板底选用受力钢筋 $\phi 10@150$；分布钢筋采用 $\phi 10@200$。因 PTB1 悬挑板部分承担楼梯梯板的荷载，有时候有震动荷载，因此，悬挑板部分板厚和配筋均按概念设计思想适当加大。

3.2.2.2　PTB2 设计

（1）平台板计算简图

平台板 PTB2 的计算简图如图 3-16 所示。平台板 PTB2 为部分带悬挑板的四边支承板，其实，左端按简支计算偏于保守，左端平台板与楼层平台板连续，对悬挑部分受力有利。计算中取 1m 宽作为计算单元。楼层 KJL 的截面尺寸取 $b \times h = 350\text{mm} \times 800\text{mm}$。平台梁 TL3 的截面尺寸取 $b \times h = 250\text{mm} \times 400\text{mm}$。平台梁截面尺寸的选取除了满足强度、刚度要求之外，还要满足构造要求。TL3 的跨度为 3900mm，截面高度取为 400mm 满足强度、刚度要求，除此还需要满足构造要求，图 3-17 解释了为什么 TL3 的截面高度取 400mm 满足构造要求。平台板 PTB2 四边支承部分两端均与梁整浇，所以平台板 PTB2 四边支承部分计算跨度 l_{02} 取平台板两端梁的中心线之间距离，即 $l_{02} = 1200 - \dfrac{250}{2} - \dfrac{350}{2} + 100 =$

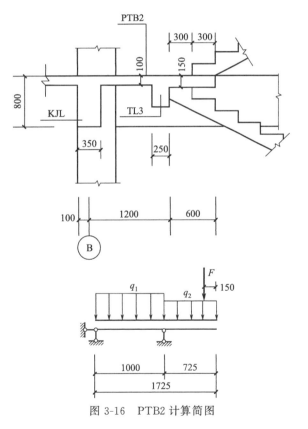

图 3-16　PTB2 计算简图

1000(mm)，平台板 PTB2 四边支承部分板厚度取为 $t_2 = 100\text{mm}$。平台板 PTB2 悬挑部分计算跨度取为 $600 + \dfrac{250}{2} = 725(\text{mm})$，悬挑板的最小板厚度为悬挑跨度的 1/12，即 $725/12 \approx 60(\text{mm})$，考虑到楼梯梯段板荷载以集中力形式传给平台板悬挑部分，因此，取平台板悬挑部分的板厚度 $t_2' = 150\text{mm}$。

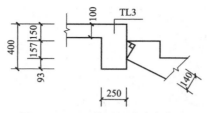

图 3-17　TL3 截面尺寸确定方法

（2）荷载计算

平台板 PTB2 四边支承部分的荷载计算列于表 3-4。

表 3-4　平台板 PTB2 四边支承部分荷载计算表

荷载种类		荷载标准值/(kN/m)
恒荷载	平台板自重	$25 \times 0.10 \times 1 = 2.5$
	30 厚水磨石面层	$0.65 \times 1 = 0.65$
	板底 20 厚混合砂浆粉刷	$17 \times 0.02 \times 1 = 0.34$
	恒荷载合计	3.49
活荷载		3.5

（3）荷载效应组合

平台板 PTB2 四边支承部分：

由可变荷载效应控制的组合

$$q_1 = 1.2 \times 3.49 + 1.4 \times 3.5 = 9.09 (\text{kN/m})$$

由永久荷载效应控制的组合

$$q_1 = 1.35 \times 3.49 + 1.4 \times 0.7 \times 3.5 = 8.14 (\text{kN/m})$$

平台板 PTB2 悬挑部分的荷载计算与表 3-3 相同。

所以选可变荷载效应控制的组合进行计算，取 $q_1 = 9.09 \text{kN/m}$，$q_2 = 4.91 \text{kN/m}$。

楼梯梯段板 ATb3 的荷载以集中力形式传给平台板悬挑部分力 F：

按 ATb3 可变荷载效应控制的组合来进行计算，即取 $q = 13.72 \text{kN/m}$。ATb3 跨度为 3300mm，则传递到平台板悬挑部分的力为：

$$13.72 \times \frac{3.3}{2} = 22.64 (\text{kN})$$

该力为整个梯板宽度（1.78m）承担，因此

$$F = \frac{22.64}{1.78} = 12.7 (\text{kN/m})$$

（4）内力计算

平台板 PTB2 悬挑部分最大弯矩：

$$M^- = \frac{q_2 \times 0.725^2}{2} + F \times (0.725 - 0.15) = \frac{4.91 \times 0.725^2}{2} + 12.7 \times (0.725 - 0.15) = 8.59 (\text{kN} \cdot \text{m})$$

平台板 PTB2 四边支承部分跨中弯矩：

$$M^+ = \frac{q_1 l_{02}^2}{8} - \frac{8.59}{2} = \frac{9.09 \times 1.0^2}{8} - \frac{8.59}{2} = -3.16 (\text{kN} \cdot \text{m})$$

平台板 PTB2 四边支承部分跨中弯矩为负弯矩。可设计平台板 PTB2 没有悬挑板部分，按单向板计算。则

$$M^+ = \frac{q_1 l_{02}^2}{10} = \frac{9.09 \times 1.0^2}{10} = 0.91(\text{kN} \cdot \text{m})$$

所以，板底受力钢筋可按 $M^+ = 0.91\text{kN} \cdot \text{m}$ 进行配筋计算。板顶受力钢筋可按 $M^- = 8.59\text{kN} \cdot \text{m}$ 进行配筋计算。

（5）配筋计算

① 平台板 PTB2 悬挑部分

$$h_0 = 150 - 20 = 130(\text{mm})$$

$$\alpha_s = \frac{M^-}{\alpha_1 f_c b h_0^2} = \frac{8.59 \times 10^6}{1.0 \times 11.9 \times 1000 \times 130^2} = 0.043$$

$$\gamma_s = 0.5(1 + \sqrt{1 - 2\alpha_s}) = 0.5 \times (1 + \sqrt{1 - 2 \times 0.043}) = 0.978$$

$$A_s = \frac{M^-}{f_y \gamma_s h_0} = \frac{8.59 \times 10^6}{300 \times 0.978 \times 130} = 225(\text{mm}^2)$$

$$\rho = \frac{A_s}{bh} = \frac{225}{1000 \times 150} = 0.15\% < \rho_{\min} = 0.45 \frac{f_t}{f_y} = 0.45 \times \frac{1.27}{300} = 0.19\%$$

应按 $\rho_{\min}$ 配筋，每米宽应配置的受力钢筋：

$$A_{s\min} = \rho_{\min} bh = 0.0019 \times 1000 \times 150 = 285(\text{mm}^2)$$

因此，板顶选用受力钢筋ϕ 10@150，$A_s = 523\text{mm}^2$；分布钢筋采用ϕ 10@200，$A_s = 393\text{mm}^2$，满足要求。板底选用受力钢筋ϕ 10@150；分布钢筋采用ϕ 10@200。

② 平台板 PTB2 四边支承部分

$$h_0 = 100 - 20 = 80(\text{mm})$$

$$\alpha_s = \frac{M^+}{\alpha_1 f_c b h_0^2} = \frac{0.91 \times 10^6}{1.0 \times 11.9 \times 1000 \times 80^2} = 0.0119$$

$$\gamma_s = 0.5(1 + \sqrt{1 - 2\alpha_s}) =$$
$$0.5 \times (1 + \sqrt{1 - 2 \times 0.0119}) = 0.994$$

$$A_s = \frac{M^+}{f_y \gamma_s h_0} = \frac{0.91 \times 10^6}{300 \times 0.994 \times 80} = 38(\text{mm}^2)$$

$$\rho = \frac{A_s}{bh} = \frac{38}{1000 \times 100} = 0.04\% < \rho_{\min}$$

$$= 0.45 \frac{f_t}{f_y} = 0.45 \times \frac{1.27}{300} = 0.19\%$$

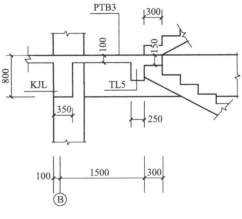

应按 $\rho_{\min}$ 配筋，每米宽应配置的受力钢筋：

$$A_{s\min} = \rho_{\min} bh = 0.0019 \times 1000 \times 100 = 190(\text{mm}^2)$$

因此，板底选用受力钢筋ϕ 10@150，$A_s = 523\text{mm}^2$；分布钢筋采用 ϕ 10 @ 200，$A_s = 393\text{mm}^2$，满足要求。板顶选用钢筋ϕ 10@150；分布钢筋采用ϕ10@200。

3.2.2.3　PTB3 设计

（1）平台板计算简图

平台板 PTB3 的计算简图如图 3-18 所示。平

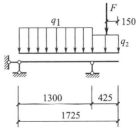

图 3-18　PTB3 计算简图

台板 PTB3 为部分带悬挑板的四边支承板，平台板 PTB3 四边支承部分两端均与梁整浇，所以平台板 PTB3 四边支承部分计算跨度 l_{03} 取平台板两端梁的中心线之间距离，即 $l_{03} = 1500 - \dfrac{250}{2} - \dfrac{350}{2} + 100 = 1300$（mm），平台板 PTB3 四边支承部分板厚度取为 $t_3 = 100$mm。平台板 PTB3 悬挑部分计算跨度取为 $300 + \dfrac{250}{2} = 425$（mm），悬挑板的最小板厚度为悬挑跨度的 1/12，即 $425/12 = 35$（mm），考虑到楼梯梯段板荷载以集中力形式传给平台板悬挑部分，因此，取平台板悬挑部分的板厚度 $t'_3 = 150$mm。

（2）荷载计算

平台板 PTB3 四边支承部分的荷载与平台板 PTB2 的荷载相同，计算结果列于表 3-4。

（3）荷载效应组合

平台板 PTB3 四边支承部分的荷载与平台板 PTB2 的荷载相同，即取 $q_1 = 9.09$kN/m；平台板 PTB3 悬挑部分的荷载计算与表 3-3 相同，即取 $q_2 = 4.91$kN/m。

楼梯梯段板 ATb3 的荷载以集中力形式传给平台板悬挑部分力 F 与平台板 PTB2 设计中的 F 相同。按 ATb3 可变荷载效应控制的组合来进行计算，即取 $F = 12.7$kN/m。

（4）内力计算

平台板 PTB3 悬挑部分最大弯矩：

$$M^- = \frac{q_2 \times 0.425^2}{2} + F \times (0.425 - 0.15)$$

$$= \frac{4.91 \times 0.425^2}{2} + 12.7 \times (0.425 - 0.15) = 3.94 \text{（kN · m）}$$

平台板 PTB3 四边支承部分跨中弯矩：

$$M^+ = \frac{q_1 l_{03}^2}{8} - \frac{3.94}{2} = \frac{9.09 \times 1.3^2}{8} - \frac{3.94}{2} = -0.05 \text{（kN · m）}$$

平台板 PTB3 四边支承部分跨中弯矩过小，也可以设计平台板 PTB3 没有悬挑板部分，按单向板计算。则

$$M^+ = \frac{q_1 l_{03}^2}{10} = \frac{9.09 \times 1.3^2}{10} = 1.54 \text{（kN · m）}, \text{下面按 } M^+ = 1.54 \text{kN · m 进行配筋计算。}$$

（5）配筋计算

平台板 PTB3 悬挑部分：

$$h_0 = 150 - 20 = 130 \text{（mm）}$$

$$\alpha_s = \frac{M^-}{\alpha_1 f_c b h_0^2} = \frac{3.94 \times 10^6}{1.0 \times 11.9 \times 1000 \times 130^2} = 0.0196$$

$$\gamma_s = 0.5(1 + \sqrt{1 - 2\alpha_s}) = 0.5 \times (1 + \sqrt{1 - 2 \times 0.0196}) = 0.990$$

$$A_s = \frac{M^-}{f_y \gamma_s h_0} = \frac{3.94 \times 10^6}{300 \times 0.990 \times 130} = 102 \text{（mm}^2\text{）}$$

$$\rho = \frac{A_s}{bh} = \frac{102}{1000 \times 150} = 0.07\% < \rho_{\min} = 0.45 \frac{f_t}{f_y} = 0.45 \times \frac{1.27}{300} = 0.19\%$$

应按 $\rho_{\min}$ 配筋，每米宽应配置的受力钢筋：

$$A_{s\min} = \rho_{\min} bh = 0.0019 \times 1000 \times 150 = 285 \text{（mm}^2\text{）}$$

因此，板顶选用受力钢筋 $\Phi 10@150$，$A_s = 523\text{mm}^2$；分布钢筋采用 $\Phi 10@200$，$A_s =$

$393mm^2$，满足要求。板底选用受力钢筋$\phi 10@150$；分布钢筋采用$\phi 10@200$。

平台板 PTB3 四边支承没有悬挑板部分：

$$h_0 = 100 - 20 = 80 (mm)$$

$$\alpha_s = \frac{M^+}{\alpha_1 f_c b h_0^2} = \frac{1.54 \times 10^6}{1.0 \times 11.9 \times 1000 \times 80^2} = 0.020$$

$$\gamma_s = 0.5(1 + \sqrt{1-2\alpha_s}) = 0.5 \times (1 + \sqrt{1 - 2 \times 0.020}) = 0.990$$

$$A_s = \frac{M^+}{f_y \gamma_s h_0} = \frac{1.54 \times 10^6}{300 \times 0.990 \times 80} = 65 (mm^2)$$

$$\rho = \frac{A_s}{bh} = \frac{65}{1000 \times 100} = 0.07\% < \rho_{min} = 0.45 \frac{f_t}{f_y} = 0.45 \times \frac{1.27}{300} = 0.19\%$$

应按 ρ_{min} 配筋，每米宽应配置的受力钢筋：

$$A_{smin} = \rho_{min} bh = 0.0019 \times 1000 \times 100 = 190 (mm^2)$$

因此，板底选用受力钢筋$\phi 10@150$，$A_s = 523mm^2$；分布钢筋采用$\phi 10@200$，$A_s = 393mm^2$，满足要求。板顶选用钢筋$\phi 10@150$；分布钢筋采用$\phi 10@200$。

3.2.2.4　PTB4 设计

(1) 平台板计算简图

平台板 PTB4 的计算简图如图 3-19 所示。平台板 PTB4 为四边支承板，长宽比为 $3900/1300 = 3 > 2$（近似取板长宽轴线尺寸进行计算），因此按短跨方向的简支单向板计算，平台板 PTB4 四边支承均与梁整浇，计算跨度 l_{04} 取平台板两端梁的中心线之间距离，即 $l_{04} = 1500 - \frac{250}{2} - \frac{350}{2} + 100 = 1300$（mm），平台板 PTB4 板厚度取为 $t_4 = 100mm$。取 1m 宽作为计算单元。

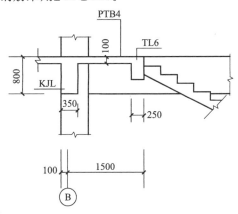

(2) 荷载计算

平台板 PTB4 的荷载与平台板 PTB2 的荷载相同，计算结果列于表 3-4。

(3) 荷载效应组合

平台板 PTB4 的荷载与平台板 PTB2 的荷载相同，即取 $q = q_1 = 9.09kN/m$。

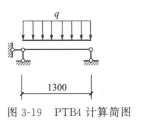

图 3-19　PTB4 计算简图

(4) 内力计算

考虑平台板两端梁的嵌固作用，跨中最大弯矩取

$$M = \frac{ql_{04}^2}{10} = \frac{9.09 \times 1.3^2}{10} = 1.54 (kN \cdot m)$$

(5) 配筋计算

$$h_0 = 100 - 20 = 80 (mm)$$

$$\alpha_s = \frac{M}{\alpha_1 f_c b h_0^2} = \frac{1.54 \times 10^6}{1.0 \times 11.9 \times 1000 \times 80^2} = 0.020$$

$$\gamma_s = 0.5(1 + \sqrt{1-2\alpha_s}) = 0.5 \times (1 + \sqrt{1 - 2 \times 0.020}) = 0.990$$

$$A_s = \frac{M}{f_y \gamma_s h_0} = \frac{1.54 \times 10^6}{300 \times 0.990 \times 80} = 65 (\text{mm}^2)$$

$$\rho = \frac{A_s}{bh} = \frac{65}{1000 \times 100} = 0.07\% < \rho_{\min} = 0.45 \frac{f_t}{f_y} = 0.45 \times \frac{1.27}{300} = 0.19\%$$

应按 $\rho_{\min}$ 配筋，每米宽应配置的受力钢筋：

$$A_{s\min} = \rho_{\min} bh = 0.0019 \times 1000 \times 100 = 190 (\text{mm}^2)$$

因此，板底选用受力钢筋$\Phi@150$，$A_s = 523\text{mm}^2$；分布钢筋采用$\Phi@200$，$A_s = 393\text{mm}^2$，满足要求。板顶选用钢筋$\Phi10@150$；分布钢筋采用$\Phi10@200$。

3.2.3 平台梁设计

3.2.3.1 TL1 设计

(1) 平台梁（TL1）计算简图

平台梁的两端与楼梯梯柱（TZ1）整体浇筑，本设计楼梯梯柱截面均采用 $250\text{mm} \times 400\text{mm}$，平台梁（TL1）计算跨度取柱中心线之间距离，即轴线距离 $l_0 = 3900\text{mm}$，平台梁（TL1）的计算简图如图 3-20 所示。需要说明，平台梁与楼梯梯柱组成一个门式刚架，原则上应该按照超静定刚架结构进行计算（后面按门式刚架计算进行对比）。由于楼梯间空旷而又在建筑中起到重要作用，为方便计算，手算时可以采用偏于保守的处理方法：计算平台梁跨中弯矩时可按平台梁两端简支，即按图 3-20(a) 进行计算，计算平台梁支座弯矩时可按平台梁两端嵌固，即按图 3-20(b) 进行计算。平台梁（TL1）的截面尺寸取为 $b \times h = 300\text{mm} \times 400\text{mm}$。截面宽度取 300mm 是因为要支承 ATb1 梯段板 300mm 宽的踏步，也可以取 250mm 宽，做挑耳 50mm，如图 3-21 所示。

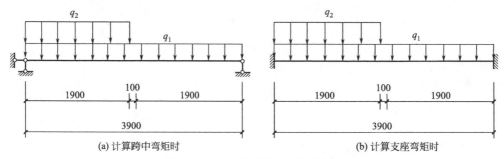

图 3-20　平台梁（TL1）计算简图

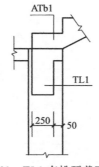

图 3-21　TL1 有挑耳截面形式

(2) 荷载计算

平台梁（TL1）荷载计算详见表 3-5。

表 3-5　平台梁（TL1）荷载计算

荷载种类		荷载标准值/(kN/m)
恒荷载	由 ATb1 梯段板传来的恒荷载	$7.35 \times 3.6/2 = 13.23$
	平台梁(TL1)自重	$25 \times 0.3 \times 0.4 = 3$
	平台梁(TL1)底部和侧面的粉刷	$17 \times 0.02 \times (0.3 + 2 \times 0.4) = 0.37$
	恒荷载合计	$q_1 = 3.37, q_2 = 13.23$
活荷载		$3.5 \times (3.6/2 + 0.3) = 7.35$

(3) 荷载效应组合

q_1 单独考虑，为满跨荷载。q_2 是半跨荷载，与活荷载组合如下。

按可变荷载效应控制的组合：

$$q_2 = 1.2 \times 13.23 + 1.4 \times 7.35 = 26.17 (\text{kN/m})$$

按永久荷载效应控制的组合：

$$q_2 = 1.35 \times 13.23 + 1.4 \times 0.7 \times 7.35 = 25.06 (\text{kN/m})$$

所以选按可变荷载效应控制的组合计算，取 $q_1 = 1.2 \times 3.37 = 4.04 (\text{kN/m})$；$q_2 = 26.17\text{kN/m}$。

(4) 内力计算

① 按图 3-20 计算简图计算。计算跨中弯矩（两端铰接）：

$$M^+ = \frac{q_1 l_0^2}{8} + \frac{q_2 \times 1.9^2}{2 \times 3.9} \times \frac{3.9}{2} = \frac{4.04 \times 3.9^2}{8} + \frac{26.17 \times 1.9^2}{4} = 31.30 (\text{kN} \cdot \text{m})$$

计算支座负弯矩（两端固接），查附表 7-5，则

$$M_{左}^- = \frac{q_1 l_0^2}{12} + \frac{q_2 a^2}{12}(6 - 8\alpha + 3\alpha^2)$$

$$= \frac{4.04 \times 3.9^2}{12} + \frac{26.17 \times 1.9^2}{12} \times \left[6 - 8 \times \frac{1.9}{3.9} + 3 \times \left(\frac{1.9}{3.9}\right)^2\right]$$

$$= 27.28 (\text{kN} \cdot \text{m})$$

$$M_{右}^- = \frac{q_1 l_0^2}{12} + \frac{q_2 a^3}{12l}(4 - 3\alpha) = \frac{4.04 \times 3.9^2}{12} + \frac{26.17 \times 1.9^3}{12 \times 3.9} \times \left(4 - 3 \times \frac{1.9}{3.9}\right) = 14.86 (\text{kN} \cdot \text{m})$$

计算左侧支座剪力（最大）：

$$V = \frac{q_1 l_0}{2} + \frac{q_2 \times 1.9 \times (3.9 - 1.9/2)}{3.9} = \frac{4.04 \times 3.9}{2} + \frac{26.17 \times 1.9 \times (3.9 - 1.9/2)}{3.9} = 45.49 (\text{kN})$$

② 利用 PKPM 程序按门式刚架进行计算。门式刚架计算简图如图 3-22 所示，利用 PKPM 计算门式刚架的弯矩包络图如图 3-23 所示，跨中弯矩和支座弯矩均小于以上"① 按图 3-20 计算简图计算"的计算结果。

③ 利用表格按门式刚架进行计算。由"①中 $M_{左}^- = 27.28\text{kN} \cdot \text{m}$"换算支座弯矩的等效均布荷载：

$$q = \frac{12M_{左}^-}{l_0^2} = \frac{12 \times 27.28}{3.9^2} = 21.52 (\text{kN/m})$$

查附表 9，则

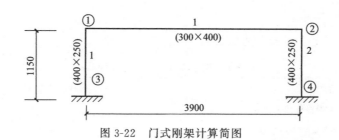

图 3-22 门式刚架计算简图

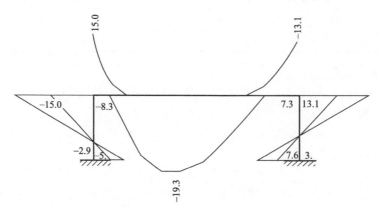

图 3-23 门式刚架弯矩包络图

$$\mu = \frac{I_2 h}{I_1 l_0} = \frac{\dfrac{300 \times 400^3}{12} \times 1150}{\dfrac{400 \times 250^3}{12} \times 3900} = 0.906$$

$$K = \frac{1}{2+\mu} = \frac{1}{2+0.906} = 0.344$$

$$M_{\overline{左}} = M_{\overline{右}} = K \frac{q l_0^2}{6} = 0.344 \times \frac{21.52 \times 3.9^2}{6} = 18.77 (\text{kN} \cdot \text{m})$$

因此，按三种方法计算梁端弯矩的结果均不相同，下面按照"①按图 3-20 计算简图计算"的保守计算结果进行截面设计。

（5）截面设计

① 正截面受弯承载力计算

a. 跨中截面

$$h_0 = h - 35 = 400 - 35 = 365 (\text{mm})$$

$$\alpha_s = \frac{M^+}{\alpha_1 f_c b h_0^2} = \frac{31.30 \times 1.1 \times 10^6}{1.0 \times 11.9 \times 300 \times 365^2} = 0.072$$

$$\gamma_s = 0.5(1 + \sqrt{1 - 2\alpha_s}) = 0.5 \times (1 + \sqrt{1 - 2 \times 0.072}) = 0.963$$

$$A_s = \frac{M^+}{f_y \gamma_s h_0} = \frac{31.30 \times 1.1 \times 10^6}{300 \times 0.963 \times 365} = 327 (\text{mm}^2)$$

$$\rho = \frac{A_s}{bh} = \frac{327}{300 \times 400} = 0.27\% > \rho_{\min} = 0.45 \frac{f_t}{f_y} = 0.45 \times \frac{1.27}{300} = 0.19\%$$

弯矩 M 乘以 1.1 系数是考虑跨中弯矩不是最大弯矩的放大系数。考虑到平台梁两边受力不均匀，会使平台梁受扭，所以在平台梁内宜适当增加纵向受力钢筋和箍筋的用量，故梁底纵向受力钢筋选用 $3 \phi 18$，$A_s = 763 \text{mm}^2$。

b. 支座截面

$$\alpha_s = \frac{M_{\underline{左}}^-}{\alpha_1 f_c b h_0^2} = \frac{27.28 \times 10^6}{1.0 \times 11.9 \times 300 \times 365^2} = 0.057$$

$$\gamma_s = 0.5(1 + \sqrt{1 - 2\alpha_s}) = 0.5 \times (1 + \sqrt{1 - 2 \times 0.057}) = 0.971$$

$$A_s = \frac{M_{\underline{左}}^-}{f_y \gamma_s h_0} = \frac{27.28 \times 10^6}{300 \times 0.971 \times 365} = 257(\text{mm}^2)$$

$$\rho = \frac{A_s}{bh} = \frac{257}{300 \times 400} = 0.21\% > \rho_{\min} = 0.45 \frac{f_t}{f_y} = 0.45 \times \frac{1.27}{300} = 0.19\%$$

故梁顶纵向受力钢筋选用 $3 \phi 18$，$A_s = 763 \text{mm}^2$。

② 斜截面受剪承载力计算

$$V_c = \alpha_{cv} f_t b h_0 = 0.7 \times 1.27 \times 300 \times 365 = 97.35(\text{kN}) > V = 45.49 \text{kN}$$

所以可按构造配置箍筋，考虑到平台梁承受扭矩较大和获得良好的抗震性能，故箍筋沿梁全长加密，配 $\phi 8@100$ 双肢箍筋，平台梁的配筋构造按框架梁要求采用。

3.2.3.2　TL2 设计

(1) 平台梁（TL2）计算简图

平台梁（TL2）计算跨度 $l_0 = 3900\text{mm}$，计算简图如图 3-24 所示。平台梁（TL2）的截面尺寸取为 $b \times h = 250\text{mm} \times 400\text{mm}$。平台梁截面尺寸的选取除了满足刚度、强度要求之外，还要满足构造要求，尤其是上平台梁（TL2）的截面尺寸确定，如图 3-25 所示。

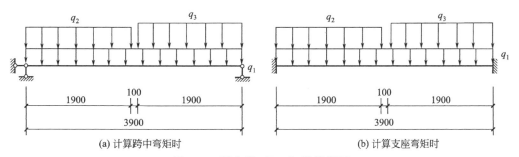

(a) 计算跨中弯矩时　　　　　　　　　　　　(b) 计算支座弯矩时

图 3-24　平台梁（TL2）计算简图

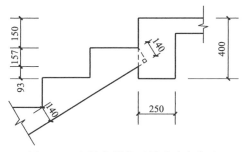

图 3-25　上平台梁截面尺寸确定方法

(2) 荷载计算

平台梁（TL2）荷载计算详见表 3-6。

表 3-6　平台梁（TL2）荷载计算

荷载种类		荷载标准值/(kN/m)
恒荷载	由 ATb1、ATb2 梯段板传来的恒荷载	$7.35 \times 3.6/2 = 13.23$
	由平台板(PTB1)传来的恒荷载	$3.99 \times 1.73/2 = 3.45$
	支承 ATb2 的悬挑板传来的恒荷载	$4.09 \times 0.3 = 1.23^*$
	平台梁(TL2)自重	$25 \times 0.25 \times 0.4 = 2.5$
	平台梁(TL2)底部和侧面的粉刷	$17 \times 0.02 \times [0.25 + 2 \times (0.4 - 0.12)] = 0.28$
	恒荷载合计	$q_1 = 6.23; q_2 = 13.23; q_3 = 14.46$
活荷载		$3.5 \times (3.6/2 + 1.73/2 + 0.25) = 10.20$

注：带 * 中的数据 4.09 来自表 3-3。

（3）荷载效应组合

q_2 和 q_3 单独考虑，q_1 与活荷载组合如下。

按可变荷载效应控制的组合：

$$q_1 = 1.2 \times 6.23 + 1.4 \times 10.20 = 21.76(\text{kN/m})$$

按永久荷载效应控制的组合：

$$q_1 = 1.35 \times 6.23 + 1.4 \times 0.7 \times 10.20 = 18.41(\text{kN/m})$$

所以选按可变荷载效应控制的组合计算，取 $q_1 = 21.76\text{kN/m}$；$q_2 = 1.2 \times 13.23 = 15.88\text{kN/m}$；$q_3 = 1.2 \times 14.46 = 17.35\text{kN/m}$。

（4）内力计算

① 按图 3-24 计算简图计算。

a. 计算跨中弯矩（两端铰接）：

$$M^+ = \frac{q_1 l_0^2}{8} + \frac{q_2 \times 1.9^2}{2 \times 3.9} \times \frac{3.9}{2} + \frac{q_3 \times 1.9^2}{2 \times 3.9} \times \frac{3.9}{2} = \frac{21.76 \times 3.9^2}{8} +$$

$$\frac{15.88 \times 1.9^2}{4} + \frac{17.35 \times 1.9^2}{4} = 71.36(\text{N} \cdot \text{m})$$

b. 计算支座负弯矩（两端固接），查附表 7-5，则

$$M_{\text{左}}^- = \frac{q_1 l_0^2}{12} + \frac{q_2 a^2}{12}(6 - 8\alpha + 3\alpha^2) + \frac{q_3 a^3}{12l}(4 - 3\alpha) = \frac{21.76 \times 3.9^2}{12} + \frac{15.88 \times 1.9^2}{12} \times$$

$$\left[6 - 8 \times \frac{1.9}{3.9} + 3 \times \left(\frac{1.9}{3.9}\right)^2\right] + \frac{17.35 \times 1.9^3}{12 \times 3.9} \times \left(4 - 3 \times \frac{1.9}{3.9}\right) = 47.48(\text{kN} \cdot \text{m})$$

$$M_{\text{右}}^- = \frac{q_1 l_0^2}{12} + \frac{q_2 a^3}{12l}(4 - 3\alpha) + \frac{q_3 a^2}{12}(6 - 8\alpha + 3\alpha^2) = \frac{21.76 \times 3.9^2}{12} + \frac{15.88 \times 1.9^3}{12 \times 3.9} \times$$

$$\left(4 - 3 \times \frac{1.9}{3.9}\right) + \frac{17.35 \times 1.9^2}{12} \times \left[6 - 8 \times \frac{1.9}{3.9} + 3 \times \left(\frac{1.9}{3.9}\right)^2\right]$$

$$= 48.18(\text{kN} \cdot \text{m})$$

c. 计算右侧支座剪力（最大）：

$$V = \frac{q_1 l_0}{2} + \frac{q_2 \times 1.9 \times 1.9}{2 \times 3.9} + \frac{q_3 \times 1.9 \times (3.9 - 1.9/2)}{3.9}$$

$$= \frac{21.76 \times 3.9}{2} + \frac{15.88 \times 1.9 \times 1.9}{2 \times 3.9} + \frac{17.35 \times 1.9 \times (3.9 - 1.9/2)}{3.9}$$

$$= 74.72(\text{kN})$$

② 利用 PKPM 程序按门式刚架进行计算。门式刚架计算简图如图 3-26 所示，利用 PK-PM 计算门式刚架的弯矩包络图如图 3-27 所示，剪力包络图如图 3-28 所示。跨中弯矩和支座弯矩均小于上面"①按图 3-23 计算简图计算"的计算结果，剪力与"①按图 3-24 计算简图计算"的计算结果相同。后面的楼梯梁计算不再利用 PKPM 程序按门式刚架进行计算，直接按照计算简图进行简化计算。

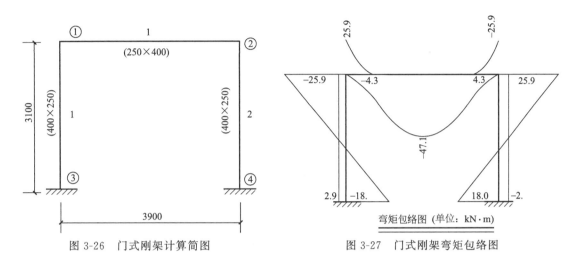

图 3-26　门式刚架计算简图　　　　　　　　图 3-27　门式刚架弯矩包络图

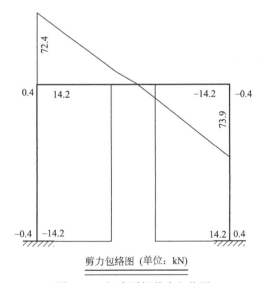

图 3-28　门式刚架剪力包络图

(5) 截面设计

① 正截面受弯承载力计算

a. 跨中截面：

$$h_0 = h - 35 = 400 - 35 = 365 \text{(mm)}$$

$$\alpha_s = \frac{M^+}{\alpha_1 f_c b h_0^2} = \frac{71.36 \times 10^6}{1.0 \times 11.9 \times 250 \times 365^2} = 0.180$$

$$\gamma_s = 0.5(1 + \sqrt{1 - 2\alpha_s}) = 0.5 \times (1 + \sqrt{1 - 2 \times 0.180}) = 0.900$$

$$A_s = \frac{M^+}{f_y \gamma_s h_0} = \frac{71.36 \times 10^6}{300 \times 0.900 \times 365} = 724(\text{mm}^2)$$

$$\rho = \frac{A_s}{bh} = \frac{724}{250 \times 400} = 0.72\% > \rho_{\min} = 0.45 \frac{f_t}{f_y} = 0.45 \times \frac{1.27}{300} = 0.19\%$$

考虑到平台梁两边受力不均匀，会使平台梁受扭，所以在平台梁内宜适当增加纵向受力钢筋和箍筋的用量，故梁底纵向受力钢筋选用 3Φ20，$A_s = 942\text{mm}^2$。

b. 支座截面：

$$\alpha_s = \frac{M^-_{右}}{\alpha_1 f_c b h_0^2} = \frac{48.18 \times 10^6}{1.0 \times 11.9 \times 250 \times 365^2} = 0.122$$

$$\gamma_s = 0.5(1 + \sqrt{1 - 2\alpha_s}) = 0.5 \times (1 + \sqrt{1 - 2 \times 0.122}) = 0.935$$

$$A_s = \frac{M^-_{右}}{f_y \gamma_s h_0} = \frac{48.18 \times 10^6}{300 \times 0.935 \times 365} = 471(\text{mm}^2)$$

$$\rho = \frac{A_s}{bh} = \frac{471}{250 \times 400} = 0.47\% > \rho_{\min} = 0.45 \frac{f_t}{f_y} = 0.45 \times \frac{1.27}{300} = 0.19\%$$

所以，梁顶纵向受力钢筋选用 3Φ20，$A_s = 942\text{mm}^2$。

② 斜截面受剪承载力计算

$$V_c = \alpha_{cv} f_t b h_0 = 0.7 \times 1.27 \times 250 \times 365 = 81.12(\text{kN}) > V = 74.72\text{kN}$$

虽可按构造配置箍筋，但按框架梁要求考虑，沿梁全长加密箍筋，配Φ8@100 双肢箍筋。

3.2.3.3　TL3 设计

(1) 平台梁（TL3）计算简图

平台梁（TL3）计算跨度 $l_0 = 3900\text{mm}$，计算简图如图 3-29 所示。平台梁（TL3）的截面尺寸取为 $b \times h = 250\text{mm} \times 400\text{mm}$。

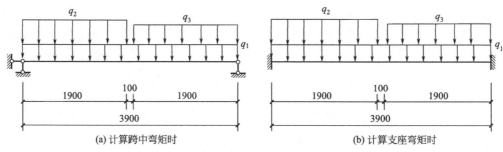

(a) 计算跨中弯矩时　　　　　　　　　　(b) 计算支座弯矩时

图 3-29　平台梁（TL3）计算简图

(2) 荷载计算

平台梁（TL3）荷载计算详见表 3-7。

表 3-7　平台梁（TL3）荷载计算

荷载种类		荷载标准值/(kN/m)
恒荷载	由 ATb3 梯段板传来的恒荷载	$7.35 \times 3.3/2 = 12.13$
	由 ATb2 梯段板传来的恒荷载	$7.35 \times 3.6/2 = 13.23$
	由平台板(PTB2)传来的恒荷载	$3.49 \times 1.0/2 = 1.75$

续表

	荷载种类	荷载标准值/(kN/m)
恒荷载	支承 ATb3 的悬挑板传来的恒荷载	$4.09\times0.3+3.99\times0.3=2.42^{*}$
	平台梁(TL3)自重	$25\times0.25\times0.4=2.5$
	平台梁(TL3)底部和侧面的粉刷	$17\times0.02\times[0.25+2\times(0.4-0.10)]=0.29$
	恒荷载合计	$q_1=4.54;q_2=14.55;q_3=13.23$
	活荷载	$3.5\times(3.6/2+1.0/2+0.25)=8.93$

注：带 * 中的数据 4.09 来自表 3-3。3.99 部分是包括水磨石面层的。

(3) 荷载效应组合

q_2 和 q_3 单独考虑，q_1 与活荷载组合如下。

按可变荷载效应控制的组合：

$$q_1=1.2\times4.54+1.4\times8.93=17.95(\text{kN/m})$$

按永久荷载效应控制的组合：

$$q_1=1.35\times4.54+1.4\times0.7\times8.93=14.88(\text{kN/m})$$

所以选按可变荷载效应控制的组合计算，取 $q_1=17.95\text{kN/m}$；$q_2=1.2\times14.55=17.46(\text{kN/m})$；$q_3=1.2\times13.23=15.88(\text{kN/m})$。

(4) 内力计算

计算跨中弯矩（两端铰接）：

$$M^{+}=\frac{q_1l_0^2}{8}+\frac{q_2\times1.9^2}{2\times3.9}\times\frac{3.9}{2}+\frac{q_3\times1.9^2}{2\times3.9}\times\frac{3.9}{2}$$

$$=\frac{17.95\times3.9^2}{8}+\frac{17.46\times1.9^2}{4}+\frac{15.88\times1.9^2}{4}=64.22(\text{kN}\cdot\text{m})$$

计算支座负弯矩（两端固接），查附表 7-5，则

$$M_{左}^{-}=\frac{q_1l_0^2}{12}+\frac{q_2a^2}{12}(6-8\alpha+3\alpha^2)+\frac{q_3a^3}{12l}(4-3\alpha)$$

$$=\frac{17.95\times3.9^2}{12}+\frac{17.46\times1.9^2}{12}\times\left[6-8\times\frac{1.9}{3.9}+3\times\left(\frac{1.9}{3.9}\right)^2\right]+$$

$$\frac{15.88\times1.9^3}{12\times3.9}\times\left(4-3\times\frac{1.9}{3.9}\right)=43.44(\text{kN}\cdot\text{m})$$

$$M_{右}^{-}=\frac{q_1l_0^2}{12}+\frac{q_2a^3}{12l}(4-3\alpha)+\frac{q_3a^2}{12}(6-8\alpha+3\alpha^2)$$

$$=\frac{17.95\times3.9^2}{12}+\frac{17.46\times1.9^3}{12\times3.9}\times\left(4-3\times\frac{1.9}{3.9}\right)+\frac{15.88\times1.9^2}{12}\times\left[6-8\times\frac{1.9}{3.9}+3\times\left(\frac{1.9}{3.9}\right)^2\right]$$

$$=42.69(\text{kN}\cdot\text{m})$$

计算左侧支座剪力（最大）：

$$V=\frac{q_1l_0}{2}+\frac{q_2\times1.9\times(3.9-1.9/2)}{3.9}+\frac{q_3\times1.9\times1.9}{2\times3.9}$$

$$=\frac{17.95\times3.9}{2}+\frac{17.46\times1.9\times(3.9-1.9/2)}{3.9}+\frac{15.88\times1.9\times1.9}{2\times3.9}$$

$$=67.45(\text{kN})$$

（5）截面设计

① 正截面受弯承载力计算

a. 跨中截面：

$$h_0 = h - 35 = 400 - 35 = 365(\text{mm})$$

$$\alpha_s = \frac{M^+}{\alpha_1 f_c b h_0^2} = \frac{64.22 \times 10^6}{1.0 \times 11.9 \times 250 \times 365^2} = 0.162$$

$$\gamma_s = 0.5(1 + \sqrt{1 - 2\alpha_s}) = 0.5 \times (1 + \sqrt{1 - 2 \times 0.162}) = 0.911$$

$$A_s = \frac{M^+}{f_y \gamma_s h_0} = \frac{64.22 \times 10^6}{300 \times 0.911 \times 365} = 644(\text{mm}^2)$$

$$\rho = \frac{A_s}{bh} = \frac{644}{250 \times 400} = 0.64\% > \rho_{\min} = 0.45 \frac{f_t}{f_y} = 0.45 \times \frac{1.27}{300} = 0.19\%$$

考虑到平台梁两边受力不均匀，会使平台梁受扭，所以在平台梁内宜适当增加纵向受力钢筋和箍筋的用量，故梁底纵向受力钢筋选用 3Φ20，$A_s = 942\text{mm}^2$。

b. 支座截面：

$$\alpha_s = \frac{M_{\text{左}}^-}{\alpha_1 f_c b h_0^2} = \frac{43.44 \times 10^6}{1.0 \times 11.9 \times 250 \times 365^2} = 0.110$$

$$\gamma_s = 0.5(1 + \sqrt{1 - 2\alpha_s}) = 0.5 \times (1 + \sqrt{1 - 2 \times 0.110}) = 0.942$$

$$A_s = \frac{M_{\text{左}}^-}{f_y \gamma_s h_0} = \frac{43.44 \times 10^6}{300 \times 0.942 \times 365} = 421(\text{mm}^2)$$

$$\rho = \frac{A_s}{bh} = \frac{421}{250 \times 400} = 0.42\% > \rho_{\min} = 0.45 \frac{f_t}{f_y} = 0.45 \times \frac{1.27}{300} = 0.19\%$$

所以，梁顶纵向受力钢筋选用 3Φ20，$A_s = 942\text{mm}^2$。

② 斜截面受剪承载力计算

$$V_c = \alpha_{cv} f_t b h_0 = 0.7 \times 1.27 \times 250 \times 365 = 81.12(\text{kN}) > V = 67.45\text{kN}$$

配 Φ8@100 双肢箍筋，沿梁全长加密箍筋。

3.2.3.4 TL4 设计

（1）平台梁（TL4）计算简图

平台梁（TL4）计算跨度 $l_0 = 3900\text{mm}$，计算简图与平台梁（TL2）相同，如图 3-24 所示，但图中荷载数据不同。平台梁（TL4）的截面尺寸取为 $b \times h = 250\text{mm} \times 400\text{mm}$。

（2）荷载计算

平台梁（TL4）荷载计算详见表 3-8。

表 3-8 平台梁（TL4）荷载计算

荷载种类		荷载标准值/(kN/m)
恒荷载	由 ATb3 梯段板传来的恒荷载	$7.35 \times 3.3/2 = 12.13$
	由平台板（PTB1）传来的恒荷载	$3.99 \times 1.73/2 = 3.45$
	支承 ATb3 的悬挑板传来的恒荷载	$4.09 \times 0.3 = 1.23^*$
	平台梁（TL4）自重	$25 \times 0.25 \times 0.4 = 2.5$
	平台梁（TL4）底部和侧面的粉刷	$17 \times 0.02 \times [0.25 + 2 \times (0.4 - 0.12)] = 0.28$
	恒荷载合计	$q_1 = 6.23; q_2 = 12.13; q_3 = 13.36$
活荷载		$3.5 \times (3.3/2 + 1.73/2 + 0.25) = 9.68$

注：带 * 中的数据 4.09 来自表 3-3。

（3）荷载效应组合

q_2 和 q_3 单独考虑，q_1 与活荷载组合如下。

按可变荷载效应控制的组合：

$$q_1 = 1.2 \times 6.23 + 1.4 \times 9.68 = 21.03 \text{(kN/m)}$$

按永久荷载效应控制的组合：

$$q_1 = 1.35 \times 6.23 + 1.4 \times 0.7 \times 9.68 = 17.90 \text{(kN/m)}$$

所以选按可变荷载效应控制的组合计算，取 $q_1 = 21.03\text{kN/m}$；$q_2 = 1.2 \times 12.13 = 14.56 \text{(kN/m)}$；$q_3 = 1.2 \times 13.36 = 16.03 \text{(kN/m)}$。

（4）内力计算

按图 3-24 计算简图计算。

① 计算跨中弯矩（两端铰接）：

$$M^+ = \frac{q_1 l_0^2}{8} + \frac{q_2 \times 1.9^2}{2 \times 3.9} \times \frac{3.9}{2} + \frac{q_3 \times 1.9^2}{2 \times 3.9} \times \frac{3.9}{2}$$

$$= \frac{21.03 \times 3.9^2}{8} + \frac{14.56 \times 1.9^2}{4} + \frac{16.03 \times 1.9^2}{4}$$

$$= 67.59 \text{(kN · m)}$$

② 计算支座负弯矩（两端固接），查附表 7-5，则

$$M_{左}^- = \frac{q_1 l_0^2}{12} + \frac{q_2 a^2}{12}(6 - 8\alpha + 3\alpha^2) + \frac{q_3 a^3}{12l}(4 - 3\alpha)$$

$$= \frac{21.03 \times 3.9^2}{12} + \frac{14.56 \times 1.9^2}{12} \times \left[6 - 8 \times \frac{1.9}{3.9} + 3 \times \left(\frac{1.9}{3.9}\right)^2\right] + \frac{16.03 \times 1.9^3}{12 \times 3.9} \times \left(4 - 3 \times \frac{1.9}{3.9}\right)$$

$$= 44.95 \text{(kN · m)}$$

$$M_{右}^- = \frac{q_1 l_0^2}{12} + \frac{q_2 a^3}{12l}(4 - 3\alpha) + \frac{q_3 a^2}{12}(6 - 8\alpha + 3\alpha^2)$$

$$= \frac{21.03 \times 3.9^2}{12} + \frac{14.56 \times 1.9^3}{12 \times 3.9} \times \left(4 - 3 \times \frac{1.9}{3.9}\right) + \frac{16.03 \times 1.9^2}{12} \times \left[6 - 8 \times \frac{1.9}{3.9} + 3 \times \left(\frac{1.9}{3.9}\right)^2\right]$$

$$= 45.65 \text{(kN · m)}$$

③ 计算右侧支座剪力（最大）：

$$V = \frac{q_1 l_0}{2} + \frac{q_2 \times 1.9 \times 1.9}{2 \times 3.9} + \frac{q_3 \times 1.9 \times (3.9 - 1.9/2)}{3.9}$$

$$= \frac{21.03 \times 3.9}{2} + \frac{14.56 \times 1.9 \times 1.9}{2 \times 3.9} + \frac{16.03 \times 1.9 \times (3.9 - 1.9/2)}{3.9}$$

$$= 70.79 \text{(kN)}$$

（5）截面设计

① 正截面受弯承载力计算

a. 跨中截面：

$$h_0 = h - 35 = 400 - 35 = 365 \text{(mm)}$$

$$\alpha_s = \frac{M^+}{\alpha_1 f_c b h_0^2} = \frac{67.59 \times 10^6}{1.0 \times 11.9 \times 250 \times 365^2} = 0.171$$

$$\gamma_s = 0.5(1 + \sqrt{1 - 2\alpha_s}) = 0.5 \times (1 + \sqrt{1 - 2 \times 0.171}) = 0.906$$

$$A_s = \frac{M^+}{f_y \gamma_s h_0} = \frac{67.59 \times 10^6}{300 \times 0.906 \times 365} = 681 (\text{mm}^2)$$

$$\rho = \frac{A_s}{bh} = \frac{681}{250 \times 400} = 0.68\% > \rho_{\min} = 0.45 \frac{f_t}{f_y} = 0.45 \times \frac{1.27}{300} = 0.19\%$$

考虑到平台梁两边受力不均匀，会使平台梁受扭，所以在平台梁内宜适当增加纵向受力钢筋和箍筋的用量，故梁底纵向受力钢筋选用 $3\Phi20$，$A_s = 942\text{mm}^2$。

b. 支座截面：

$$\alpha_s = \frac{M^-_{\text{右}}}{\alpha_1 f_c bh_0^2} = \frac{45.65 \times 10^6}{1.0 \times 11.9 \times 250 \times 365^2} = 0.115$$

$$\gamma_s = 0.5(1 + \sqrt{1 - 2\alpha_s}) = 0.5 \times (1 + \sqrt{1 - 2 \times 0.115}) = 0.939$$

$$A_s = \frac{M^-_{\text{右}}}{f_y \gamma_s h_0} = \frac{45.65 \times 10^6}{300 \times 0.939 \times 365} = 444 (\text{mm}^2)$$

$$\rho = \frac{A_s}{bh} = \frac{444}{250 \times 400} = 0.44\% > \rho_{\min} = 0.45 \frac{f_t}{f_y} = 0.45 \times \frac{1.27}{300} = 0.19\%$$

所以，梁顶纵向受力钢筋选用 $3\Phi20$，$A_s = 942\text{mm}^2$。

② 斜截面受剪承载力计算

$$V_c = \alpha_{cv} f_t bh_0 = 0.7 \times 1.27 \times 250 \times 365 = 81.12 (\text{kN}) > V = 70.79\text{kN}$$

虽可按构造配置箍筋，但按框架梁要求考虑，沿梁全长加密箍筋，配 $\phi 8@100$ 双肢箍筋。

3.2.3.5 TL5 设计

(1) 平台梁 (TL5) 计算简图

平台梁（TL5）计算跨度 $l_0 = 3900\text{mm}$，计算简图与平台梁（TL3）相同，如图 3-29 所示，但图中荷载数据不同。平台梁（TL5）的截面尺寸取为 $b \times h = 250\text{mm} \times 400\text{mm}$。

(2) 荷载计算

平台梁（TL5）荷载计算详见表 3-9。

表 3-9　平台梁 (TL5) 荷载计算

荷载种类		荷载标准值/(kN/m)
恒荷载	由 ATb3 梯段板传来的恒荷载	$7.35 \times 3.3/2 = 12.13$
	由平台板（PTB3）传来的恒荷载	$3.49 \times 1.3/2 = 2.27$
	支承 ATb3 的悬挑板传来的恒荷载	$4.09 \times 0.3 = 1.23^*$
	平台梁（TL5）自重	$25 \times 0.25 \times 0.4 = 2.5$
	平台梁（TL5）底部和侧面的粉刷	$17 \times 0.02 \times [0.25 + 2 \times (0.4 - 0.10)] = 0.29$
	恒荷载合计	$q_1 = 5.06; q_2 = 13.36; q_3 = 12.13$
活荷载		$3.5 \times (3.3/2 + 1.3/2 + 0.25) = 8.93$

注：带 * 中的数据 4.09 来自表 3-3。

(3) 荷载效应组合

q_2 和 q_3 单独考虑，q_1 与活荷载组合如下。

按可变荷载效应控制的组合：

$$q_1 = 1.2 \times 5.06 + 1.4 \times 8.93 = 18.57 (\text{kN/m})$$

按永久荷载效应控制的组合：

$$q_1 = 1.35 \times 5.06 + 1.4 \times 0.7 \times 8.93 = 15.58(\text{kN/m})$$

所以选按可变荷载效应控制的组合计算，取 $q_1 = 18.57\text{kN/m}$；$q_2 = 1.2 \times 13.36 = 16.03$ (kN/m)；$q_3 = 1.2 \times 12.13 = 14.56(\text{kN/m})$。

（4）内力计算

① 计算跨中弯矩（两端铰接）：

$$M^+ = \frac{q_1 l_0^2}{8} + \frac{q_2 \times 1.9^2}{2 \times 3.9} \times \frac{3.9}{2} + \frac{q_3 \times 1.9^2}{2 \times 3.9} \times \frac{3.9}{2}$$

$$= \frac{18.57 \times 3.9^2}{8} + \frac{16.03 \times 1.9^2}{4} + \frac{14.56 \times 1.9^2}{4}$$

$$= 62.91(\text{kN} \cdot \text{m})$$

② 计算支座负弯矩（两端固接），查附表 7-5，则

$$M_{左}^- = \frac{q_1 l_0^2}{12} + \frac{q_2 a^2}{12}(6 - 8\alpha + 3\alpha^2) + \frac{q_3 a^3}{12l}(4 - 3\alpha)$$

$$= \frac{18.57 \times 3.9^2}{12} + \frac{16.03 \times 1.9^2}{12} \times \left[6 - 8 \times \frac{1.9}{3.9} + 3 \times \left(\frac{1.9}{3.9}\right)^2\right] + \frac{14.56 \times 1.9^3}{12 \times 3.9} \times \left(4 - 3 \times \frac{1.9}{3.9}\right)$$

$$= 42.53(\text{kN} \cdot \text{m})$$

$$M_{右}^- = \frac{q_1 l_0^2}{12} + \frac{q_2 a^3}{12l}(4 - 3\alpha) + \frac{q_3 a^2}{12}(6 - 8\alpha + 3\alpha^2)$$

$$= \frac{18.57 \times 3.9^2}{12} + \frac{16.03 \times 1.9^3}{12 \times 3.9} \times \left(4 - 3 \times \frac{1.9}{3.9}\right) + \frac{14.56 \times 1.9^2}{12} \times \left[6 - 8 \times \frac{1.9}{3.9} + 3 \times \left(\frac{1.9}{3.9}\right)^2\right]$$

$$= 41.83(\text{kN} \cdot \text{m})$$

③ 计算左侧支座剪力（最大）：

$$V = \frac{q_1 l_0}{2} + \frac{q_2 \times 1.9 \times (3.9 - 1.9/2)}{3.9} + \frac{q_3 \times 1.9 \times 1.9}{2 \times 3.9}$$

$$= \frac{18.57 \times 3.9}{2} + \frac{16.03 \times 1.9 \times (3.9 - 1.9/2)}{3.9} + \frac{14.56 \times 1.9 \times 1.9}{2 \times 3.9}$$

$$= 65.99(\text{kN})$$

（5）截面设计

① 正截面受弯承载力计算

a. 跨中截面：

$$h_0 = h - 35 = 400 - 35 = 365(\text{mm})$$

$$\alpha_s = \frac{M^+}{\alpha_1 f_c b h_0^2} = \frac{62.91 \times 10^6}{1.0 \times 11.9 \times 250 \times 365^2} = 0.159$$

$$\gamma_s = 0.5(1 + \sqrt{1 - 2\alpha_s}) = 0.5 \times (1 + \sqrt{1 - 2 \times 0.159}) = 0.913$$

$$A_s = \frac{M^+}{f_y \gamma_s h_0} = \frac{62.91 \times 10^6}{300 \times 0.913 \times 365} = 629(\text{mm}^2)$$

$$\rho = \frac{A_s}{bh} = \frac{629}{250 \times 400} = 0.63\% > \rho_{min} = 0.45 \frac{f_t}{f_y} = 0.45 \times \frac{1.27}{300} = 0.19\%$$

考虑到平台梁两边受力不均匀，会使平台梁受扭，所以在平台梁内宜适当增加纵向受力钢筋和箍筋的用量，故梁底纵向受力钢筋选用 $3\Phi20$，$A_s = 942\text{mm}^2$。

b. 支座截面：

$$\alpha_s = \frac{M_{\overline{左}}}{\alpha_1 f_c b h_0^2} = \frac{42.53 \times 10^6}{1.0 \times 11.9 \times 250 \times 365^2} = 0.107$$

$$\gamma_s = 0.5(1 + \sqrt{1 - 2\alpha_s}) = 0.5 \times (1 + \sqrt{1 - 2 \times 0.107}) = 0.943$$

$$A_s = \frac{M_{\overline{左}}}{f_y \gamma_s h_0} = \frac{42.53 \times 10^6}{300 \times 0.943 \times 365} = 412 (\text{mm}^2)$$

$$\rho = \frac{A_s}{bh} = \frac{412}{250 \times 400} = 0.41\% > \rho_{min} = 0.45 \frac{f_t}{f_y} = 0.45 \times \frac{1.27}{300} = 0.19\%$$

所以，梁顶纵向受力钢筋选用 3Φ20，$A_s = 942\text{mm}^2$。

② 斜截面受剪承载力计算

$$V_c = \alpha_{cv} f_t b h_0 = 0.7 \times 1.27 \times 250 \times 365 = 81.12(\text{kN}) > V = 65.99\text{kN}$$

配Φ8@100 双肢箍筋，沿梁全长加密箍筋。

3.2.3.6　TL6 设计

(1) 平台梁（TL6）计算简图

平台梁（TL6）计算跨度 $l_0 = 3900\text{mm}$，计算简图如图 3-30 所示。平台梁（TL6）的截面尺寸取为 $b \times h = 250\text{mm} \times 400\text{mm}$。

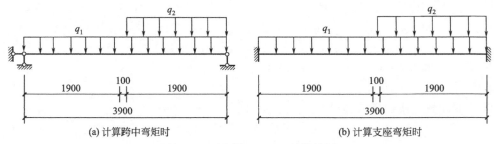

(a) 计算跨中弯矩时　　　　　　　　(b) 计算支座弯矩时

图 3-30　平台梁（TL6）计算简图

(2) 荷载计算

平台梁（TL6）荷载计算详见表 3-10。

表 3-10　平台梁（TL6）荷载计算

荷载种类		荷载标准值/(kN/m)
恒荷载	由 ATb3 梯段板传来的恒荷载	$7.35 \times 3.3/2 = 12.13$
	由平台板(PTB4)传来的恒荷载	$3.49 \times 1.3/2 = 2.27$
	平台梁(TL6)自重	$25 \times 0.25 \times 0.4 = 2.5$
	平台梁(TL6)底部和侧面的粉刷	$17 \times 0.02 \times [0.25 + 2 \times (0.4 - 0.10)] = 0.29$
	恒荷载合计	$q_1 = 5.06; q_2 = 12.13$
活荷载		左半跨：$3.5 \times (1.3/2 + 0.25) = 3.15$ 右半跨：$3.5 \times (3.3/2 + 1.3/2 + 0.25) = 8.93$

(3) 荷载效应组合

① 满跨荷载。q_1 与活荷载 3.15kN/m 组合如下。

按可变荷载效应控制的组合：

$$q_1 = 1.2 \times 5.06 + 1.4 \times 3.15 = 10.48(\text{kN/m})$$

按永久荷载效应控制的组合：

$$q_1 = 1.35 \times 5.06 + 1.4 \times 0.7 \times 3.15 = 9.92 (kN/m)$$

② 右半跨荷载。q_2 与活荷载 $8.93 - 3.15 = 5.78(kN/m)$ 组合如下：

按可变荷载效应控制的组合：

$$q_2 = 1.2 \times 12.13 + 1.4 \times 5.78 = 22.65 (kN/m)$$

按永久荷载效应控制的组合：

$$q_2 = 1.35 \times 12.13 + 1.4 \times 0.7 \times 5.78 = 22.04 (kN/m)$$

所以选按可变荷载效应控制的组合计算，取 $q_1 = 10.48kN/m$；$q_2 = 22.65kN/m$。

（4）内力计算

① 计算跨中弯矩（两端铰接）：

$$M^+ = \frac{q_1 l_0^2}{8} + \frac{q_2 \times 1.9^2}{2 \times 3.9} \times \frac{3.9}{2} = \frac{10.48 \times 3.9^2}{8} + \frac{22.65 \times 1.9^2}{4} = 40.37 (kN \cdot m)$$

② 计算支座负弯矩（两端固接），查附表 7-5，则

$$M_{左}^- = \frac{q_1 l_0^2}{12} + \frac{q_2 a^3}{12l}(4 - 3\alpha)$$

$$= \frac{10.48 \times 3.9^2}{12} + \frac{22.65 \times 1.9^3}{12 \times 3.9} \times \left(4 - 3 \times \frac{1.9}{3.9}\right)$$

$$= 21.71 (kN \cdot m)$$

$$M_{右}^- = \frac{q_1 l_0^2}{12} + \frac{q_2 a^2}{12}(6 - 8\alpha + 3\alpha^2)$$

$$= \frac{10.48 \times 3.9^2}{12} + \frac{22.65 \times 1.9^2}{12} \times \left[6 - 8 \times \frac{1.9}{3.9} + 3 \times \left(\frac{1.9}{3.9}\right)^2\right]$$

$$= 32.46 (kN \cdot m)$$

③ 计算右侧支座剪力（最大）：

$$V = \frac{q_1 l_0}{2} + \frac{q_2 \times 1.9 \times (3.9 - 1.9/2)}{3.9}$$

$$= \frac{10.48 \times 3.9}{2} + \frac{22.65 \times 1.9 \times (3.9 - 1.9/2)}{3.9}$$

$$= 52.99 (kN)$$

（5）截面设计

① 正截面受弯承载力计算

a. 跨中截面：

$$h_0 = h - 35 = 400 - 35 = 365 (mm)$$

$$\alpha_s = \frac{M^+}{\alpha_1 f_c b h_0^2} = \frac{40.37 \times 1.1 \times 10^6}{1.0 \times 11.9 \times 250 \times 365^2} = 0.112$$

$$\gamma_s = 0.5(1 + \sqrt{1 - 2\alpha_s}) = 0.5 \times (1 + \sqrt{1 - 2 \times 0.112}) = 0.940$$

$$A_s = \frac{M^+}{f_y \gamma_s h_0} = \frac{40.37 \times 1.1 \times 10^6}{300 \times 0.940 \times 365} = 431 (mm^2)$$

$$\rho = \frac{A_s}{bh} = \frac{431}{250 \times 400} = 0.43\% > \rho_{min} = 0.45\frac{f_t}{f_y} = 0.45 \times \frac{1.27}{300} = 0.19\%$$

弯矩 M 乘以 1.1 系数是考虑跨中弯矩不是最大弯矩的放大系数。考虑到平台梁两边受

力不均匀，会使平台梁受扭，所以在平台梁内宜适当增加纵向受力钢筋和箍筋的用量，故梁底纵向受力钢筋选用 $3\phi18$，$A_s=763\mathrm{mm}^2$。

b. 支座截面：

$$\alpha_s=\frac{M_{\overline{右}}}{\alpha_1 f_c b h_0^2}=\frac{32.46\times10^6}{1.0\times11.9\times250\times365^2}=0.082$$

$$\gamma_s=0.5(1+\sqrt{1-2\alpha_s})=0.5\times(1+\sqrt{1-2\times0.082})=0.957$$

$$A_s=\frac{M_{\overline{右}}}{f_y\gamma_s h_0}=\frac{32.46\times10^6}{300\times0.957\times365}=310(\mathrm{mm}^2)$$

$$\rho=\frac{A_s}{bh}=\frac{310}{250\times400}=0.31\%>\rho_{\min}=0.45\frac{f_t}{f_y}=0.45\times\frac{1.27}{300}=0.19\%$$

故梁顶纵向受力钢筋选用 $3\phi18$，$A_s=763\mathrm{mm}^2$。

② 斜截面受剪承载力计算

$$V_c=\alpha_{cv}f_t b h_0=0.7\times1.27\times250\times365=81.12(\mathrm{kN})>V=52.99\mathrm{kN}$$

配 $\phi8@100$ 双肢箍筋，沿梁全长加密箍筋。

3.2.4　单梁设计

3.2.4.1　L1 设计

(1) L1 计算简图

L1 计算简图如图 3-31 所示，L1 计算跨度取支承中心间距离，即 $l_0=2100+120-400/2-550/2=1745(\mathrm{mm})$。L1 的截面尺寸取为 $b\times h=250\mathrm{mm}\times350\mathrm{mm}$。以 1.900m 标高处 L1 进行计算。

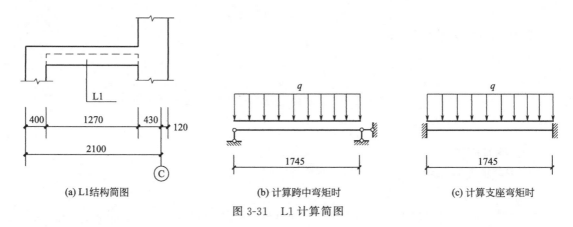

| (a) L1结构简图 | (b) 计算跨中弯矩时 | (c) 计算支座弯矩时 |

图 3-31　L1 计算简图

(2) 荷载计算

楼梯间填充墙为 240mm 厚实心砖砌体，按外墙考虑。楼梯间填充墙面荷载计算详见表 3-11。

表 3-11　楼梯间填充墙荷载

构造层	面荷载/(kN/m²)
墙体自重	$18\times0.24=4.32$
贴瓷砖墙面(包括水泥砂浆打底,共厚 25mm)	0.50

构造层	面荷载/(kN/m²)
水泥粉刷墙面(20mm 厚,水泥粗砂)	0.36
合计	5.18

L1 荷载计算详见表 3-12。

表 3-12　L1 荷载计算

荷载种类		荷载标准值/(kN/m)
恒荷载	L1 上墙体荷载	$5.18 \times (1.95-0.7)=6.48^{*}$
	L1 自重	$25 \times 0.25 \times 0.35=2.19$
	L1 底部和侧面的粉刷	$17 \times 0.02 \times [0.25+2 \times (0.35-0.12)]=0.24$
	恒荷载合计	$q=8.91$
活荷载		0

注：带 * 中的数据 0.7 是横向框架梁截面尺寸（0.35m×0.7m）中的截面高度。

(3) 荷载效应组合

只有恒荷载，按设计值 $q=1.2 \times 8.91=10.69(\text{kN/m})$ 进行计算。

(4) 内力计算

① 计算跨中弯矩：

$$M^{+}=\frac{ql_0^2}{8}=\frac{10.69 \times 1.745^2}{8}=4.07(\text{kN} \cdot \text{m})$$

② 计算支座弯矩：

$$M^{-}=\frac{ql_0^2}{12}=\frac{10.69 \times 1.745^2}{12}=2.71(\text{kN} \cdot \text{m})$$

③ 计算支座剪力：

$$V=\frac{ql_0}{2}=\frac{10.69 \times 1.745}{2}=9.33(\text{kN})$$

(5) 截面设计

① 正截面受弯承载力计算

a. 跨中截面：

$$h_0=h-35=350-35=315(\text{mm})$$

$$\alpha_s=\frac{M^{+}}{\alpha_1 f_c b h_0^2}=\frac{4.07 \times 10^6}{1.0 \times 11.9 \times 250 \times 315^2}=0.014$$

$$\gamma_s=0.5(1+\sqrt{1-2\alpha_s})=0.5 \times (1+\sqrt{1-2 \times 0.014})=0.993$$

$$A_s=\frac{M^{+}}{f_y \gamma_s h_0}=\frac{4.07 \times 10^6}{300 \times 0.993 \times 315}=43(\text{mm}^2)$$

$$\rho=\frac{A_s}{bh}=\frac{43}{250 \times 350}=0.05\% < \rho_{min}=0.45\frac{f_t}{f_y}=0.45 \times \frac{1.27}{300}=0.19\%$$

应按 ρ_{min} 配筋，应配置的受力钢筋：

$$A_{smin}=\rho_{min}bh=0.0019 \times 250 \times 350=166(\text{mm}^2)$$

所以梁底纵向受力钢筋选用 $3\phi16$，$A_s=603\text{mm}^2$。

b. 支座截面：

$$\alpha_s = \frac{M^-}{\alpha_1 f_c b h_0^2} = \frac{2.71 \times 10^6}{1.0 \times 11.9 \times 250 \times 315^2} = 0.009$$

$$\gamma_s = 0.5(1 + \sqrt{1 - 2\alpha_s}) = 0.5 \times (1 + \sqrt{1 - 2 \times 0.009}) = 0.995$$

$$A_s = \frac{M^-}{f_y \gamma_s h_0} = \frac{2.71 \times 10^6}{300 \times 0.995 \times 315} = 29 (\text{mm}^2)$$

$$\rho = \frac{A_s}{bh} = \frac{29}{250 \times 350} = 0.03\% < \rho_{min} = 0.45 \frac{f_t}{f_y} = 0.45 \times \frac{1.27}{300} = 0.19\%$$

应按 ρ_{min} 配筋，应配置的受力钢筋：

$$A_{smin} = \rho_{min} bh = 0.0019 \times 250 \times 350 = 166(\text{mm}^2)$$

所以梁顶纵向受力钢筋选用 3Φ16，$A_s = 603\text{mm}^2$。

② 斜截面受剪承载力计算

$$V_c = \alpha_{cv} f_t b h_0 = 0.7 \times 1.27 \times 250 \times 315 = 70.01(\text{kN}) > V = 9.33\text{kN}$$

虽可按构造配置箍筋，但由于 L1 一端与梯柱整浇，一端与框架柱整浇，故构造按框架梁要求考虑，沿梁全长加密箍筋，配Φ8@100 双肢箍筋。

3.2.4.2 L2 设计

(1) L2 计算简图

L2 计算简图如图 3-32 所示，L2 计算跨度 $l_0 = 3900 + 430 + 430 - 550 = 4210(\text{mm})$。L2 的截面尺寸取为 $b \times h = 250\text{mm} \times 400\text{mm}$。

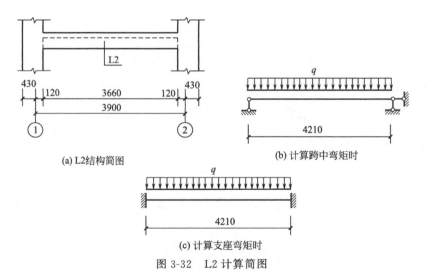

(a) L2结构简图   (b) 计算跨中弯矩时

(c) 计算支座弯矩时

图 3-32 L2 计算简图

(2) 荷载计算

L2 荷载计算详见表 3-13。

表 3-13 L2 荷载计算

荷载种类		荷载标准值/(kN/m)
恒荷载	由 PTB1 板传来的恒荷载	$3.99 \times (1.48 + 0.25 + 0.25)/2 = 3.95$
	L2 自重	$25 \times 0.25 \times 0.40 = 2.50$
	L2 底部和侧面的粉刷	$17 \times 0.02 \times [0.25 + 0.40 \times 2 - 0.12] = 0.32$

续表

荷载种类		荷载标准值/(kN/m)
恒荷载	栏杆自重	0.2
	恒荷载合计	6.97
活荷载(由 PTB1 板传来的活荷载)		3.5×(1.48+0.25+0.25)/2=3.47

(3) 荷载效应组合

按可变荷载效应控制的组合：
$$q=1.2\times6.97+1.4\times3.47=13.22(\text{kN/m})$$

按永久荷载效应控制的组合：
$$q=1.35\times6.97+1.4\times0.7\times3.47=12.81(\text{kN/m})$$

所以选按可变荷载效应控制的组合计算，取 $q=13.22\text{kN/m}$。

(4) 内力计算

计算跨中弯矩：
$$M^+=\frac{ql_0^2}{8}=\frac{13.22\times4.21^2}{8}=29.29(\text{kN}\cdot\text{m})$$

计算支座弯矩：
$$M^-=\frac{ql_0^2}{12}=\frac{13.22\times4.21^2}{12}=19.53(\text{kN}\cdot\text{m})$$

计算支座剪力：
$$V=\frac{ql_0}{2}=\frac{13.22\times4.21}{2}=27.83\text{kN}(\text{梁端剪力也可以按净跨计算})$$

(5) 截面设计

① 正截面受弯承载力计算

a. 跨中截面：
$$h_0=h-35=400-35=365(\text{mm})$$
$$\alpha_s=\frac{M^+}{\alpha_1 f_c b h_0^2}=\frac{29.29\times10^6}{1.0\times11.9\times250\times365^2}=0.074$$
$$\gamma_s=0.5(1+\sqrt{1-2\alpha_s})=0.5\times(1+\sqrt{1-2\times0.074})=0.962$$
$$A_s=\frac{M^+}{f_y\gamma_s h_0}=\frac{29.29\times10^6}{300\times0.962\times365}=278(\text{mm}^2)$$
$$\rho=\frac{A_s}{bh}=\frac{278}{250\times400}=0.28\%>\rho_{min}=0.45\frac{f_t}{f_y}=0.45\times\frac{1.27}{300}=0.19\%$$

考虑到梁两边受力不均匀，会使梁受扭，所以在梁内宜适当增加纵向受力钢筋和箍筋的用量，故梁底纵向受力钢筋选用 3Φ18，$A_s=763\text{mm}^2$。

b. 支座截面：
$$\alpha_s=\frac{M^-}{\alpha_1 f_c b h_0^2}=\frac{19.53\times10^6}{1.0\times11.9\times250\times365^2}=0.049$$
$$\gamma_s=0.5(1+\sqrt{1-2\alpha_s})=0.5\times(1+\sqrt{1-2\times0.049})=0.975$$
$$A_s=\frac{M^-}{f_y\gamma_s h_0}=\frac{19.53\times10^6}{300\times0.975\times365}=183(\text{mm}^2)$$

$$\rho = \frac{A_s}{bh} = \frac{183}{250 \times 400} = 0.18\% < \rho_{\min} = 0.45 \frac{f_t}{f_y} = 0.45 \times \frac{1.27}{300} = 0.19\%$$

应按 $\rho_{\min}$ 配筋，应配置的受力钢筋：

$$A_{s\min} = \rho_{\min} bh = 0.0019 \times 250 \times 400 = 190 (\text{mm}^2)$$

所以，梁顶纵向受力钢筋选用 $3\phi18$，$A_s = 763\text{mm}^2$。

② 斜截面受剪承载力计算

$$V_c = \alpha_{cv} f_t bh_0 = 0.7 \times 1.27 \times 250 \times 365 = 81.12(\text{kN}) > V = 27.83\text{kN}$$

虽可按构造配置箍筋，但由于 L2 两端与梯柱整浇，故构造按框架梁要求考虑，沿梁全长加密箍筋，配 $\phi8@100$ 双肢箍筋。

3.2.5　楼梯结构施工图

根据本章 3.2.1～3.2.4 的计算结果，双跑平行现浇钢筋混凝土板式楼梯的结构施工图进行统一绘制。

3.2.5.1　楼梯结构平面图

标高 -0.050～1.900m 楼梯平面图如图 3-33 所示，标高 1.900～3.850m 楼梯平面图如图 3-34 所示，标高 5.650～11.050m 楼梯平面图如图 3-35 所示。

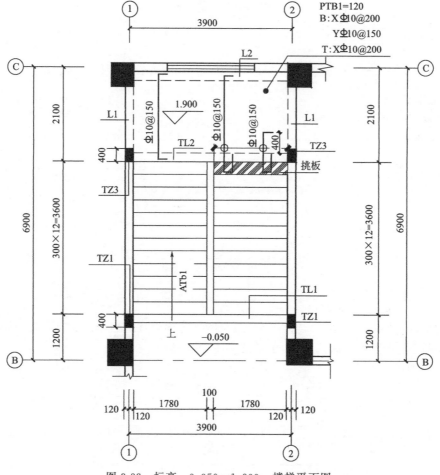

图 3-33　标高 -0.050～1.900m 楼梯平面图

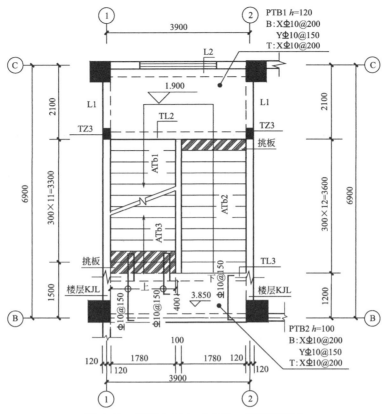

图 3-34　标高 1.900～3.850m 楼梯平面图

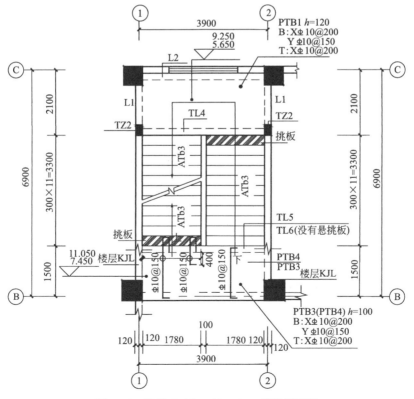

图 3-35　标高 5.650～11.050m 楼梯平面图

3.2.5.2　楼梯结构剖面图

楼梯结构剖面图如图 3-36 所示。

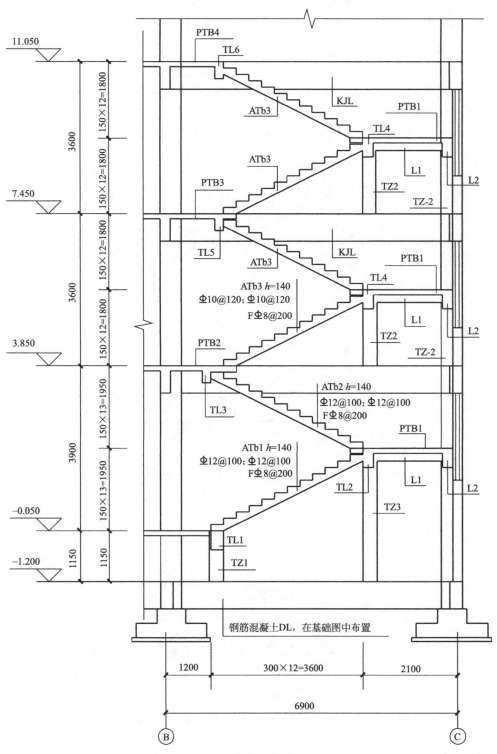

图 3-36　楼梯结构剖面图

3.2.5.3 梯段配筋图

ATb1（ATb2）的配筋图如图 3-37 所示，ATb3 的配筋图如图 3-38 所示，图中 420＝35×12，即暂取三级抗震等级受拉钢筋的锚固长度。

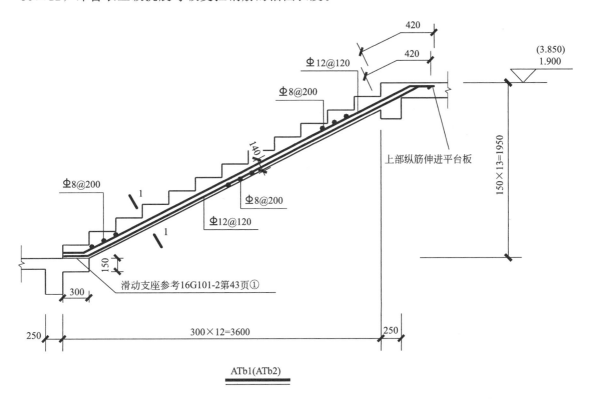

ATb1(ATb2)

(a) ATb1(ATb2)纵向配筋图

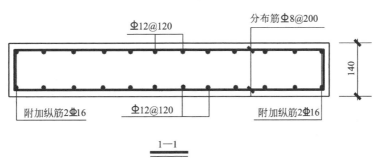

1—1

(b) 1—1剖面图

图 3-37 ATb1（ATb2）配筋图

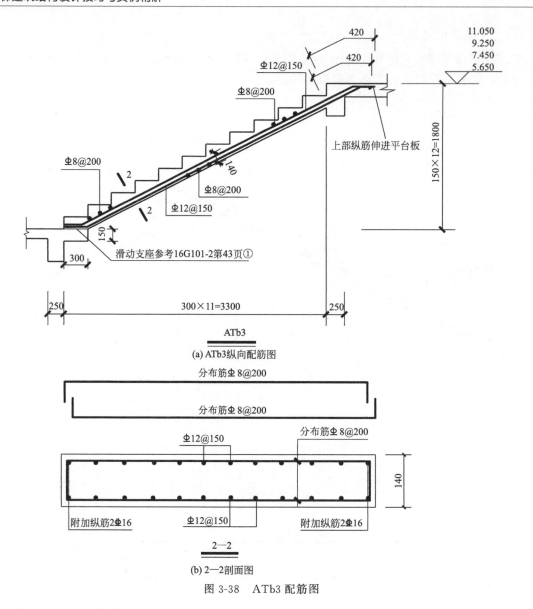

(a) ATb3纵向配筋图

(b) 2—2剖面图

图 3-38   ATb3 配筋图

3.2.5.4   平台梁配筋图

TL1、TL6 的配筋图如图 3-39 所示。TL2、TL3、TL4、TL5 的配筋图如图 3-40 所示。

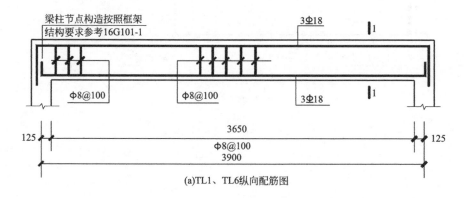

(a)TL1、TL6纵向配筋图

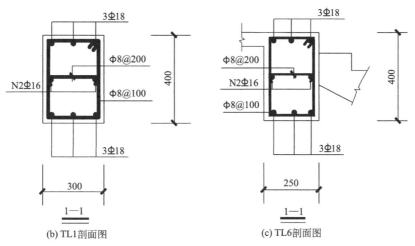

(b) TL1剖面图　　　　　　　(c) TL6剖面图

图 3-39　TL1、TL6 配筋图

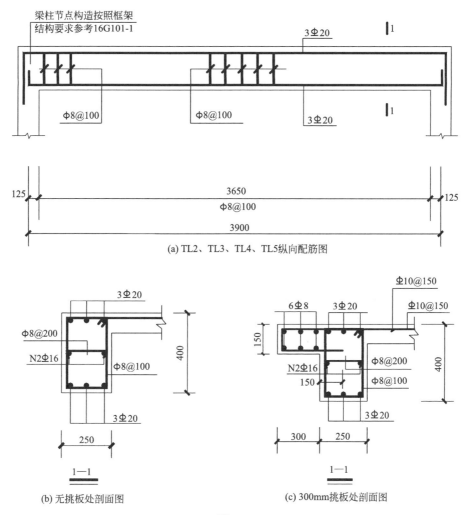

(a) TL2、TL3、TL4、TL5纵向配筋图

(b) 无挑板处剖面图　　　　　　(c) 300mm挑板处剖面图

图 3-40

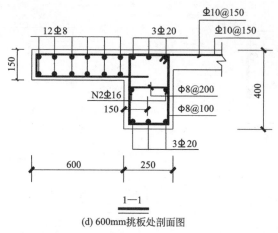

(d) 600mm挑板处剖面图

图 3-40　TL2、TL3、TL4、TL5 配筋图

3.2.5.5　单梁配筋图

单梁 L1、L2 配筋图如图 3-41 所示。

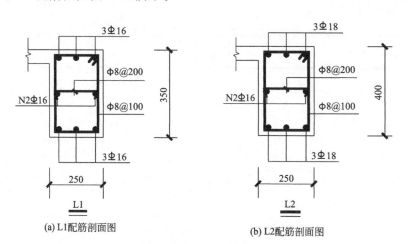

(a) L1配筋剖面图　　　　　　　　　(b) L2配筋剖面图

图 3-41　L1、L2 配筋图

3.2.5.6　楼梯梯柱配筋图

楼梯梯柱（TZ1、TZ2、TZ3）与框架梁的连接构造在抗震设计时参考图 2-22，在非抗震设计时参考图 2-23。楼梯梯柱应按框架柱要求设计，应保证柱截面面积不小于 300mm×

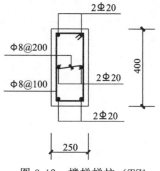

图 3-42　楼梯梯柱（TZ1、TZ2、TZ3）配筋图

300mm（面积为 90000mm²），柱最小边长不应小于 200mm，并相应增加另一方向的柱截面长度。若楼梯梯柱截面均采用 250mm×350mm，则面积为 87500mm²，略小于 90000mm²，相差 $\frac{90000-87500}{90000}=2.8\%<5\%$，可用。本设计实例楼梯梯柱截面采用 250mm×400mm，面积为 100000mm²，大于 90000mm²，也是可以的。如果楼梯梯柱截面采用 300mm×300mm，则楼梯梯柱生根的梁的截面宽度必须大于等于 300mm，楼梯梯柱截面宽度采用 300mm 时会突出墙面，影响使用或美观。楼梯梯柱（TZ1、TZ2、TZ3）的配筋图如图 3-42 所示。

3.3　双跑平行现浇钢筋混凝土板式楼梯设计（设防震缝方法）

为防止建筑物在地震中相碰，防震缝必须留有足够的宽度。防震缝的净宽度原则上应大于两侧结构允许的地震作用下水平位移之和。房屋高度不超过 15m 时防震缝的最小宽度为 100mm，当高度超过 15m 时，各结构类型的防震缝宽度按表 3-14 确定。

表 3-14　房屋高度 H 超过 15m 时防震缝宽度　　　单位：mm

设防烈度	6 度	7 度	8 度	9 度
框架结构	$100+20\times\dfrac{H-15}{5}$	$100+20\times\dfrac{H-15}{4}$	$100+20\times\dfrac{H-15}{3}$	$100+20\times\dfrac{H-15}{2}$
框架-剪力墙结构	$100+14\times\dfrac{H-15}{5}$	$100+14\times\dfrac{H-15}{4}$	$100+14\times\dfrac{H-15}{3}$	$100+14\times\dfrac{H-15}{2}$
剪力墙结构	$100+10\times\dfrac{H-15}{5}$	$100+10\times\dfrac{H-15}{4}$	$100+10\times\dfrac{H-15}{3}$	$100+10\times\dfrac{H-15}{2}$
砌体结构	70~100			

本章 3.2 节中给出了双跑平行现浇钢筋混凝土板式楼梯设滑动支座的设计方法，设滑动支座楼梯是上部采用固定支座、下端采用滑动支座。采用滑动支座的混凝土框架结构，由于带滑动支座的楼梯一端与主体结构脱开，减小了楼梯对结构整体刚度的影响，因此，可以不用考虑楼梯参与整体结构计算。本节给出另外一种设计方法，多设置两个楼梯梯柱，也达到将楼梯一端与主体结构脱开的目的，也就是参照设置防震缝的方法，按防震缝的最小宽度取梯柱与框架柱间距为 100mm，详见楼梯结构平面布置图（图 3-43）。楼梯结构剖面布置图如图 3-44 所示。混凝土强度等级选用 C25，采用 HRB335 级钢筋。下面进行该楼梯设计。

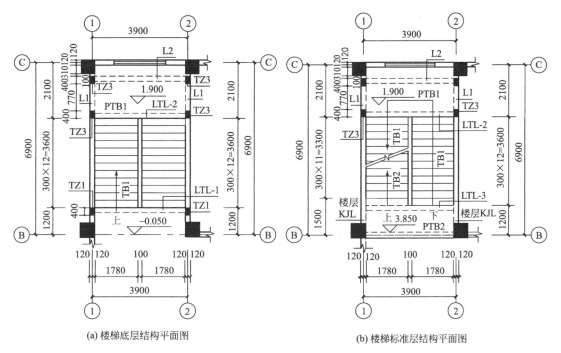

(a) 楼梯底层结构平面图　　　　　(b) 楼梯标准层结构平面图

图 3-43

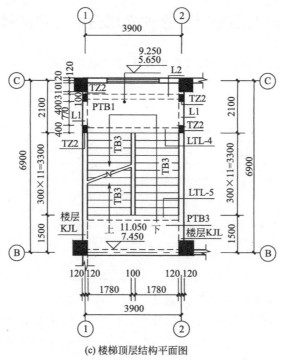

(c)楼梯顶层结构平面图

图 3-43　楼梯结构平面布置图

3.3.1　楼梯梯段斜板设计

考虑到楼梯梯段斜板两端与混凝土楼梯梁的固结作用，斜板跨度近似可按梯段斜板净跨计算。对斜板取 1m 宽作为其计算单元。楼梯踏步面层厚度，通常水泥砂浆面层取 15～25mm，水磨石面层取 28～35mm。

3.3.1.1　TB1 设计

（1）确定斜板厚度

斜板的水平投影净长为 $l_{1n}=3600mm$，取 $t_1=140mm$，理由同本章 3.2.1 节中所述。

（2）荷载计算

楼梯梯段斜板的荷载计算列于表 3-1，理由同本章 3.2.1 节中所述。

（3）荷载效应组合

选可变荷载效应控制的组合来进行计算，取 $q=13.72kN/m$，理由同本章 3.2.1 节中所述。

（4）计算简图

斜板的计算简图如图 3-12 所示，理由同本章 3.2.1 节中所述。

（5）内力计算

斜板的内力一般只需计算跨中最大弯矩即可，考虑到斜板两端与梯梁整浇，对板有约束作用，所以跨中最大弯矩取为

$$M=\frac{ql_{1n}^2}{10}=\frac{13.72\times3.6^2}{10}=17.78(kN\cdot m)$$

（6）配筋计算

$$h_0=t_1-20=140-20=120(mm)$$

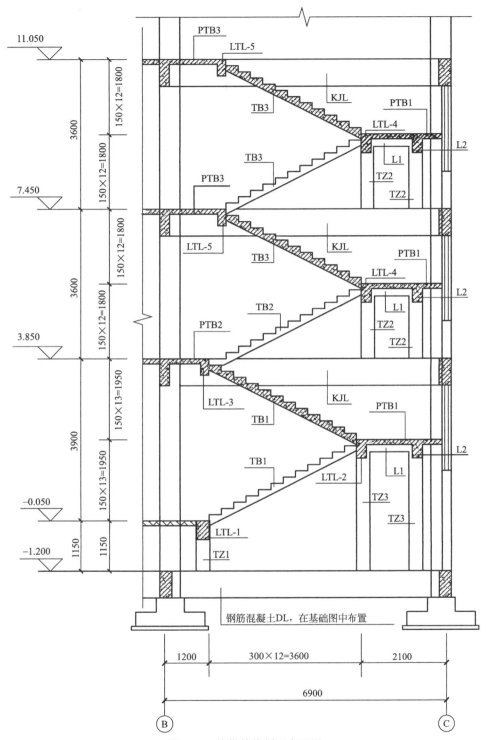

图 3-44　楼梯结构剖面布置图

$$\alpha_s = \frac{M}{\alpha_1 f_c b h_0^2} = \frac{17.78 \times 10^6}{1.0 \times 11.9 \times 1000 \times 120^2} = 0.104$$

$$\gamma_s = 0.5(1 + \sqrt{1 - 2\alpha_s}) = 0.5 \times (1 + \sqrt{1 - 2 \times 0.104}) = 0.945$$

$$A_s = \frac{M}{f_y \gamma_s h_0} = \frac{17.78 \times 10^6}{300 \times 0.945 \times 120} = 523 \, (\text{mm}^2)$$

$$\rho = \frac{A_s}{bh} = \frac{523}{1000 \times 140} = 0.37\% > \rho_{min} = 0.45 \frac{f_t}{f_y} = 0.45 \times \frac{1.27}{300} = 0.19\%$$

(7) 选配钢筋

板底受力钢筋选用 $\Phi 12@150$，$A_s = 754 \text{mm}^2$，分布钢筋选用 $\Phi 8@200$，$A_s = 251 \text{mm}^2$，大于单位宽度上受力钢筋的 15% [即 $754 \times 15\% = 113$（mm^2）]，配筋率也大于 0.15% [即 $140 \times 1000 \times 0.15\% = 210$（$\text{mm}^2$）]。若分布钢筋采用 $\Phi 8@250$，则 $A_s = 201 \text{mm}^2$，此时就不满足要求。梯板虽然简化为两端铰接，其实有一定的嵌固作用，因此，支座处有负弯矩，但没有经过计算，所以，板顶负弯矩钢筋取和板底受力钢筋相同，即选用 $\Phi 12@150$，分布钢筋选用 $\Phi 8@200$。

3.3.1.2 TB2 设计

TB2 为折线形梯板，两端均与平台梁整浇，斜板的厚度 $t_2 = 140 \text{mm}$，水平段板厚与斜板取相同的厚度，即取 140mm。

(1) 折线形梯板荷载计算

折线形梯板荷载计算表见表 3-15。

表 3-15 折线形梯板荷载计算表

荷载种类			荷载标准值/(kN/m)
恒荷载	锯齿形斜板	栏杆自重	0.2
		锯齿形斜板自重	$\gamma_2(d/2 + t_1/\cos\alpha) = 25 \times (0.15/2 + 0.14/0.894) = 5.79$
		30 厚水磨石面层	$\gamma_1(e+d)/e = 0.65 \times (0.3 + 0.15)/0.3 = 0.98$
		板底 20 厚混合砂浆粉刷	$\gamma_3 c_1/\cos\alpha = 17 \times 0.02/0.894 = 0.38$
		小计	7.35
	水平段板	水平段板自重	$\gamma_2 \cdot 1 \cdot t = 25 \times 1 \times 0.14 = 3.5$
		30 厚水磨石面层	$\gamma_1 \cdot 1 = 0.65 \times 1 = 0.65$
		板底 20 厚混合砂浆粉刷	$\gamma_3 \cdot 1 \cdot c_2 = 17 \times 1 \times 0.02 = 0.34$
		小计	4.49
活荷载			3.5(考虑 1m 上的线荷载)

注：1. γ_1 为水磨石的容重；γ_2 为钢筋混凝土的容重；γ_3 为混合砂浆的容重。

2. e、d 分别为三角形踏步的宽度和高度。

3. c_1 为楼梯踏步面层厚度，通常水泥砂浆面层取 $c_1 = 15 \sim 25 \text{mm}$，水磨石面层取 $c_1 = 28 \sim 35 \text{mm}$。

4. α 为楼梯斜板的倾角。

5. t_1 为斜板的厚度；t 为水平段板厚的厚度。

6. c_2 为板底粉刷的厚度。

(2) 荷载效应组合

① 按可变荷载效应控制的组合

a. 锯齿形斜板段

$$q_1 = 1.2 \times 7.35 + 1.4 \times 3.5 = 13.72 \, (\text{kN/m})$$

b. 水平段

$$q_2 = 1.2 \times 4.49 + 1.4 \times 3.5 = 10.29 \, (\text{kN/m})$$

② 按永久荷载效应控制的组合

a. 锯齿形斜板段

$q_1 = 1.35 \times 7.35 + 1.4 \times 0.7 \times 3.5 = 13.35$ (kN/m)

b. 水平段

$q_2 = 1.35 \times 4.49 + 1.4 \times 0.7 \times 3.5 = 9.49$ (kN/m)

所以锯齿形斜板段取 $q_1 = 13.72$ kN/m，水平段取 $q_2 = 10.29$ kN/m 进行计算。

（3）计算简图

折线形梯板可用假想的水平板来替代，计算跨度取梯板水平投影的净长，$l_{2n} = 3300 + 300 = 3600$（mm）。折线形梯板的计算简图如图 3-45 所示。

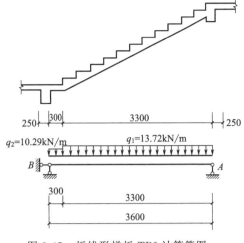

图 3-45　折线形梯板 TB2 计算简图

（4）内力计算

① 支座反力 R_A

$$R_A = \frac{q_1 l_1 (l_1/2 + l_2) + q_2 l_2^2/2}{l}$$

$$= \frac{13.72 \times 3.3 \times (3.3/2 + 0.3) + 10.29 \times 0.3^2/2}{3.6}$$

$$= 24.65 \text{（kN/m）}$$

式中，l_1 和 l_2 分别为 q_1 和 q_2 的分布长度，l 即为 l_{2n}。

② 折线形梯板最大计算弯矩

$$M_{max} = 0.5 \times \frac{R_A^2}{q_1} = 0.5 \times \frac{24.65^2}{13.72} = 22.14 \text{（kN·m）}$$

（5）配筋计算

$$h_0 = t - 20 = 140 - 20 = 120 \text{（mm）}$$

$$\alpha_s = \frac{M_{max}}{\alpha_1 f_c b h_0^2} = \frac{22.14 \times 10^6}{1.0 \times 11.9 \times 1000 \times 120^2} = 0.129$$

$$\gamma_s = 0.5(1 + \sqrt{1 - 2\alpha_s}) = 0.5 \times (1 + \sqrt{1 - 2 \times 0.129}) = 0.931$$

$$A_s = \frac{M_{max}}{f_y \gamma_s h_0} = \frac{22.14 \times 10^6}{300 \times 0.931 \times 120} = 661 \text{（mm}^2\text{）}$$

$$\rho = \frac{A_s}{bh} = \frac{661}{1000 \times 140} = 0.47\% > \rho_{min} = 0.45 \frac{f_t}{f_y} = 0.45 \times \frac{1.27}{300} = 0.19\%$$

因此，板底受力钢筋选用 Φ12@120，$A_s = 942$ mm^2，分布钢筋选用 Φ8@200。板顶支座有一定的负弯矩，和板底受力钢筋相同，即选用 Φ12@120，分布钢筋选用 Φ8@200。

3.3.1.3　TB3 设计

（1）确定斜板厚度

斜板的水平投影净长 $l_{3n} = 3300$ mm，斜板的斜向净长为

$$l'_{3n} = \frac{l_{3n}}{\cos\alpha} = \frac{3300}{300/\sqrt{150^2 + 300^2}} = \frac{3300}{0.894} = 3691 \text{（mm）}$$

斜板厚度　　　　$t_3 = \frac{1}{30} \sim \frac{1}{25} l'_{3n} = \frac{1}{30} \sim \frac{1}{25} \times 3691 = 123 \sim 148 (mm)$

取 $t_3 = 130mm$。

（2）荷载计算

楼梯梯段斜板的荷载计算见表 3-16。

表 3-16　楼梯梯段斜板荷载计算

荷载种类		荷载标准值/(kN/m)
恒荷载	栏杆自重	0.2
	锯齿形斜板自重	$\gamma_2(d/2 + t_1/\cos\alpha) = 25 \times (0.15/2 + 0.13/0.894) = 5.51$
	30 厚水磨石面层	$\gamma_1(e+d)/e = 0.65 \times (0.3+0.15)/0.3 = 0.98$
	板底 20 厚混合砂浆粉刷	$\gamma_3 c_1/\cos\alpha = 17 \times 0.02/0.894 = 0.38$
	恒荷载合计	7.07
活荷载		3.5（考虑 1m 上的线荷载）

注：1. γ_1 为水磨石的面荷载 0.65 kN/m², 30 厚水磨石面层包括 10mm 厚面层，20mm 厚水泥砂浆打底；γ_2 为钢筋混凝土的容重；γ_3 为混合砂浆的容重。

2. e、d 分别为三角形踏步的宽度和高度。

3. c_1 为板底粉刷的厚度。

4. α 为楼梯斜板的倾角。楼梯的倾斜角：$\cos\alpha = \frac{300}{\sqrt{150^2 + 300^2}} = 0.894$，$\alpha = 26.6°$。

5. t_1 为斜板的厚度。

（3）荷载效应组合

由可变荷载效应控制的组合：

$$q = 1.2 \times 7.07 + 1.4 \times 3.5 = 13.38 (kN/m)$$

永久荷载效应控制的组合：

$$q = 1.35 \times 7.07 + 1.4 \times 0.7 \times 3.5 = 12.97 (kN/m)$$

所以选可变荷载效应控制的组合来进行计算，取 $q = 13.38kN/m$。

（4）计算简图

斜板的计算简图如图 3-13 所示。

（5）内力计算

斜板的内力一般只需计算跨中最大弯矩即可，考虑到斜板两端与梯梁整浇，对板有约束作用，所以跨中最大弯矩取为

$$M = \frac{ql_{3n}^2}{10} = \frac{13.38 \times 3.3^2}{10} = 14.57 (kN \cdot m)$$

（6）配筋计算

$$h_0 = t_3 - 20 = 130 - 20 = 110 (mm)$$

$$\alpha_s = \frac{M}{\alpha_1 f_c b h_0^2} = \frac{14.57 \times 10^6}{1.0 \times 11.9 \times 1000 \times 110^2} = 0.101$$

$$\gamma_s = 0.5(1 + \sqrt{1 - 2\alpha_s}) = 0.5 \times (1 + \sqrt{1 - 2 \times 0.101}) = 0.947$$

$$A_s = \frac{M}{f_y \gamma_s h_0} = \frac{14.57 \times 10^6}{300 \times 0.947 \times 110} = 466 (mm^2)$$

$$\rho = \frac{A_s}{bh} = \frac{466}{1000 \times 130} = 0.36\% > \rho_{min} = 0.45 \frac{f_t}{f_y} = 0.45 \times \frac{1.27}{300} = 0.19\%$$

(7) 选配钢筋

板底受力钢筋选用Φ12@150，分布钢筋选用Φ8@200，板顶负弯矩钢筋取和板底受力钢筋相同，即选用Φ12@150，分布钢筋选用Φ8@200。

3.3.2　平台板设计

3.3.2.1　PTB1 设计

(1) 平台板 PTB1 计算简图

平台板 PTB1 的计算简图如图 3-46 所示。平台板 PTB1 为带悬挑板的四边支承板，长宽比为 $3900/(770+400+400-250)=2.95>2$（近似取板长宽轴线尺寸进行计算，250 为 L2 和 LTL-2 或 LTL-4 的宽度），因此按短跨方向的简支单向板计算，取 1m 宽作为计算单元。L2、LTL-2、LTL-4 的截面尺寸均取 $b \times h=250\text{mm} \times 400\text{mm}$。平台板两端均与梁整浇，所以平台板计算跨度 l_{01} 取平台板两端梁的中心线之间距离，即 $l_{01}=770+400+400-250=1320(\text{mm})$，PTB1 单向板部分，板厚度为跨度的 1/30，即 $1320/30=44(\text{mm})$，PTB1 悬挑板部分悬挑长度 535mm（按计算简图悬挑长度），板厚度为悬挑长度的 1/12，即 $535/12=45(\text{mm})$，统一取平台板厚度 $t_1=100\text{mm}$。

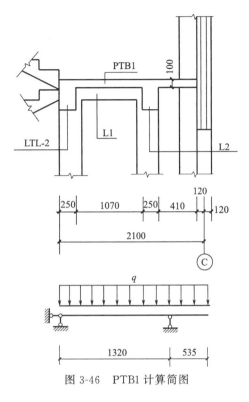

图 3-46　PTB1 计算简图

(2) 荷载计算

平台板 PTB1 的荷载计算表见表 3-17。

表 3-17　平台板 PTB1 荷载计算表

	荷载种类	荷载标准值/(kN/m)
恒荷载	平台板自重	$25 \times 0.10 \times 1 = 2.5$
	30 厚水磨石面层	$0.65 \times 1 = 0.65$
	板底 20 厚混合砂浆粉刷	$17 \times 0.02 \times 1 = 0.34$
	恒荷载合计	3.49
活荷载		3.5

(3) 荷载效应组合

由可变荷载效应控制的组合：

$$q=1.2 \times 3.49 + 1.4 \times 3.5 = 9.09(\text{kN/m})$$

由永久荷载效应控制的组合：

$$q=1.35 \times 3.49 + 1.4 \times 0.7 \times 3.5 = 8.14(\text{kN/m})$$

所以选可变荷载效应控制的组合进行计算，取 $q=9.09\text{kN/m}$。

(4) 内力计算

考虑平台板两端梁的嵌固作用，跨中最大弯矩取

$$M=\frac{ql_{01}^2}{10}=\frac{9.09 \times 1.32^2}{10}=1.58(\text{kN} \cdot \text{m})$$

平台板 PTB1 悬挑部分最大弯矩：

$$M^-=\frac{q\times0.535^2}{2}=\frac{9.09\times0.535^2}{2}=1.30(\mathrm{kN\cdot m})$$

平台板 PTB1 四边支承部分跨中弯矩：

$$M^+=\frac{9.09\times1.32^2}{8}-\frac{1.30}{2}=1.33(\mathrm{kN\cdot m})$$

所以，按 $M^+=1.33\mathrm{kN\cdot m}$ 进行配筋计算。

（5）PTB1 配筋计算

$$h_0=100-20=80(\mathrm{mm})$$

$$\alpha_s=\frac{M^+}{\alpha_1 f_c b h_0^2}=\frac{1.33\times10^6}{1.0\times11.9\times1000\times80^2}=0.0175$$

$$\gamma_s=0.5(1+\sqrt{1-2\alpha_s})=0.5\times(1+\sqrt{1-2\times0.0175})=0.991$$

$$A_s=\frac{M^+}{f_y\gamma_s h_0}=\frac{1.33\times10^6}{300\times0.991\times80}=56(\mathrm{mm}^2)$$

$$\rho=\frac{A_s}{bh}=\frac{56}{1000\times100}=0.06\%<\rho_{\min}=0.45\frac{f_t}{f_y}=0.45\times\frac{1.27}{300}=0.19\%$$

应按 $\rho_{\min}$ 配筋，每米宽应配置的受力钢筋：

$$A_{smin}=\rho_{\min}bh=0.0019\times1000\times100=190(\mathrm{mm}^2)$$

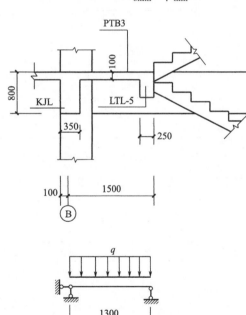

图 3-47　PTB3 计算简图

因此，板底选用受力钢筋ϕ8@150，$A_s=$ 335mm^2；分布钢筋采用 ϕ8@200，$A_s=$ 251mm^2，满足要求。板顶选用钢筋ϕ8@150；分布钢筋采用ϕ8@200。

3.3.2.2　PTB3 设计

（1）平台板 PTB3 计算简图

平台板 PTB3 的计算简图如图 3-47 所示。平台板 PTB3 为四边支承板，PTB3 计算跨度 l_{03} 取平台板两端梁的中心线之间距离，即 $l_{03}=$ $1500-\dfrac{250}{2}-\dfrac{350}{2}+100=1300(\mathrm{mm})$，板厚度取为 $t_3=100\mathrm{mm}$。

（2）荷载计算

平台板 PTB3 的荷载与平台板 PTB1 的荷载相同，计算结果列于表 3-17。

（3）荷载效应组合

平台板 PTB3 的荷载与平台板 PTB1 的荷载相同，荷载效应组合也相同，选可变荷载效应控制的组合进行计算，即取 $q=9.09\mathrm{kN/m}$。

（4）内力计算

考虑平台板两端梁的嵌固作用，跨中最大弯矩取

$$M=\frac{ql_{03}^2}{10}=\frac{9.09\times1.3^2}{10}=1.54(\mathrm{kN\cdot m})$$

(5) 配筋计算

$$h_0 = 100 - 20 = 80 (\text{mm})$$

$$\alpha_s = \frac{M}{\alpha_1 f_c b h_0^2} = \frac{1.54 \times 10^6}{1.0 \times 11.9 \times 1000 \times 80^2} = 0.0202$$

$$\gamma_s = 0.5(1 + \sqrt{1-2\alpha_s}) = 0.5 \times (1 + \sqrt{1-2\times0.0202}) = 0.990$$

$$A_s = \frac{M^+}{f_y \gamma_s h_0} = \frac{1.54 \times 10^6}{300 \times 0.990 \times 80} = 65 (\text{mm}^2)$$

$$\rho = \frac{A_s}{bh} = \frac{65}{1000 \times 100} = 0.07\% < \rho_{\min} = 0.45 \frac{f_t}{f_y} = 0.45 \times \frac{1.27}{300} = 0.19\%$$

应按 $\rho_{\min}$ 配筋，每米宽应配置的受力钢筋：

$$A_{s\min} = \rho_{\min} bh = 0.0019 \times 1000 \times 100 = 190 (\text{mm}^2)$$

因此，板底受力钢筋选用 $\phi 8@150$，$A_s = 335\text{mm}^2$；分布钢筋采用 $\phi 8@200$，$A_s = 251\text{mm}^2$，满足要求。板顶受力钢筋选用 $\phi 8@150$；分布钢筋采用 $\phi 8@200$。

平台板 PTB2 的荷载与平台板 PTB3 相同，但跨度小，因此，配筋按 PTB3 的钢筋配置。

3.3.3　平台梁设计

3.3.3.1　LTL-1 设计

(1) 平台梁（LTL-1）计算简图

平台梁的两端与楼梯梯柱（TZ1）整体浇筑，本设计楼梯梯柱截面均采用 250mm×400mm，平台梁（LTL-1）计算跨度取柱中心线之间距离，即轴线距离 $l_0 = 3900\text{mm}$，平台梁（LTL-1）的计算简图如图 3-20 所示。为方便计算，手算时可以采用偏于保守的处理方法：计算平台梁跨中弯矩时可按梁两端简支，即按图 3-20(a) 进行计算，计算平台梁支座弯矩时可按梁两端嵌固，即按图 3-20(b) 进行计算。平台梁（LTL-1）的截面尺寸取为 $b \times h = 250\text{mm} \times 400\text{mm}$。

(2) 荷载计算

平台梁（LTL-1）荷载计算详见表 3-18。

表 3-18　平台梁（LTL-1）荷载计算

荷载种类		荷载标准值/(kN/m)
恒荷载	由 TB1 梯段板传来的恒荷载	$7.35 \times 3.6/2 = 13.23$
	平台梁(LTL-1)自重	$25 \times 0.25 \times 0.4 = 2.5$
	平台梁(LTL-1)底部和侧面的粉刷	$17 \times 0.02 \times (0.25 + 2 \times 0.4) = 0.36$
	恒荷载合计	$q_1 = 2.86; q_2 = 13.23$
活荷载		$3.5 \times (3.6/2 + 0.3) = 7.35$

(3) 荷载效应组合

q_1 单独考虑，为满跨荷载。q_2 是半跨荷载，与活荷载组合如下。

按可变荷载效应控制的组合：

$$q_2 = 1.2 \times 13.23 + 1.4 \times 7.35 = 26.17 (\text{kN/m})$$

按永久荷载效应控制的组合：

$$q_2 = 1.35 \times 13.23 + 1.4 \times 0.7 \times 7.35 = 25.06 (\text{kN/m})$$

所以选按可变荷载效应控制的组合计算，取 $q_1 = 1.2 \times 2.86 = 3.43 (\text{kN/m})$；$q_2 = 26.17 \text{kN/m}$。

(4) 内力计算

① 计算跨中弯矩（两端铰接）：

$$M^+ = \frac{q_1 l_0^2}{8} + \frac{q_2 \times 1.9^2}{2 \times 3.9} \times \frac{3.9}{2} = \frac{3.43 \times 3.9^2}{8} + \frac{26.17 \times 1.9^2}{4} = 30.14 (\text{kN} \cdot \text{m})$$

② 计算支座负弯矩（两端固接，左侧最大），查附表7-5，则

$$M_{\text{左}}^- = \frac{q_1 l_0^2}{12} + \frac{q_2 a^2}{12}(6 - 8\alpha + 3\alpha^2)$$

$$= \frac{3.43 \times 3.9^2}{12} + \frac{26.17 \times 1.9^2}{12} \times \left[6 - 8 \times \frac{1.9}{3.9} + 3 \times \left(\frac{1.9}{3.9}\right)^2\right]$$

$$= 26.51 (\text{kN} \cdot \text{m})$$

③ 计算左侧支座剪力（最大）：

$$V = \frac{q_1 l_0}{2} + \frac{q_2 \times 1.9 \times (3.9 - 1.9/2)}{3.9} = \frac{3.43 \times 3.9}{2} + \frac{26.17 \times 1.9 \times (3.9 - 1.9/2)}{3.9} = 44.30 (\text{kN})$$

(5) 截面设计

① 正截面受弯承载力计算

a. 跨中截面：

$$h_0 = h - 35 = 400 - 35 = 365 (\text{mm})$$

$$\alpha_s = \frac{M^+}{\alpha_1 f_c b h_0^2} = \frac{30.14 \times 1.1 \times 10^6}{1.0 \times 11.9 \times 250 \times 365^2} = 0.084$$

$$\gamma_s = 0.5(1 + \sqrt{1 - 2\alpha_s}) = 0.5 \times (1 + \sqrt{1 - 2 \times 0.084}) = 0.956$$

$$A_s = \frac{M^+}{f_y \gamma_s h_0} = \frac{30.14 \times 1.1 \times 10^6}{300 \times 0.956 \times 365} = 317 (\text{mm}^2)$$

$$\rho = \frac{A_s}{bh} = \frac{317}{250 \times 400} = 0.32\% > \rho_{\min} = 0.45 \frac{f_t}{f_y} = 0.45 \times \frac{1.27}{300} = 0.19\%$$

弯矩 M 乘以1.1系数是考虑跨中弯矩不是最大弯矩的放大系数。考虑到平台梁两边受力不均匀，会使平台梁受扭，所以在平台梁内宜适当增加纵向受力钢筋和箍筋的用量，故梁底纵向受力钢筋选用 $3 \phi 18$，$A_s = 763 \text{mm}^2$。

b. 支座截面：

$$\alpha_s = \frac{M_{\text{左}}^-}{\alpha_1 f_c b h_0^2} = \frac{26.51 \times 10^6}{1.0 \times 11.9 \times 250 \times 365^2} = 0.067$$

$$\gamma_s = 0.5(1 + \sqrt{1 - 2\alpha_s}) = 0.5 \times (1 + \sqrt{1 - 2 \times 0.067}) = 0.965$$

$$A_s = \frac{M_{\text{左}}^-}{f_y \gamma_s h_0} = \frac{26.51 \times 10^6}{300 \times 0.965 \times 365} = 251 (\text{mm}^2)$$

$$\rho = \frac{A_s}{bh} = \frac{251}{250 \times 400} = 0.25\% > \rho_{\min} = 0.45 \frac{f_t}{f_y} = 0.45 \times \frac{1.27}{300} = 0.19\%$$

故梁顶纵向受力钢筋选用 $3 \phi 18$，$A_s = 763 \text{mm}^2$。

② 斜截面受剪承载力计算

$$V_c = \alpha_{cv} f_t b h_0 = 0.7 \times 1.27 \times 250 \times 365 = 81.12(\text{kN}) > V = 44.30\text{kN}$$

箍筋沿梁全长加密，配 $\phi 8@100$ 双肢箍筋，平台梁的配筋构造按框架梁要求采用。

3.3.3.2　LTL-2 设计

(1) 平台梁 (LTL-2) 计算简图

平台梁 (LTL-2) 计算跨度 $l_0 = 3900\text{mm}$，计算简图如图 3-48 所示。平台梁 (LTL-2) 的截面尺寸取为 $b \times h = 250\text{mm} \times 400\text{mm}$。

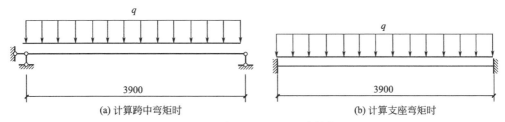

(a) 计算跨中弯矩时　　　　　　　　(b) 计算支座弯矩时

图 3-48　平台梁 (LTL-2) 计算简图

(2) 荷载计算

平台梁 (LTL-2) 荷载计算详见表 3-19。

表 3-19　平台梁 (LTL-2) 荷载计算

荷载种类		荷载标准值/(kN/m)
	荷载种类	荷载标准值/(kN/m)
恒荷载	由 TB1 梯段板传来的恒荷载	$7.35 \times 3.6/2 = 13.23$
	由平台板(PTB1)传来的恒荷载	$3.49 \times (1.07 + 0.25 + 0.25)/2 = 2.74$
	平台梁(LTL-2)自重	$25 \times 0.25 \times 0.4 = 2.5$
	平台梁(LTL-2)底部和侧面的粉刷	$17 \times 0.02 \times [0.25 + 2 \times (0.4 - 0.10)] = 0.29$
	恒荷载合计	18.76
活荷载		$3.5 \times [3.6/2 + (1.07 + 0.25 + 0.25)/2] = 9.05$

(3) 荷载效应组合

按可变荷载效应控制的组合：

$$q = 1.2 \times 18.76 + 1.4 \times 9.05 = 35.18(\text{kN/m})$$

按永久荷载效应控制的组合：

$$q = 1.35 \times 18.76 + 1.4 \times 0.7 \times 9.05 = 34.20(\text{kN/m})$$

所以选按可变荷载效应控制的组合计算，取 $q = 35.18\text{kN/m}$。

(4) 内力计算

① 计算跨中弯矩（两端铰接）：

$$M^+ = \frac{q l_0^2}{8} = \frac{35.18 \times 3.9^2}{8} = 66.89(\text{kN} \cdot \text{m})$$

② 计算支座负弯矩（两端固接），查附表 7-5，则

$$M^- = \frac{q l_0^2}{12} = \frac{35.18 \times 3.9^2}{12} = 44.59(\text{kN} \cdot \text{m})$$

③ 计算支座剪力（最大）：

$$V = \frac{q l_0}{2} = \frac{35.18 \times 3.9}{2} = 68.60(\text{kN})$$

（5）截面设计

① 正截面受弯承载力计算

a. 跨中截面：

$$h_0 = h - 35 = 400 - 35 = 365 \text{(mm)}$$

$$\alpha_s = \frac{M^+}{\alpha_1 f_c b h_0^2} = \frac{66.89 \times 10^6}{1.0 \times 11.9 \times 250 \times 365^2} = 0.169$$

$$\gamma_s = 0.5(1 + \sqrt{1 - 2\alpha_s}) = 0.5 \times (1 + \sqrt{1 - 2 \times 0.169}) = 0.907$$

$$A_s = \frac{M^+}{f_y \gamma_s h_0} = \frac{66.89 \times 10^6}{300 \times 0.907 \times 365} = 674 \text{(mm}^2)$$

$$\rho = \frac{A_s}{bh} = \frac{674}{250 \times 400} = 0.67\% > \rho_{\min} = 0.45 \frac{f_t}{f_y} = 0.45 \times \frac{1.27}{300} = 0.19\%$$

考虑到平台梁两边受力不均匀，会使平台梁受扭，所以在平台梁内宜适当增加纵向受力钢筋和箍筋的用量，故梁底纵向受力钢筋选用 3Φ20，$A_s = 942\text{mm}^2$。

b. 支座截面：

$$\alpha_s = \frac{M^-}{\alpha_1 f_c b h_0^2} = \frac{44.59 \times 10^6}{1.0 \times 11.9 \times 250 \times 365^2} = 0.113$$

$$\gamma_s = 0.5(1 + \sqrt{1 - 2\alpha_s}) = 0.5 \times (1 + \sqrt{1 - 2 \times 0.113}) = 0.940$$

$$A_s = \frac{M^-}{f_y \gamma_s h_0} = \frac{44.59 \times 10^6}{300 \times 0.940 \times 365} = 433 \text{(mm}^2)$$

$$\rho = \frac{A_s}{bh} = \frac{433}{250 \times 400} = 0.43\% > \rho_{\min} = 0.45 \frac{f_t}{f_y} = 0.45 \times \frac{1.27}{300} = 0.19\%$$

所以，梁顶纵向受力钢筋选用 3Φ20，$A_s = 942\text{mm}^2$。

② 斜截面受剪承载力计算

$$V_c = \alpha_{cv} f_t b h_0 = 0.7 \times 1.27 \times 250 \times 365 = 81.12 \text{(kN)} > V = 68.60\text{kN}$$

虽可按构造配置箍筋，但按框架梁要求考虑，沿梁全长加密箍筋，配 Φ8@100 双肢箍筋。

LTL-3、LTL-4、LTL-5 均按 LTL-2 配筋，具体计算过程不再赘述。

3.3.4 单梁设计

3.3.4.1 L1 设计

（1）L1 计算简图

L1 的截面尺寸取为 $b \times h = 250\text{mm} \times 350\text{mm}$。L1 计算简图如图 3-49 所示，L1 计算跨度取支承中心间距离，即 $l_{01} = 770 + 400 + 400 - 250 = 1320 \text{(mm)}$。以 1.900m 标高处 L1 进行计算。

（2）荷载计算

L1 荷载计算详见表 3-12。

（3）荷载效应组合

只有恒荷载，按设计值 $q = 1.2 \times 8.91 = 10.69 \text{(kN/m)}$ 进行计算。

（4）内力计算

① 计算跨中弯矩：

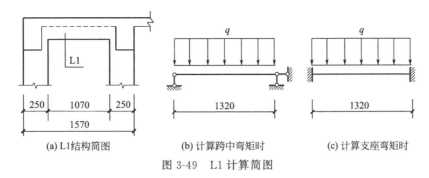

(a) L1结构简图　　　　(b) 计算跨中弯矩时　　　　(c) 计算支座弯矩时

图 3-49　L1 计算简图

$$M^+ = \frac{q l_{01}^2}{8} = \frac{10.69 \times 1.32^2}{8} = 2.33 (\text{kN} \cdot \text{m})$$

② 计算支座弯矩：

$$M^- = \frac{q l_{01}^2}{12} = \frac{10.69 \times 1.32^2}{12} = 1.55 (\text{kN} \cdot \text{m})$$

③ 计算支座剪力：

$$V = \frac{q l_{01}}{2} = \frac{10.69 \times 1.32}{2} = 7.06 (\text{kN})$$

(5) 截面设计

① 正截面受弯承载力计算

a. 跨中截面：

$$h_0 = h - 35 = 350 - 35 = 315 (\text{mm})$$

$$\alpha_s = \frac{M^+}{\alpha_1 f_c b h_0^2} = \frac{2.33 \times 10^6}{1.0 \times 11.9 \times 250 \times 315^2} = 0.0079$$

$$\gamma_s = 0.5(1 + \sqrt{1 - 2\alpha_s}) = 0.5 \times (1 + \sqrt{1 - 2 \times 0.0079}) = 0.996$$

$$A_s = \frac{M^+}{f_y \gamma_s h_0} = \frac{2.33 \times 10^6}{300 \times 0.996 \times 315} = 25 (\text{mm}^2)$$

$$\rho = \frac{A_s}{bh} = \frac{25}{250 \times 350} = 0.03\% < \rho_{\min} = 0.45 \frac{f_t}{f_y} = 0.45 \times \frac{1.27}{300} = 0.19\%$$

应按 $\rho_{\min}$ 配筋，应配置的受力钢筋：

$$A_{s\min} = \rho_{\min} bh = 0.0019 \times 250 \times 350 = 166 (\text{mm}^2)$$

所以梁底纵向受力钢筋选用 3Φ14，$A_s = 461 \text{mm}^2$。

b. 支座截面：

$$\alpha_s = \frac{M^-}{\alpha_1 f_c b h_0^2} = \frac{1.55 \times 10^6}{1.0 \times 11.9 \times 250 \times 315^2} = 0.005$$

$$\gamma_s = 0.5(1 + \sqrt{1 - 2\alpha_s}) = 0.5 \times (1 + \sqrt{1 - 2 \times 0.005}) = 0.997$$

$$A_s = \frac{M^-}{f_y \gamma_s h_0} = \frac{1.55 \times 10^6}{300 \times 0.997 \times 315} = 16 (\text{mm}^2)$$

$$\rho = \frac{A_s}{bh} = \frac{16}{250 \times 350} = 0.02\% < \rho_{\min} = 0.45 \frac{f_t}{f_y} = 0.45 \times \frac{1.27}{300} = 0.19\%$$

应按 $\rho_{\min}$ 配筋，应配置的受力钢筋：

$$A_{s\min} = \rho_{\min} bh = 0.0019 \times 250 \times 350 = 166 (\text{mm}^2)$$

所以梁顶纵向受力钢筋选用 $3 \Phi 14$，$A_s = 461\text{mm}^2$。

② 斜截面受剪承载力计算

$$V_c = \alpha_{cv} f_t b h_0 = 0.7 \times 1.27 \times 250 \times 315 = 70.01(\text{kN}) > V = 7.06\text{kN}$$

虽可按构造配置箍筋，但由于 L1 两端与梯柱整浇，故构造按框架梁要求考虑，沿梁全长加密箍筋，配 $\Phi 8@100$ 双肢箍筋。

3.3.4.2　L2 设计

(1) L2 计算简图

L2 计算简图如图 3-50 所示，L2 计算跨度 $l_{02} = 3900\text{mm}$。L2 的截面尺寸取为 $b \times h = 250\text{mm} \times 400\text{mm}$。

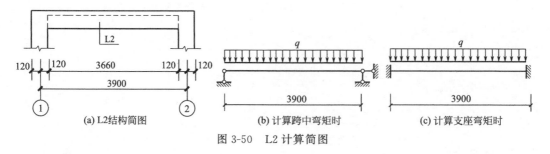

图 3-50　L2 计算简图

(2) 荷载计算

L2 荷载计算详见表 3-20。

表 3-20　L2 荷载计算

荷载种类		荷载标准值/(kN/m)
恒荷载	由 PTB1 板传来的恒荷载	$3.49 \times \left(\dfrac{0.77 + 0.4 + 0.4}{2} + 0.31 + 0.1\right) = 4.17$
	L2 自重	$25 \times 0.25 \times 0.40 = 2.50$
	L2 底部和侧面的粉刷	$17 \times 0.02 \times [0.25 + 2 \times (0.40 - 0.10)] = 0.29$
	栏杆自重	0.2
	恒荷载合计	7.16
活荷载(由 PTB1 板传来的活荷载)		$3.5 \times \left(\dfrac{0.77 + 0.4 + 0.4}{2} + 0.31 + 0.1\right) = 4.18$

(3) 荷载效应组合

按可变荷载效应控制的组合：

$$q = 1.2 \times 7.16 + 1.4 \times 4.18 = 14.44(\text{kN/m})$$

按永久荷载效应控制的组合：

$$q = 1.35 \times 7.16 + 1.4 \times 0.7 \times 4.18 = 13.76(\text{kN/m})$$

所以选按可变荷载效应控制的组合计算，取 $q = 14.44\text{kN/m}$。

(4) 内力计算

① 计算跨中弯矩：

$$M^+ = \frac{q l_{02}^2}{8} = \frac{14.44 \times 3.9^2}{8} = 27.45(\text{kN} \cdot \text{m})$$

② 计算支座弯矩：

$$M^- = \frac{q l_{02}^2}{12} = \frac{14.44 \times 3.9^2}{12} = 18.30(\text{kN} \cdot \text{m})$$

③ 计算支座剪力：

$$V = \frac{ql_{02}}{2} = \frac{14.44 \times 3.9}{2} = 28.16 \text{kN}（梁端剪力也可以按净跨计算）$$

(5) 截面设计

① 正截面受弯承载力计算

a. 跨中截面：

$$h_0 = h - 35 = 400 - 35 = 365 \text{(mm)}$$

$$\alpha_s = \frac{M^+}{\alpha_1 f_c b h_0^2} = \frac{27.45 \times 10^6}{1.0 \times 11.9 \times 250 \times 365^2} = 0.069$$

$$\gamma_s = 0.5(1 + \sqrt{1 - 2\alpha_s}) = 0.5 \times (1 + \sqrt{1 - 2 \times 0.069}) = 0.964$$

$$A_s = \frac{M^+}{f_y \gamma_s h_0} = \frac{27.45 \times 10^6}{300 \times 0.964 \times 365} = 260 \text{(mm}^2)$$

$$\rho = \frac{A_s}{bh} = \frac{260}{250 \times 400} = 0.26\% > \rho_{min} = 0.45 \frac{f_t}{f_y} = 0.45 \times \frac{1.27}{300} = 0.19\%$$

考虑到梁两边受力不均匀，会使梁受扭，所以在梁内宜适当增加纵向受力钢筋和箍筋的用量，故梁底纵向受力钢筋选用 3 ϕ 16，$A_s = 603 \text{mm}^2$。

b. 支座截面：

$$\alpha_s = \frac{M^-}{\alpha_1 f_c b h_0^2} = \frac{18.30 \times 10^6}{1.0 \times 11.9 \times 250 \times 365^2} = 0.046$$

$$\gamma_s = 0.5(1 + \sqrt{1 - 2\alpha_s}) = 0.5 \times (1 + \sqrt{1 - 2 \times 0.046}) = 0.976$$

$$A_s = \frac{M^-}{f_y \gamma_s h_0} = \frac{18.30 \times 10^6}{300 \times 0.976 \times 365} = 171 \text{(mm}^2)$$

$$\rho = \frac{A_s}{bh} = \frac{171}{250 \times 400} = 0.17\% < \rho_{min} = 0.45 \frac{f_t}{f_y} = 0.19\%$$

所以，按最小配筋率 ρ_{min} 配筋，应配置的受力钢筋：

$$A_{smin} = \rho_{min} bh = 0.0019 \times 250 \times 400 = 190 \text{(mm}^2)$$

所以梁顶纵向受力钢筋选用 3 ϕ 16，$A_s = 603 \text{mm}^2$。

② 斜截面受剪承载力计算

$$V_c = \alpha_{cv} f_t b h_0 = 0.7 \times 1.27 \times 250 \times 365 = 81.12 \text{(kN)} > V = 28.16 \text{kN}$$

虽可按构造配置箍筋，但由于 L1 两端与梯柱整浇，故构造按框架梁要求考虑，沿梁全长加密箍筋，配 ϕ 8@100 双肢箍筋。

3.3.5　楼梯结构施工图

根据本章 3.3.1～3.3.4 节的计算结果，双跑平行现浇钢筋混凝土板式楼梯的结构施工图进行统一绘制。

(1) 楼梯结构平面布置图

楼梯结构平面布置图如图 3-43 所示。

(2) 楼梯结构剖面布置图

楼梯结构剖面布置图如图 3-44 所示。

(3) 梯段配筋图

依据计算结果，TB1 配筋图如图 3-51 所示，TB2 配筋图如图 3-52 所示，TB3 配筋图如图 3-53 所示。

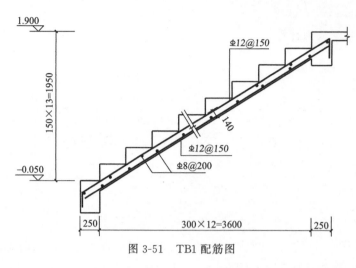

图 3-51　TB1 配筋图

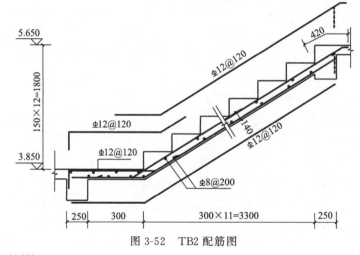

图 3-52　TB2 配筋图

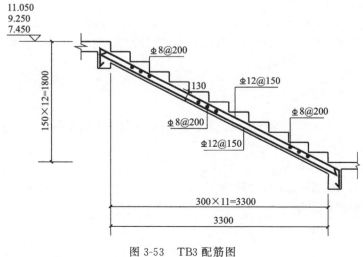

图 3-53　TB3 配筋图

（4）平台板配筋图

依据计算结果，PTB1 配筋图如图 3-54 所示，PTB3（PTB2）配筋图如图 3-55 所示。

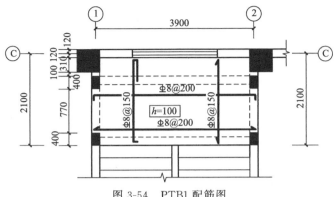

图 3-54　PTB1 配筋图

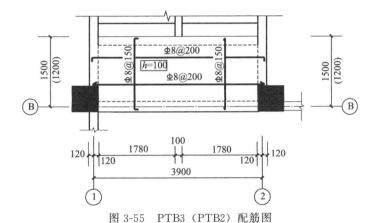

图 3-55　PTB3（PTB2）配筋图

（5）平台梁配筋图

依据计算结果，LTL-1 配筋图如图 3-39（a）、（c）所示。LTL-2、LTL-3、LTL-4、LTL-5 配筋图如图 3-40（a）、（b）所示。

（6）单梁配筋图

单梁 L1、L2 配筋图如图 3-56 所示。

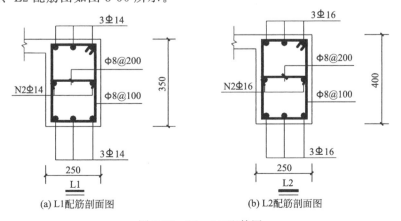

（a）L1配筋剖面图　　　　　（b）L2配筋剖面图

图 3-56　L1、L2 配筋图

（7）楼梯梯柱配筋图

楼梯梯柱（TZ1、TZ2、TZ3）的配筋图如图 3-42 所示。

3.4　双跑现浇钢筋混凝土梁式楼梯设计

如图 3-57 所示的梁式楼梯结构平面布置图，楼梯踏步板的两侧均布置斜梁，踏步板两端均与斜梁整浇，踏步板位于斜梁上部，斜边梁与平台梁及楼层梁整浇。楼梯结构剖面布置图如图 3-58 所示。混凝土强度等级选用 C25，钢筋采用 HRB335 级钢筋（踏步板钢筋采用

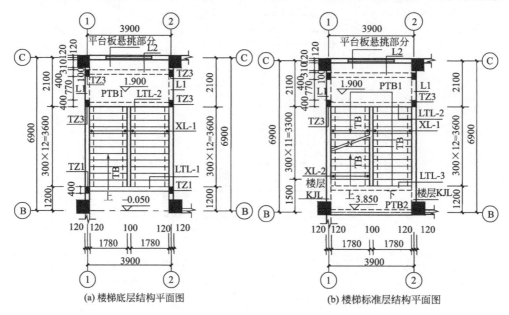

(a) 楼梯底层结构平面图　　　　(b) 楼梯标准层结构平面图

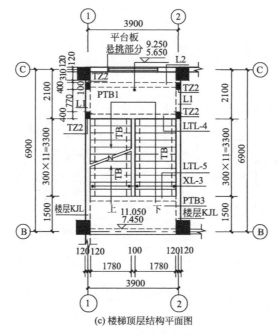

(c) 楼梯顶层结构平面图

图 3-57　梁式楼梯结构平面布置图

HPB300 级钢筋）。需要说明，楼梯踏步板两侧的斜边梁也可如图 3-59 所示布置，不过这样设置斜梁时，①轴线楼梯间墙体砌筑困难。下面进行如图 3-57、图 3-58 所示结构布置的梁式楼梯设计。

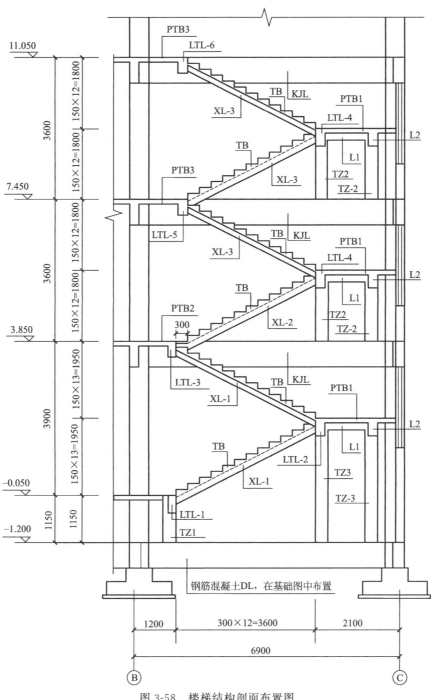

图 3-58　楼梯结构剖面布置图

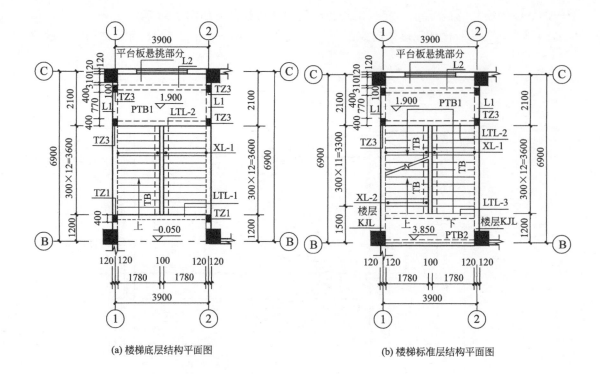

(a) 楼梯底层结构平面图

(b) 楼梯标准层结构平面图

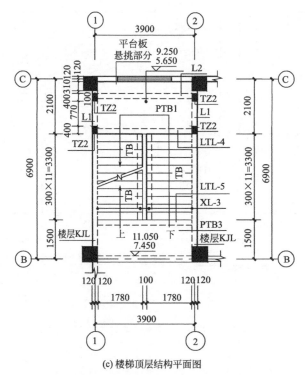

(c) 楼梯顶层结构平面图

图 3-59 梁式楼梯结构平面布置图（斜边梁布置在墙体里）

3.4.1　踏步板设计

踏步板净宽度为 $1780-200-200=1380(\mathrm{mm})$，厚度 $t=\left(\dfrac{1}{35}\sim\dfrac{1}{30}\right)\times 1380=39.4\sim46$（mm），因此，取 $t=50\mathrm{mm}$，计算时取 1 个踏步作为计算单元。

楼梯的倾斜角：$\cos\alpha=\dfrac{300}{\sqrt{150^2+300^2}}=0.894$，$\alpha=26.6°$。

（1）荷载计算

踏步板的荷载计算表见表 3-21。

表 3-21　踏步板荷载计算表

荷载种类		荷载标准值/(kN/m)
恒荷载	踏步自重	$\gamma_2(d/2+t/\cos\alpha)e=25\times(0.15/2+0.05/0.894)\times0.3=0.98$
	30 厚水磨石面层	$\gamma_1(e+d)=0.65\times(0.3+0.15)=0.29$
	板底 20 厚混合砂浆粉刷	$\gamma_3\dfrac{c_1}{\cos\alpha}e=17\times\dfrac{0.02}{0.894}\times0.3=0.11$
	小计	1.38
活荷载		$3.5\times0.3=1.05$

注：1. γ_1 为水磨石的面荷载 $0.65\mathrm{kN/m}^2$，30 厚水磨石面层包括 10mm 厚面层，20mm 厚水泥砂浆打底；γ_2 为钢筋混凝土的容重；γ_3 为混合砂浆的容重。

2. e、d 分别为三角形踏步的宽度和高度。

3. c_1 为板底粉刷的厚度。

4. α 为楼梯斜板的倾角。楼梯的倾斜角：$\cos\alpha=\dfrac{300}{\sqrt{150^2+300^2}}=0.894$，$\alpha=26.6°$。

（2）荷载效应组合

① 踏步板上的均布线荷载 p_s（铅直向下）

由可变荷载效应控制的组合：
$$p_s=1.2\times1.38+1.4\times1.05=3.13(\mathrm{kN/m})$$

由永久荷载效应控制的组合：
$$p_s=1.35\times1.38+1.4\times0.7\times1.05=2.89(\mathrm{kN/m})$$

所以选由可变荷载效应控制的组合进行计算，取 $p_s=3.13\mathrm{kN/m}$。

② 踏步板上的均布线荷载 p_s'（垂直于斜梁）
$$p_s'=p_s\cos\alpha=3.13\times0.894=2.80(\mathrm{kN/m})$$

（3）内力计算

斜梁截面尺寸取为 $b\times h=200\mathrm{mm}\times350\mathrm{mm}$。由于踏步板两端均与斜边梁整浇，踏步板的计算跨度为净跨：
$$l_0=l_{n,s}=1780-200-200=1380(\mathrm{mm})$$

考虑到斜梁的弹性约束，踏步板跨中最大弯矩设计值为：
$$M=\frac{1}{10}p_s'l_{n,s}^2=\frac{1}{10}\times2.80\times1.38^2=0.53(\mathrm{kN\cdot m})$$

（4）截面设计

踏步板是在垂直于斜梁方向弯曲的，其受压区为三角形。本设计踏步板的换算截面按图 2-9（a）进行计算。

$$h_1 = d\cos\alpha + t = 150 \times 0.894 + 50 = 184 \text{(mm)}$$

截面有效高度取：$h_0 = h_1/2 = 184/2 = 92 \text{(mm)}$

截面宽度取：$b = e/\cos\alpha = 300/0.894 = 336 \text{(mm)}$

$$\alpha_s = \frac{M}{\alpha_1 f_c b h_0^2} = \frac{0.53 \times 10^6}{1.0 \times 11.9 \times 336 \times 92^2} = 0.016$$

$$\gamma_s = 0.5(1 + \sqrt{1 - 2\alpha_s}) = 0.5 \times (1 + \sqrt{1 - 2 \times 0.016}) = 0.992$$

$$A_s = \frac{M}{f_y \gamma_s h_0} = \frac{0.53 \times 10^6}{270 \times 0.992 \times 92} = 22 \text{(mm}^2)$$

把一块踏步板看作一根梁来设计，按三级抗震等级考虑，则最小配筋率是

$\rho_{min} = 0.45\dfrac{f_t}{f_y} = 0.45 \times \dfrac{1.27}{270} = 0.212\% > 0.2\%$，因此最小配筋率为 $\rho_{min} = 0.212\%$。

截面有效高度 $h_0 = 92$mm，近似取截面高度 $h = h_0 + 20 = 92 + 20 = 112 \text{(mm)}$。

$$A_{smin} = \rho_{min} bh = 0.00212 \times 336 \times 112 = 80 \text{(mm}^2)$$

踏步板应按 ρ_{min} 配筋，每米宽沿斜面配置的受力钢筋：

$$A_s = \frac{80 \times 1000}{300} \times 0.894 = 238 \text{(mm}^2)$$

为保证每个踏步至少有两根钢筋，所以选用φ8@150，$A_s = 335$mm^2，分布钢筋采用φ6@300。

3.4.2 斜梁设计

3.4.2.1 XL-1 设计

(1) 斜梁截面形状及尺寸

踏步位于斜梁上部，斜梁净跨为 $l_n = 3600$mm。斜梁两端的平台梁宽度均为 250mm，所以斜梁的计算跨度近似取为 $l_0 = 3600 + 250 = 3850 \text{(mm)}$。则斜梁的截面高度：

$$h = \left(\frac{1}{18} \sim \frac{1}{12}\right) l_0' = \left(\frac{1}{18} \sim \frac{1}{12}\right) \times \frac{3850}{0.894} = 239 \sim 359 \text{(mm)}$$

l_0' 为斜梁斜长。因此，取斜梁的截面高度 $h = 350$mm，斜梁截面宽度取 $b = 200$mm。

(2) 荷载计算

斜梁荷载计算表见表 3-22。

表 3-22　XL-1 荷载计算表

	荷载种类	荷载标准值/(kN/m)
恒荷载	栏杆自重	0.2
	踏步板传来的荷载	$1.38 \times \dfrac{1.78}{2} \times \dfrac{1}{0.3} = 4.09$
	斜梁自重	$\gamma_2 b(h-t)/\cos\alpha = 25 \times 0.2 \times (0.35 - 0.05)/0.894 = 1.68$
	斜梁外侧 20 厚混合砂浆粉刷	$\gamma_3 c_2 (d/2 + h/\cos\alpha) = 17 \times 0.02 \times (0.15/2 + 0.35/0.894) = 0.16$
	斜梁底及内侧 20 厚混合砂浆粉刷	$\gamma_3 c_2 [b + (h-t)]\dfrac{1}{\cos\alpha} =$ $17 \times 0.02 \times [0.20 + (0.35 - 0.05)] \times \dfrac{1}{0.894} = 0.19$
	小计	6.32

荷载种类	荷载标准值/(kN/m)
活荷载	$3.5 \times \dfrac{1.78}{2} = 3.12$

注：1. γ_2 为钢筋混凝土的容重；γ_3 为混合砂浆的容重。

2. 为三角形踏步的高度。

3. c_2 为板底粉刷的厚度。

4. α 为楼梯的倾斜角。

5. t 为踏步板的厚度。

（3）荷载效应组合

由可变荷载效应控制的组合：

$$q = 1.2 \times 6.32 + 1.4 \times 3.12 = 11.95 (\text{kN/m})$$

由永久荷载效应控制的组合：

$$q = 1.35 \times 6.32 + 1.4 \times 0.7 \times 3.12 = 11.59 (\text{kN/m})$$

所以，取可变荷载效应控制的组合 $q = 11.95 \text{kN/m}$。

（4）内力计算

斜梁跨中最大弯矩设计值为

$$M = \frac{1}{8} q l_0^2 = \frac{1}{8} \times 11.95 \times 3.85^2 = 22.14 (\text{kN} \cdot \text{m})$$

斜梁端最大剪力设计值为

$$V = \frac{1}{2} q l_n \cos\alpha = \frac{1}{2} \times 11.95 \times 3.6 \times 0.894 = 19.23 (\text{kN})$$

斜梁的支座反力为

$$R = \frac{1}{2} q l_0 = \frac{1}{2} \times 11.95 \times 3.85 = 23.00 (\text{kN})$$

注意计算斜梁端最大剪力时应采用斜梁净跨度。

（5）截面设计

① 确定翼缘计算宽度。

由于踏步位于斜梁的上部，而且楼梯的两侧均有斜梁，故斜梁按倒 L 形截面设计。对现浇楼盖和装配整体式楼盖，宜考虑楼板作为翼缘对梁刚度和承载力的影响。梁受压区有效翼缘计算宽度 b_f' 可按表 3-23 所列情况中的最小值取用；也可采用梁刚度增大系数法近似考虑，刚度增大系数应根据梁有效翼缘尺寸与梁截面尺寸的相对比例确定。

表 3-23　受弯构件受压区有效翼缘计算宽度 b_f'

情况		T 形、I 形截面		倒 L 形截面
		肋形梁（板）	独立梁	肋形梁（板）
1	按计算跨度 l_0 考虑	$l_0/3$	$l_0/3$	$l_0/6$
2	按梁（肋）净距 s_n 考虑	$b+s_n$	—	$b+s_n/2$
3	按翼缘高度 h_f' 考虑　$h_f'/h_0 \geqslant 0.1$	—	$b+12h_f'$	—
	$0.1 > h_f'/h_0 \geqslant 0.05$	$b+12h_f'$	$b+6h_f'$	$b+5h_f'$
	$h_f'/h_0 < 0.05$	$b+12h_f'$	b	$b+5h_f'$

注：1. 表中 b 为梁的腹板厚度；

2. 肋形梁在梁跨内设有间距小于纵肋间距的横肋时，可不考虑表中情况 3 的规定；

3. 加腋的 T 形、I 形和倒 L 形截面，当受压区加腋的高度 h_h 不小于 h_f' 且加腋的长度 b_h 不大于 $3h_h$ 时，其翼缘计算宽度可按表中情况 3 的规定分别增加 $2b_h$（T 形、I 形截面）和 b_h（倒 L 形截面）；

4. 独立梁受压区的翼缘板在荷载作用下经验算沿纵肋方向可能产生裂缝时，其计算宽度应取腹板宽度 b。

根据表 3-23 确定翼缘计算宽度。则

翼缘高度取踏步板斜板的厚度　　$h'_f = t = 50mm$

按梁计算跨度考虑　　　　　　$b'_f = \dfrac{l_0}{6} = \dfrac{3850}{6} = 642 (mm)$

按梁净距 s_n 考虑　　　　$b'_f = b + \dfrac{s_n}{2} = 250 + \dfrac{1380}{2} = 940 (mm)$

按翼缘高度 h'_f 考虑　　$h_0 = 350 - 35 = 315$（mm），$\dfrac{h'_f}{h_0} = \dfrac{50}{315} = 0.159 > 0.1$，故翼缘不受限制。

综上所述，翼缘计算宽度取三者中的最小值，即 $b'_f = 642mm$。

② 判别 T 型截面的类型

$$\alpha_1 f_c b'_f h'_f \left(h_0 - \frac{h'_f}{2}\right) = 1.0 \times 11.9 \times 642 \times 50 \times \left(315 - \frac{50}{2}\right)$$

$$= 110.78 (kN \cdot m) > M = 22.14 kN \cdot m$$

属于第一类 T 型截面。

③ 配筋计算

$$\alpha_s = \frac{M}{\alpha_1 f_c b'_f h_0^2} = \frac{22.14 \times 10^6}{1.0 \times 11.9 \times 642 \times 315^2} = 0.029$$

$$\gamma_s = 0.5(1 + \sqrt{1 - 2\alpha_s})$$

$$= 0.5 \times (1 + \sqrt{1 - 2 \times 0.029}) = 0.985$$

$$A_s = \frac{M}{f_y \gamma_s h_0} = \frac{22.14 \times 10^6}{300 \times 0.985 \times 315} = 238 (mm^2)$$

$$\rho = \frac{A_s}{bh} = \frac{238}{200 \times 350} = 0.34\% > \rho_{min} = 0.45 \frac{f_t}{f_y} = 0.45 \times \frac{1.27}{300} = 0.19\%$$

因此，选用 2Φ18，$A_s = 509mm^2$。

(6) 斜截面受剪承载力计算

无腹筋梁的抗剪能力：

$$V_c = \alpha_{cv} f_t b h_0 = 0.7 \times 1.27 \times 200 \times 315$$

$$= 56 (kN) > V = 23.00 kN$$

按构造配置箍筋，选用 φ8@150 双肢箍。

3.4.2.2　XL-2 设计

(1) 斜梁截面形状及尺寸

XL-2 是折线形斜梁，计算简图如图 3-60 所示，计算跨度取斜梁水平投影的净长，折线形斜梁两端的平台梁宽度均为 250mm，所以斜梁的计算跨度近似取为 $l_0 = 3600 + 250 = 3850 (mm)$。斜梁的截面高度取 $h = 350mm$，斜梁截面宽度取 $b = 200mm$。折线形斜梁两端与楼梯梁整浇，但支座对折线形斜梁的约束作用较弱，计算跨度也可按净跨考虑。

(2) 荷载计算

XL-1 梯板段荷载计算详见表 3-22。XL-2 水平段板厚取为 100mm，荷载计算表见表 3-24。

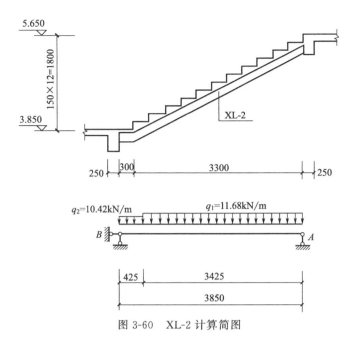

图 3-60　XL-2 计算简图

表 3-24　XL-2 水平段荷载计算表

荷载种类		荷载标准值/(kN/m)
恒荷载	栏杆自重	0.2
	水平段板传来的荷载	$(25 \times 0.10 + 0.65 + 17 \times 0.02) \times \dfrac{1.78}{2} = 3.11$
	斜梁自重	$\gamma_2 b(h-t)/\cos\alpha = 25 \times 0.2 \times (0.35-0.10)/0.894 = 1.40$
	斜梁外侧 20 厚混合砂浆粉刷	$\gamma_3 c_2(d/2+h/\cos\alpha) = 17 \times 0.02 \times (0.15/2 + 0.35/0.894) = 0.16$
	斜梁底及内侧 20 厚混合砂浆粉刷	$\gamma_3 \cdot c_2 [b+(h-t)]\dfrac{1}{\cos\alpha} =$ $17 \times 0.02 \times [0.20 + (0.35-0.10)] \times \dfrac{1}{0.894} = 0.17$
	小计	5.04
活荷载		$3.5 \times \dfrac{1.78}{2} = 3.12$

注：1. γ_2 为钢筋混凝土的容重；γ_3 为混合砂浆的容重。

2. 为三角形踏步的高度。

3. c_2 为板底粉刷的厚度。

4. α 为楼梯的倾斜角。

5. t 为踏步板的厚度。

(3) 荷载效应组合

XL-2 梯板段荷载设计值取可变荷载效应控制的组合，即 $q_1 = 11.95 \text{kN/m}$。

XL-2 水平段荷载设计值：

由可变荷载效应控制的组合

$$q_2 = 1.2 \times 5.04 + 1.4 \times 3.12 = 10.42 \text{(kN/m)}$$

由永久荷载效应控制的组合

$$q_2 = 1.35 \times 5.04 + 1.4 \times 0.7 \times 3.12 = 9.86 \text{(kN/m)}$$

XL-2 水平段荷载设计值取可变荷载效应控制的组合，即 $q_2 = 10.42 \text{kN/m}$。

(4) 内力计算

支座反力 R_A 为

$$R_A = \frac{q_1 l_1 (l_1/2 + l_2) + q_2 l_2^2/2}{l} = \frac{11.95 \times 3.425 \times (3.425/2 + 0.425) + 10.42 \times 0.425^2/2}{3.85}$$

$$= 22.97(\text{kN})$$

式中，l_1 和 l_2 分别为 q_1 和 q_2 的分布长度，l 即为 l_0。

折线形斜梁最大计算弯矩：

$$M_{\max} = 0.5 \times \frac{R_A^2}{q_1} = 0.5 \times \frac{22.97^2}{11.95} = 22.08(\text{kN} \cdot \text{m})$$

折线形斜梁 A 端剪力最大：

$$V'_{\max} = V'_A = R_A \cos\alpha = 22.97 \times 0.894 = 20.54(\text{kN})$$

(5) 截面设计

① 确定翼缘计算宽度。由于踏步位于斜梁的上部，而且楼梯的两侧均有斜梁，故斜梁按倒 L 形截面设计。根据《混凝土结构设计规范》（GB 50010—2010）第 5.2.4 条确定翼缘计算宽度。

翼缘高度取踏步板斜板的厚度　　$h'_f = t = 50\text{mm}$

按梁计算跨度考虑　　$b'_f = \dfrac{l_0}{6} = \dfrac{3850}{6} = 642(\text{mm})$

按梁净距 s_n 考虑　$b'_f = b + \dfrac{s_n}{2} = 200 + \dfrac{1380}{2} = 890(\text{mm})$

按翼缘高度 h'_f 考虑　$h_0 = 350 - 35 = 315(\text{mm})$，$\dfrac{h'_f}{h_0} = \dfrac{50}{315} = 0.159 > 0.1$，故翼缘不受限制。

综上所述，翼缘计算宽度取三者中的最小值，即 $b'_f = 642\text{mm}$。

② 判别 T 型截面的类型

$$\alpha_1 f_c b'_f h'_f \left(h_0 - \frac{h'_f}{2}\right) = 1.0 \times 11.9 \times 642 \times 50 \times \left(315 - \frac{50}{2}\right) = 110.78(\text{kN} \cdot \text{m}) > M_{\max} = 22.08\text{kN} \cdot \text{m}$$

属于第一类 T 型截面。

③ 配筋计算

$$\alpha_s = \frac{M_{\max}}{\alpha_1 f_c b'_f h_0^2} = \frac{22.08 \times 10^6}{1.0 \times 11.9 \times 642 \times 315^2} = 0.029$$

$$\gamma_s = 0.5(1 + \sqrt{1 - 2\alpha_s}) = 0.5 \times (1 + \sqrt{1 - 2 \times 0.029}) = 0.985$$

$$A_s = \frac{M_{\max}}{f_y \gamma_s h_0} = \frac{22.08 \times 10^6}{300 \times 0.985 \times 315} = 237(\text{mm}^2)$$

$$\rho = \frac{A_s}{bh} = \frac{237}{200 \times 350} = 0.34\% > \rho_{\min} = 0.45 \frac{f_t}{f_y} = 0.45 \times \frac{1.27}{300} = 0.19\%$$

因此，选用 2 Φ 18，$A_s = 509\text{mm}^2$。

(6) 斜截面受剪承载力计算

无腹筋梁的抗剪能力：$V_c = \alpha_{cv} f_t b h_0 = 0.7 \times 1.27 \times 200 \times 315 = 56(\text{kN}) > V = 20.54\text{kN}$

按构造配置箍筋，选用 ϕ 8@150 双肢箍。

3.4.2.3　XL-3 设计

(1) 斜梁截面形状及尺寸

踏步位于斜梁上部，斜梁净跨为 $l_n=3300\text{mm}$。斜梁两端的平台梁宽度均为 250mm，所以斜梁的计算跨度近似取为 $l_0=3300+250=3550(\text{mm})$。则斜梁的截面高度：

$$h=\left(\frac{1}{18}\sim\frac{1}{12}\right)l_0'=\left(\frac{1}{18}\sim\frac{1}{12}\right)\times\frac{3550}{0.894}=221\sim331(\text{mm})$$

取 $h=350\text{mm}$，斜梁截面宽度取 $b=200\text{mm}$。

(2) 荷载计算

斜梁荷载与 XL-1 相同，计算详见表 3-22。

(3) 荷载效应组合

荷载效应组合与 XL-1 相同，取可变荷载效应控制的组合 $q=11.95\text{kN/m}$。

(4) 内力计算

斜梁跨中最大弯矩设计值为

$$M=\frac{1}{8}ql_0^2=\frac{1}{8}\times11.95\times3.55^2=18.82(\text{kN}\cdot\text{m})$$

斜梁端最大剪力设计值为

$$V=\frac{1}{2}ql_n\cos\alpha=\frac{1}{2}\times11.95\times3.3\times0.894=17.63(\text{kN})$$

斜梁的支座反力为

$$R=\frac{1}{2}ql_0=\frac{1}{2}\times11.95\times3.55=21.21(\text{kN})$$

注意计算斜梁端最大剪力时应采用斜梁净跨度。

(5) 截面设计

① 确定翼缘计算宽度。由于踏步位于斜梁的上部，而且楼梯的两侧均有斜梁，故斜梁按倒 L 形截面设计。根据《混凝土结构设计规范》(GB 50010—2010) 第 5.2.4 条确定翼缘计算宽度。

翼缘高度取踏步板斜板的厚度 $h_f'=t=50\text{mm}$

按梁计算跨度考虑 $b_f'=\frac{l_0}{6}=\frac{3550}{6}=592(\text{mm})$

按梁净距 s_n 考虑　$b_f'=b+\frac{s_n}{2}=200+\frac{1380}{2}=890(\text{mm})$

按翼缘高度 h_f' 考虑　$h_0=350-35=315$ (mm)，$\frac{h_f'}{h_0}=\frac{50}{315}=0.159>0.1$，故翼缘不受限制。

综上所述，翼缘计算宽度取三者中的最小值，即 $b_f'=592\text{mm}$。

② 判别 T 型截面的类型

$$\alpha_1 f_c b_f' h_f'\left(h_0-\frac{h_f'}{2}\right)=1.0\times11.9\times592\times50\times\left(315-\frac{50}{2}\right)=102.15(\text{kN}\cdot\text{m})>M=18.82\text{kN}\cdot\text{m}$$

属于第一类 T 型截面。

③ 配筋计算

$$\alpha_s=\frac{M}{\alpha_1 f_c b_f' h_0^2}=\frac{18.82\times10^6}{1.0\times11.9\times592\times315^2}=0.027$$

$$\gamma_s = 0.5(1+\sqrt{1-2\alpha_s}) = 0.5 \times (1+\sqrt{1-2 \times 0.027}) = 0.986$$

$$A_s = \frac{M}{f_y \gamma_s h_0} = \frac{18.82 \times 10^6}{300 \times 0.986 \times 315} = 202(\text{mm}^2)$$

$$\rho = \frac{A_s}{bh} = \frac{202}{200 \times 350} = 0.29\% > \rho_{\min} = 0.45 \frac{f_t}{f_y} = 0.45 \times \frac{1.27}{300} = 0.19\%$$

因此，选用 $2\Phi 16$，$A_s = 402\text{mm}^2$。

(6) 斜截面受剪承载力计算

无腹筋梁的抗剪能力：

$$V_c = \alpha_{cv} f_t bh_0 = 0.7 \times 1.27 \times 200 \times 315 = 56(\text{kN}) > V = 17.63\text{kN}$$

按构造配置箍筋，选用 $\Phi 8@150$ 双肢箍。

3.4.3　平台板设计

平台板设计同本章 3.2.2 节中板式楼梯的平台板设计相同，计算和施工图均相同，计算过程在此不再赘述。

3.4.4　平台梁设计

平台梁计算跨度取梯柱中心线或两端支承梁之间的距离，即取轴线距离 $l_0 = 3900\text{mm}$。

则 $h = \left(\dfrac{1}{12} \sim \dfrac{1}{8}\right)l_0 = 325 \sim 487.5\text{mm}$；$b = \left(\dfrac{1}{3} \sim \dfrac{1}{2}\right)h = 167 \sim 250(\text{mm})$。

图 3-61 用图示方式说明了平台梁的截面尺寸确定方法，根据刚度要求确定梁截面尺寸的同时要考虑主次梁的连接问题，故上平台梁（LTL-2、LTL-3、LTL-4、LTL-5）截面尺寸取 $b \times h = 200\text{mm} \times 550\text{mm}$，下平台梁（LTL-1）截面尺寸取 $b \times h = 250\text{mm} \times 500\text{mm}$。

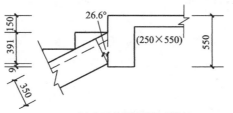 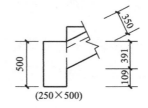

(a) 上平台梁截面尺寸确定　　　　(b) 下平台梁截面尺寸确定

图 3-61　平台梁截面尺寸确定方法

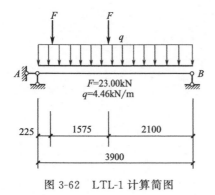

图 3-62　LTL-1 计算简图

3.4.4.1　LTL-1 设计

(1) LTL-1 计算简图

LTL-1 截面尺寸为 $b \times h = 250\text{mm} \times 500\text{mm}$。LTL-1 计算简图如图 3-62 所示，LTL-1 计算跨度 $l_0 = 3900\text{mm}$，LTL-1 净跨为 $l_n = 3900 - 250 = 3650(\text{mm})$，250 为梯柱截面宽度。

(2) LTL-1 荷载计算

LTL-1 荷载计算表见表 3-25。

表 3-25　LTL-1 荷载计算表

荷载种类		荷载标准值/(kN/m)
恒荷载	LTL-1 自重	$25 \times 0.25 \times 0.50 = 3.13$
	LTL-1 上的水磨石面层重	$0.65 \times 0.25 = 0.16$
	LTL-1 底部和侧面粉刷	$17 \times 0.02 \times (0.25 + 2 \times 0.50) = 0.43$
	小计	3.72
活荷载		0

由斜梁传来的集中力设计值 $F = R = 23.00 \mathrm{kN}$。

（3）LTL-1 荷载效应组合

均布荷载设计值：$q = 1.2 \times 3.72 = 4.46$（kN/m）

由斜梁传来的集中力设计值：$F = 23.00 \mathrm{kN}$

（4）LTL-1 内力计算

依据如图 3-63 所示的梁式楼梯平台梁计算简图推导梁式楼梯平台梁的内力计算公式。

由 $\sum M_A = 0$ 得

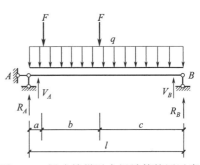

图 3-63　梁式楼梯平台梁计算简图示意

$$R_B l = \frac{q l^2}{2} + F a + F(a + b)$$

则

$$R_B = \frac{q l}{2} + \frac{F a + F(a + b)}{l}$$

平台梁跨中弯矩设计值：

$$M_{中} = R_B \frac{l}{2} - q \frac{l}{2} \frac{l}{4} = \frac{q l}{2} \times \frac{l}{2} + \frac{F a + F(a + b)}{l} \times \frac{l}{2} - q \times \frac{l^2}{8} = \frac{q l^2}{8} + \frac{F a + F(a + b)}{2}$$

由于平台梁跨中弯矩设计值不是最大弯矩设计值，所以最大弯矩设计值乘以 1.1 放大系数，即

$$M_{\max} = 1.1 \times \left[\frac{q l^2}{8} + \frac{F a + F(a + b)}{2} \right]$$

平台梁梁端剪力设计值：

由 $\sum M_B = 0$ 得

$$R_A l = \frac{q l^2}{2} + F(b + c) + F c$$

则

$$R_A = \frac{q l}{2} + \frac{F(b + c) + F c}{l}$$

则

$$V_A = R_A = \frac{q l}{2} + \frac{F(b + c) + F c}{l}$$

$$V_B = R_B = \frac{q l}{2} + \frac{F a + F(a + b)}{l}$$

依据上述推导公式，LTL-1 内力值计算如下：

$$M_{\max} = 1.1 \times \left[\frac{q l^2}{8} + \frac{F a + F(a + b)}{2} \right]$$

$$= 1.1 \times \left[\frac{4.46 \times 3.9^2}{8} + \frac{23.00 \times 0.225 + 23.00 \times (0.225 + 1.575)}{2} \right]$$

$$= 34.94 (\mathrm{kN \cdot m})$$

左端支座剪力最大，则

$$V_A = \frac{ql}{2} + \frac{F(b+c)+Fc}{l}$$

$$= \frac{4.46 \times 3.9}{2} + \frac{23.00 \times (1.575+2.1)+23.00 \times 2.1}{3.9}$$

$$= 42.75(\text{kN})$$

（5）截面设计

① 正截面受弯承载力计算

$$h_0 = h - 35 = 500 - 35 = 465(\text{mm})$$

$$\alpha_s = \frac{M_{\max}}{\alpha_1 f_c b h_0^2} = \frac{34.94 \times 10^6}{1.0 \times 11.9 \times 250 \times 465^2} = 0.057$$

$$\gamma_s = 0.5(1+\sqrt{1-2\alpha_s}) = 0.5 \times (1+\sqrt{1-2 \times 0.057}) = 0.971$$

$$A_s = \frac{M_{\max}}{f_y \gamma_s h_0} = \frac{34.94 \times 10^6}{300 \times 0.971 \times 465} = 258(\text{mm}^2)$$

$$\rho = \frac{A_s}{bh} = \frac{258}{250 \times 500} = 0.21\% > \rho_{\min} = 0.45 \frac{f_t}{f_y} = 0.45 \times \frac{1.27}{300} = 0.19\%$$

因此，选用 $3 \Phi 16$，$A_s = 603\text{mm}^2$。

② 斜截面受剪承载力计算

$$\alpha_{cv} f_t b h_0 = 0.7 \times 1.27 \times 250 \times 465 = 103.35(\text{kN}) > V = 42.75\text{kN}$$

考虑平台梁的受扭问题，按框架梁构造要求配置箍筋，加密区取 $\phi 8@100$ 双肢箍筋，非加密区取 $\phi 8@150$ 双肢箍筋。

③ 附加箍筋计算。采用附加箍筋承受由斜梯梁传来的集中力，附加箍筋仍采用双肢箍筋 $\phi 8$，则附加箍筋总数为：

$$m = \frac{F}{nA_{sv1}f_{yv}} = \frac{23.00 \times 1000}{2 \times 50.3 \times 270} = 0.8$$

因为每侧附加箍筋应不少于 2 道，所以，斜梁两侧各需附加 2 个 $\phi 8$ 箍筋。

3.4.4.2　LTL-2 设计

（1）LTL-2 计算简图

LTL-2 截面尺寸为 $b \times h = 250\text{mm} \times 550\text{mm}$。LTL-2 计算简图如图 3-64 所示，LTL-2 计算跨度 $l_0 = 3900\text{mm}$，LTL-2 净跨为 $l_n = 3900 - 250 = 3650$（mm），250 为梯柱截面宽度。

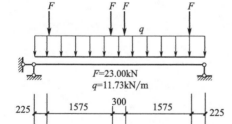

$F=23.00\text{kN}$
$q=11.73\text{kN/m}$

225　1575　300　1575　225

3900

图 3-64　LTL-2 计算简图

（2）LTL-2 荷载计算

LTL-2 荷载计算表见表 3-26。

表 3-26　LTL-2 荷载计算表

荷载种类		荷载标准值/(kN/m)
恒荷载	由平台板（PTB1）传来的恒荷载	$3.49 \times (1.07+0.25+0.25)/2 = 2.74$
	LTL-2 自重	$25 \times 0.25 \times 0.55 = 3.44$

荷载种类		荷载标准值/(kN/m)
恒荷载	LTL-2 底部和侧面粉刷	$17\times0.02\times[0.25+2\times(0.55-0.10)]=0.39$
	小计	6.57
活荷载		$3.5\times(1.07+0.25+0.25)/2=2.75$

由斜梁传来的集中力设计值 $F=R=23.00\text{kN}$

(3) LTL-2 荷载效应组合

由可变荷载效应控制的组合

$$q=1.2\times6.57+1.4\times2.75=11.73(\text{kN/m})$$

由永久荷载效应控制的组合

$$q=1.35\times6.57+1.4\times0.7\times2.75=11.56(\text{kN/m})$$

所以选用由可变荷载效应控制的组合进行计算，取 $q=11.73\text{kN/m}$。

由斜梁传来的集中力设计值：$F=23.00\text{kN}$

(4) LTL-2 内力计算

梁式楼梯传给平台梁的荷载是斜梁传来的集中力 F_1 和 F_2，当上、下楼梯梯段长度相等时，$F_1=F_2=F$，计算简图如图 3-65 所示。

跨中弯矩：$M=\dfrac{1}{8}ql_0^2+F\dfrac{l_0-b}{2}+Fa$

梁端剪力：$V=\dfrac{1}{2}ql_n+2F$

若采用图 3-59 所示布置的情况，则平台梁计算简图如图 3-66 所示。

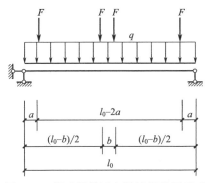

图 3-65　梁式楼梯平台梁计算简图示意

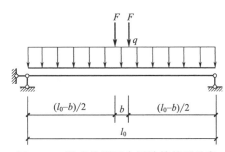

图 3-66　梁式楼梯平台梁计算简图示意

跨中弯矩：$M=\dfrac{1}{8}ql_0^2+F\dfrac{l_0-b}{2}$

梁端剪力：$V=\dfrac{1}{2}ql_n+F$

公式中 l_0、l_n 分别为平台梁的计算跨度和净跨。

本设计实例中平台梁两端与竖立在框架梁上的梯柱（TZ，截面尺寸为 250mm×400mm）相连接，平台梁的计算跨度取 $l_0=3.9\text{m}$，平台梁的净跨取为 $l_n=3900-250=3650(\text{mm})$，计算简图如图 3-64 所示。若考虑平台梁两端与竖立在框架梁上的梯柱相连接，平台梁的计算跨度取净跨也可以。

LTL-2 跨中最大弯矩设计值：

$$M = \frac{1}{8}ql_0^2 + F \times \frac{l_0 - b}{2} + Fa$$

$$= \frac{1}{8} \times 11.73 \times 3.9^2 + 23.00 \times \frac{3.9 - 0.3}{2} + 23.00 \times 0.225$$

$$= 68.88(\text{kN} \cdot \text{m})$$

LTL-2 梁端剪力设计值：

$$V = \frac{1}{2}ql_n + 2F = \frac{1}{2} \times 11.73 \times 3.65 + 2 \times 23.00 = 67.41(\text{kN})$$

(5) 截面设计

① 正截面受弯承载力计算

$$h_0 = h - 35 = 550 - 35 = 515(\text{mm})$$

$$\alpha_s = \frac{M}{\alpha_1 f_c b h_0^2} = \frac{68.88 \times 10^6}{1.0 \times 11.9 \times 250 \times 515^2} = 0.087$$

$$\gamma_s = 0.5(1 + \sqrt{1 - 2\alpha_s}) = 0.5 \times (1 + \sqrt{1 - 2 \times 0.087}) = 0.954$$

$$A_s = \frac{M}{f_y \gamma_s h_0} = \frac{68.88 \times 10^6}{300 \times 0.954 \times 515} = 467(\text{mm}^2)$$

$$\rho = \frac{A_s}{bh} = \frac{467}{250 \times 550} = 0.34\% > \rho_{\min} = 0.45\frac{f_t}{f_y} = 0.45 \times \frac{1.27}{300} = 0.19\%$$

因此，选用 3 Φ 18，$A_s = 763\text{mm}^2$。

② 斜截面受剪承载力计算

$$\alpha_{cv} f_t b h_0 = 0.7 \times 1.27 \times 250 \times 515 = 114.46(\text{kN}) > V = 67.41\text{kN}$$

考虑平台梁的受扭问题，按框架梁构造要求配置箍筋，加密区取φ8@100 双肢箍筋，非加密区取φ8@150 双肢箍筋。

③ 附加箍筋计算。采用附加箍筋承受由斜梯梁传来的集中力，附加箍筋仍采用双肢箍筋φ8，则附加箍筋总数为：

$$m = \frac{F}{nA_{sv1}f_{yv}} = \frac{23.00 \times 1000}{2 \times 50.3 \times 270} = 0.8$$

因为每侧附加箍筋应不少于 2 道，所以，斜梁两侧各需附加 2 个φ8 箍筋。

LTL-3、LTL-4、LTL-5 设计过程与 LTL-2 相同，配筋同 LTL-2，LTL-6 设计过程与 LTL-1 相同，配筋同 LTL-1，计算过程不再赘述。

3.4.5 楼梯结构施工图

根据本章 3.4.1～3.4.4 节的计算结果，双跑平行现浇钢筋混凝土梁式楼梯的结构施工图进行统一绘制。

(1) 楼梯结构平面布置图

楼梯结构平面布置图如图 3-57 所示。

(2) 楼梯结构剖面布置图

楼梯结构剖面布置图如图 3-58 所示。

(3) 梯板配筋图

依据计算结果，TB 配筋图如图 3-67 所示。

（4）平台板配筋图

PTB1 配筋图如图 3-54 所示，PTB3（PTB2）配筋图如图 3-55 所示。

（5）平台梁配筋图

依据计算结果，LTL-1 配筋图如图 3-68 所示。LTL-2、LTL-3、LTL-4 配筋图如图 3-69 所示。LTL-5 配筋图如图 3-70 所示。

（6）斜梁配筋图

依据计算结果，XL-1 配筋图如图 3-71 所示。XL-2 配筋图如图 3-72 所示。XL-3 配筋图如图 3-73 所示。

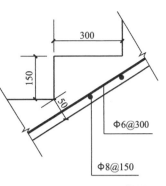

图 3-67　TB 配筋图

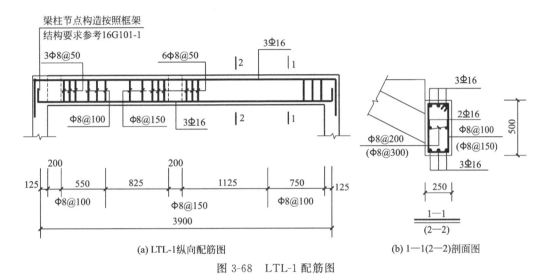

(a) LTL-1纵向配筋图 　　(b) 1—1(2—2)剖面图

图 3-68　LTL-1 配筋图

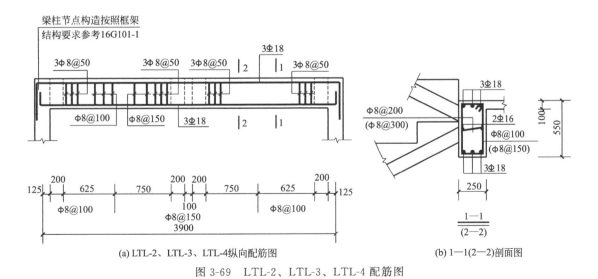

(a) LTL-2、LTL-3、LTL-4纵向配筋图 　　(b) 1—1(2—2)剖面图

图 3-69　LTL-2、LTL-3、LTL-4 配筋图

（7）单梁配筋图

单梁 L1、L2 配筋图如图 3-56 所示。

（8）楼梯梯柱配筋图

楼梯梯柱（TZ1、TZ2、TZ3）的配筋图如图 3-42 所示。

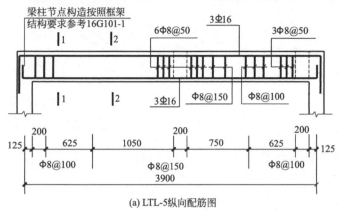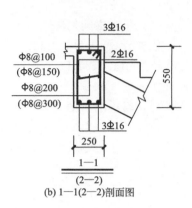

(a) LTL-5纵向配筋图　　　　(b) 1—1(2—2)剖面图

图 3-70　LTL-5 配筋图

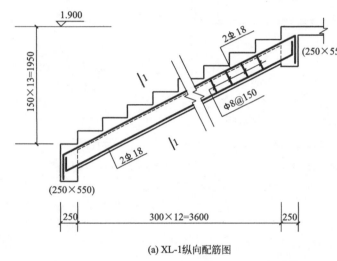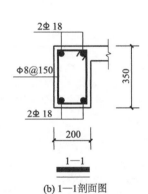

(a) XL-1纵向配筋图　　　　(b) 1—1剖面图

图 3-71　XL-1 配筋图

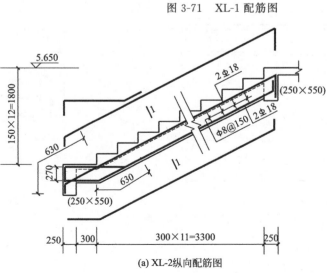

(a) XL-2纵向配筋图　　　　(b) 1—1剖面图

图 3-72　XL-2 配筋图

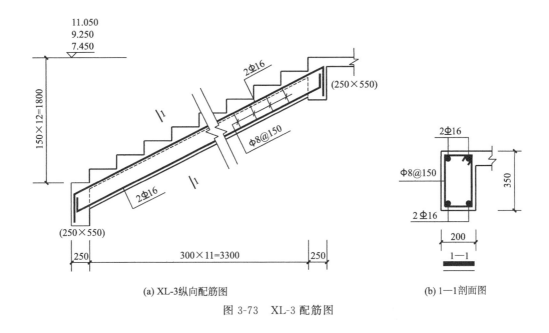

(a) XL-3纵向配筋图　　　　　　　(b) 1—1剖面图

图 3-73　XL-3 配筋图

3.5　钢筋混凝土三跑楼梯设计

如图 3-74 所示的钢筋混凝土三跑楼梯建筑平面图，平面尺寸为 6600mm×6000mm，框架柱截面尺寸为 600mm×600mm。三跑楼梯建筑平面布置（一）如图 3-74（a）所示，楼梯间墙体与柱侧平齐，没有突出部分，满足无障碍设计的功能要求。图 3-74（b）所示的三跑楼梯建筑平面布置（二），墙体缝柱中设置，结构受力有利，但是楼梯间有突出部分，人群密集时容易发生踩踏事件。因此，楼梯间的布置采用图 3-74（a）优于图 3-74（b）。下面说明图 3-74（a）三跑楼梯建筑平面布置（一）的结构设计方案。

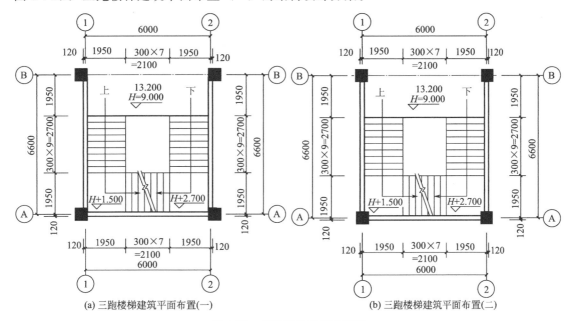

(a) 三跑楼梯建筑平面布置(一)　　　　　　　(b) 三跑楼梯建筑平面布置(二)

图 3-74　三跑楼梯建筑平面图

3.5.1 钢筋混凝土三跑楼梯结构设计方案 (一)

3.5.1.1 三跑楼梯结构设计方案布置分析

三跑楼梯的结构设计方案为板式楼梯和梁式楼梯的合理结合,可采用如图 3-75(a) 所示的平面布置方案。图中 TB-1 为板式楼梯,TB-2 为梁式楼梯,LTL-2 为一双折斜梁,支承在两端的梯柱 (TZ) 上。三跑楼梯的结构计算方法与板式楼梯、梁式楼梯的计算方法相同,下面设计 LTL-2,其余楼梯构件设计均与前述梁式楼梯和板式楼梯相同,在此只做结构方案布置分析,计算内容不再赘述。图 3-75(b) 中 TZ 可以延伸至上部框架梁,抗震性能更好,如图 3-76 所示。

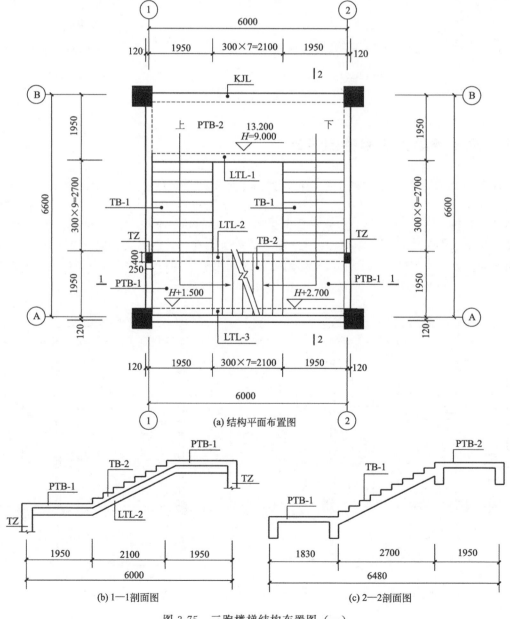

图 3-75 三跑楼梯结构布置图 (一)

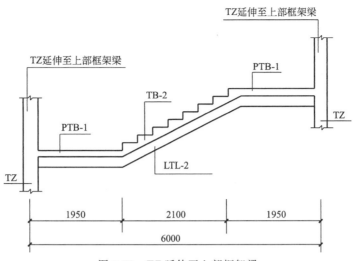

图 3-76　TZ 延伸至上部框架梁

3.5.1.2　LTL-2 设计

LTL-2 混凝土强度等级选用 C25，钢筋采用 HRB335 级。

(1) LTL-2 截面形状及尺寸

LTL-2 是折线形斜梁，计算简图如图 3-77 所示，计算跨度取斜梁水平投影的净长，折线形斜梁两端梯柱的宽度均为 250mm，所以斜梁的计算跨度近似取为 $l_0 = 6000 + 250 = 6250$ (mm)。LTL-2 的截面高度：

$$h = \left(\frac{1}{18} \sim \frac{1}{12}\right)l'_0 = \left(\frac{1}{18} \sim \frac{1}{12}\right) \times \frac{6250}{0.894} = 388 \sim 583 (\text{mm})$$

l'_0 为斜梁斜长。因此，取斜梁的截面高度 $h = 600$mm，斜梁截面宽度取 $b = 250$mm。折线形斜梁两端与楼梯梁整浇，但支座对折线形斜梁的约束作用较弱，计算跨度也可按净跨考虑。

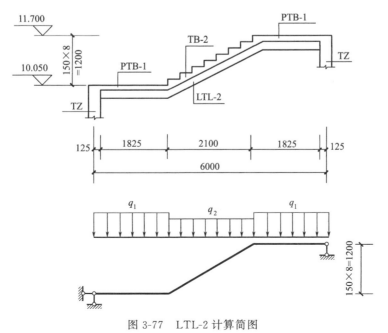

图 3-77　LTL-2 计算简图

(2) 荷载计算

① TB-1 荷载计算

确定斜板厚度：斜板的水平投影净长为 $l_n = 2700mm$，则斜板的斜向净长为

$$l_n' = \frac{l_n}{\cos\alpha} = \frac{2700}{300/\sqrt{150^2+300^2}} = \frac{2700}{0.894} = 3020(mm)$$

斜板厚度 $\quad t = \left(\frac{1}{30} \sim \frac{1}{25}\right)l_n' = \left(\frac{1}{30} \sim \frac{1}{25}\right) \times 3020 = 101 \sim 121(mm)$

取 $t = 100mm$。

荷载计算：楼梯梯段斜板的荷载计算表见表 3-27。

表 3-27　楼梯梯段斜板荷载计算表

荷载种类		荷载标准值/(kN/m)
恒荷载	栏杆自重	0.2
	锯齿形斜板自重	$\gamma_2(d/2 + t_1/\cos\alpha) = 25 \times (0.15/2 + 0.12/0.894) = 5.23$
	30 厚水磨石面层	$\gamma_1(e+d)/e = 0.65 \times (0.3+0.15)/0.3 = 0.98$
	板底 20 厚混合砂浆粉刷	$\gamma_3 c_1/\cos\alpha = 17 \times 0.02/0.894 = 0.38$
	恒荷载合计	6.79
活荷载		3.5(考虑 1m 上的线荷载)

注：1. γ_1 为水磨石的面荷载 $0.65kN/m^2$，30 厚水磨石面层包括 10mm 厚面层，20mm 厚水泥砂浆打底；γ_2 为钢筋混凝土的容重；γ_3 为混合砂浆的容重。

2. e、d 分别为三角形踏步的宽度和高度。

3. c_1 为板底粉刷的厚度。

4. α 为楼梯斜板的倾角。楼梯的倾斜角：$\cos\alpha = \dfrac{300}{\sqrt{150^2+300^2}} = 0.894$，$\alpha = 26.6°$。

5. t_1 为斜板的厚度。

荷载效应组合如下。

由可变荷载效应控制的组合：

$$q = 1.2 \times 6.79 + 1.4 \times 3.5 = 13.05(kN/m)$$

永久荷载效应控制的组合：

$$q = 1.35 \times 6.79 + 1.4 \times 0.7 \times 3.5 = 12.60(kN/m)$$

所以选可变荷载效应控制的组合来进行计算，取 $q = 13.05kN/m$。

② PTB-1 荷载计算

PTB-1 是单向板，板厚度为跨度的 1/30，即 $1950/30 = 65(mm)$，因此，取 PTB-1 厚度 $t = 100mm$。

PTB-1 的荷载计算列于表 3-17，选可变荷载效应控制的组合进行计算，取 $q = 9.09kN/m$。具体计算参照本章 3.3.2 节中设计内容。

LTL-2 荷载 q_1 计算表见表 3-28。踏步板厚度采用 $t = 50mm$，TB-2 的荷载计算详见表 3-21，可知由可变荷载效应控制的组合结果是 $p_s = 3.13kN/m$，换算为单位宽度荷载为：$3.13/0.3 = 10.43(kN/m)$。LTL-2 荷载 q_2 计算表见表 3-29。

表 3-28　LTL-2 荷载 q_1 计算表

荷载种类	荷载标准值/(kN/m)
TB-1 传来的荷载	$13.05 \times \dfrac{2.7}{2} = 17.62$

续表

荷载种类	荷载标准值/(kN/m)
PTB-1 传来的荷载	$9.09 \times \dfrac{1.95-0.12}{2} = 8.32$
LTL-2 自重	$25 \times 0.25 \times (0.60-0.10) = 3.13$
LTL-2 两侧 20 厚混合砂浆粉刷	$17 \times 0.02 \times 2 \times (0.60-0.10) = 0.34$
小计	29.41

表 3-29　LTL-2 荷载 q_2 计算表

荷载种类	荷载标准值/(kN/m)
栏杆自重	0.2
TB-2 传来的荷载	$10.43 \times \dfrac{1.95-0.12}{2} = 9.54$
LTL-2 自重	$\gamma_2 b(h-t)/\cos\alpha = 25 \times 0.25 \times (0.60-0.05)/0.894 = 3.85$
LTL-2 外侧 20 厚混合砂浆粉刷	$\gamma_3 c_2(d/2 + h/\cos\alpha) = 17 \times 0.02 \times (0.15/2 + 0.60/0.894) = 0.25$
LTL-2 底及内侧 20 厚混合砂浆粉刷	$\gamma_3 c_2[b + (h-t)] \times \dfrac{1}{\cos\alpha}$ $= 17 \times 0.02 \times [(0.25 + (0.60-0.05)] \times \dfrac{1}{0.894} = 0.30$
小计	14.14

注：1. γ_2 为钢筋混凝土的容重；γ_3 为混合砂浆的容重。

2. 为三角形踏步的高度。

3. c_2 为板底粉刷的厚度。

4. α 为楼梯的倾斜角。

5. t 为踏步板的厚度。

（3）内力计算

LTL-2 简化计算简图如图 3-78 所示，支座反力为 R_A、R_B，梁端剪力为 V_A、V_B。
支座反力 R_A 计算如下。由 $\sum M_B = 0$ 得

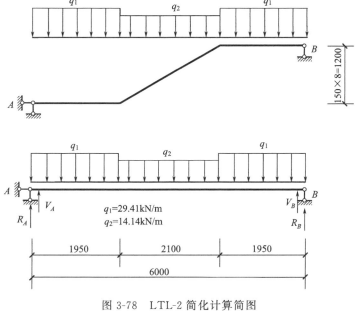

图 3-78　LTL-2 简化计算简图

$$R_A \times 6 = q_1 \times \frac{1.95^2}{2} + q_2 \times 2.1 \times \left(1.95 + \frac{2.1}{2}\right) + q_1 \times 1.95 \times \left(1.95 + 2.1 + \frac{1.95}{2}\right)$$

则 $R_A = \dfrac{29.41 \times \dfrac{1.95^2}{2} + 14.14 \times 2.1 \times \left(1.95 + \dfrac{2.1}{2}\right) + 29.41 \times 1.95 \times \left(1.95 + 2.1 + \dfrac{1.95}{2}\right)}{6}$

$$= 72.20(kN)$$

折线形斜梁最大计算弯矩近似取跨中弯矩：

$$M_{max} = M_{中} = R_A \times \frac{6}{2} - q_1 \times \frac{1.95}{2} \times \left(1.95 + \frac{2.1}{2}\right) - q_2 \times \frac{2.1}{2} \times \frac{2.1}{4}$$

$$= 72.20 \times \frac{6}{2} - 29.41 \times \frac{1.95}{2} \times \left(1.95 + \frac{2.1}{2}\right) - 14.14 \times \frac{2.1}{2} \times \frac{2.1}{4}$$

$$= 122.78(kN \cdot m)$$

折线形斜梁梁端剪力近似取斜梁等代简支梁的梁端剪力：

$$V_A = V_B = R_A = 72.20kN$$

(4) 截面设计

① 确定翼缘计算宽度

跨中弯矩最大位置在踏步板位置，由于踏步位于斜梁的上部，而且楼梯的两侧均有斜梁，故斜梁按倒 L 形截面设计。根据《混凝土结构设计规范》（GB 50010—2010）第 5.2.4 条确定翼缘计算宽度。

翼缘高度取踏步板斜板的厚度 $h_f' = t = 50mm$

按梁计算跨度考虑 $b_f' = \dfrac{l_0}{6} = \dfrac{6000}{6} = 1000(mm)$

按梁净距 s_n 考虑 $b_f' = b + \dfrac{s_n}{2} = 250 + \dfrac{1950 - 250 - 250 - 120}{2} = 915(mm)$

按翼缘高度 h_f' 考虑 $h_0 = 600 - 35 = 565(mm)$，$\dfrac{h_f'}{h_0} = \dfrac{50}{565} = 0.088 < 0.1$，则

$$b_f' = b + 5h_f' = 250 + 5 \times 50 = 500(mm)$$

综上所述，翼缘计算宽度取三者中的最小值，即 $b_f' = 500mm$。

② 判别 T 型截面的类型

$\alpha_1 f_c b_f' h_f' \left(h_0 - \dfrac{h_f'}{2}\right) = 1.0 \times 11.9 \times 500 \times 50 \times \left(565 - \dfrac{50}{2}\right) = 160.65(kN \cdot m) > M_{max} = 122.78kN \cdot m$

属于第一类 T 型截面。

③ 配筋计算

$$\alpha_s = \frac{M_{max}}{\alpha_1 f_c b h_0^2} = \frac{122.78 \times 10^6}{1.0 \times 11.9 \times 250 \times 565^2} = 0.129$$

$$\gamma_s = 0.5(1 + \sqrt{1 - 2\alpha_s}) = 0.5 \times (1 + \sqrt{1 - 2 \times 0.129}) = 0.931$$

$$A_s = \frac{M_{max}}{f_y \gamma_s h_0} = \frac{122.78 \times 10^6}{300 \times 0.931 \times 565} = 778(mm^2)$$

$$\rho = \frac{A_s}{bh} = \frac{778}{250 \times 600} = 0.52\% > \rho_{min} = 0.45 \frac{f_t}{f_y} = 0.45 \times \frac{1.27}{300} = 0.19\%$$

因此，梁底纵向受力钢筋选用 $3 \Phi 20$，$A_s = 942mm^2$。梁顶纵向受力钢筋也选用 $3 \Phi 20$。

（5）斜截面受剪承载力计算

无腹筋梁的抗剪能力：

$$V_c = \alpha_{cv} f_t b h_0 = 0.7 \times 1.27 \times 250 \times 565 = 125.57(kN) > V = 72.20kN$$

虽可按构造配置箍筋，但按框架梁要求考虑，沿梁全长加密箍筋，配 $\phi 8@100$ 双肢箍筋。

3.5.2　钢筋混凝土三跑楼梯结构设计方案（二）

三跑楼梯也可采用如图 3-79(a) 所示的平面布置方案，图中 TB-1 为梁式楼梯，TB-2 为板式楼梯，BL-1 为一折线斜梁，支承在 LTL-1 和框架柱上，折线斜梁 BL-2 支承在 LTL-1 和梯

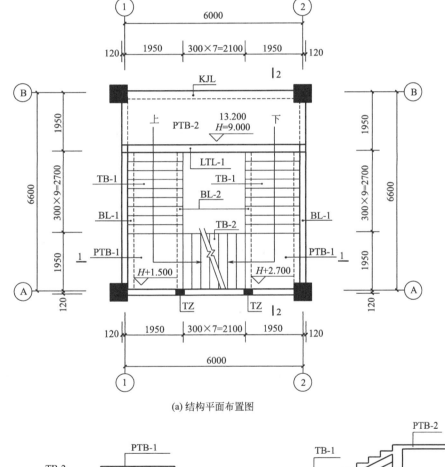

(a) 结构平面布置图

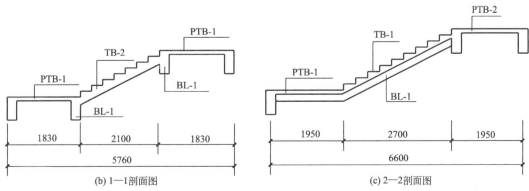

(b) 1—1剖面图　　　　　(c) 2—2剖面图

图 3-79　三跑楼梯结构布置图（二）

柱（TZ）上。三跑楼梯的结构计算方法与板式楼梯、梁式楼梯的计算方法相同，在此不再赘述。

3.6 钢筋混凝土框架结构楼梯间构造要求

3.6.1 钢筋混凝土框架结构楼梯间填充墙的构造要求

钢筋混凝土框架结构中的砌体填充墙，应符合下列要求。

① 填充墙在平面和竖向的布置，宜均匀对称，宜避免形成薄弱层或短柱。

② 砌体的砂浆强度等级不应低于 M5；实心块体的强度等级不宜低于 MU2.5，空心块体的强度等级不宜低于 MU3.5；墙顶应与框架梁密切结合。

③ 填充墙应沿框架柱全高每隔 500～600mm 设 2φ6 拉筋，拉筋伸入墙内的长度，6 度、7 度时宜沿墙全长贯通，8 度、9 度时应全长贯通。

④ 墙长大于 5m 时，墙顶与梁宜有拉结；墙长超过 8m 或层高 2 倍时，宜设置钢筋混凝土构造柱；墙高超过 4m 时，墙体半高宜设置与柱连接且沿墙全长贯通的钢筋混凝土水平系梁。

⑤ 楼梯间和人流通道的填充墙，应采用钢丝网砂浆面层加强。

3.6.2 钢筋混凝土框架结构抗震设计时楼梯间应符合的构造要求

发生强烈地震时，楼梯间是重要的紧急逃生竖向通道，楼梯间（包括楼梯板）的破坏会延误人员撤离及救援工作，从而造成严重伤亡。因此，钢筋混凝土框架结构抗震设计时楼梯间应符合以下构造要求。

① 钢筋混凝土框架结构宜采用现浇钢筋混凝土楼梯。

② 对于钢筋混凝土框架结构，楼梯间的布置不应导致结构平面特别不规则；楼梯构件与主体结构整浇时，梯板起到斜支撑的作用，对结构刚度、承载力、规则性的影响比较大，应计入楼梯构件对地震作用及其效应的影响，应进行楼梯构件的抗震承载力验算；宜采取构造措施，减少楼梯构件对主体结构刚度的影响。当采取措施，如梯板采用滑动支座支承于平台板，此时楼梯构件对结构刚度等的影响较小，是否参与整体抗震计算差别不大。对于楼梯间设置刚度足够大的抗震墙的结构，楼梯构件对结构刚度的影响较小，也可不参与整体抗震计算。

③ 楼梯间两侧填充墙与柱之间应加强拉结。

第4章

钢楼梯设计实例

4.1 钢楼梯建筑施工图

某市建筑职业学校钢框架办公楼位于7度抗震设防地区，结构有4层，房屋层数较少，高度只有15.85m（含女儿墙），结构形式又比较规则，结构刚度要求不太高，在结构方案选择上，纯框架形式很容易满足，经济性能优于框架支撑体系，故采用纯钢框架结构体系。纯钢框架结构传力明确、结构布置灵活，具有良好的抗震性能和整体性，同时可提供较大的使用空间，也可构成丰富多变的立面造型。该办公楼建筑面积约2525m²，一～四层的建筑层高都为3.6m。一～四层的结构层高分别为4.6m（从基础顶面算起，包括地下部分1.0m，即3.6m＋0.45m＋0.55m＝4.6m）、3.6m、3.6m和3.6m，室内外高差0.45m。建筑设计使用年限50年。

本实例办公楼采用钢楼梯，钢楼梯建筑施工图如图4-1所示。

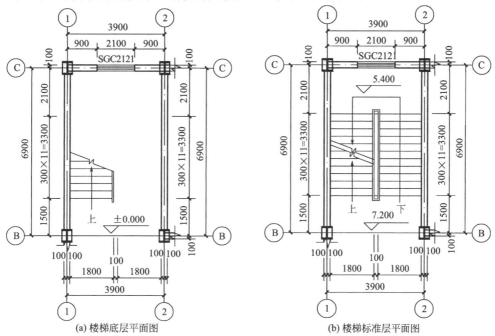

(a) 楼梯底层平面图　　　　　(b) 楼梯标准层平面图

图 4-1

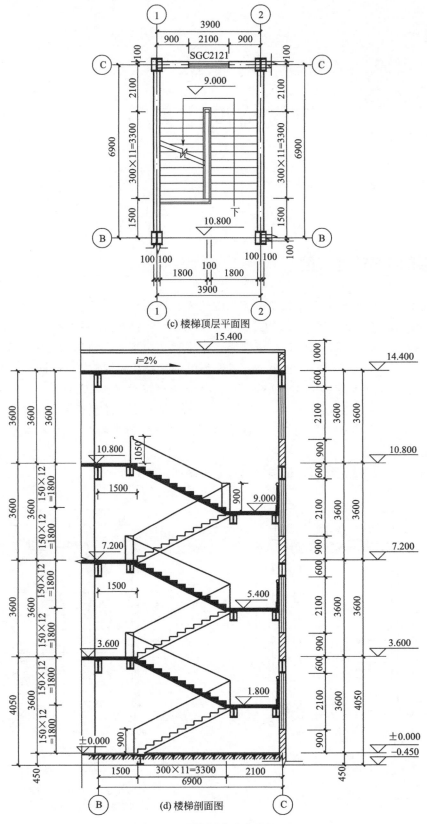

(c) 楼梯顶层平面图

(d) 楼梯剖面图

图 4-1　办公楼钢楼梯建筑施工图

4.2　钢楼梯结构设计

本实例办公楼的钢楼梯采用梁式钢楼梯，踏步由 5mm 厚花纹钢板弯折而成，钢材均选用 Q345B，当 $t \leqslant 16mm$ 时，$f = 310N/mm^2$，$f_y = 310 \times 1.111 = 344.41(N/mm^2)$（经分析，对 Q235 钢做成的构件统一用 $\gamma_R = 1.087$ 比较适当，统一在这一数值后的各类构件的可靠指标 β 出现一定差别，但差别不大，而且和校准所得的 β 值也比较接近；对 Q345、Q390 和 Q420 钢构件则取 $\gamma_R = 1.111$），$f_v = 180N/mm^2$。平台板 PTB1 为钢筋混凝土板，混凝土强度等级选用 C30，受力钢筋采用 HRB335 级钢筋，分布钢筋采用 HPB300 级钢筋。活荷载标准值为 $3.5kN/m^2$，层高均为 3.6m，楼梯结构布置如图 4-2 所示。下面进行此梁式钢楼梯的设计。

4.2.1　楼梯斜梁设计

4.2.1.1　荷载计算

(1) 恒荷载计算

楼梯斜梁 TL1 的计算简图如图 4-3 所示，TL1 的计算跨度取为：$l_0 = 3300 + 200/2 + 150/2 = 3475(mm)$，200mm 是楼层平台梁 L1（楼层平台梁 L1 的截面为 ⊢350×200×10×14）的截面宽度，150mm 是半层平台梁 PTL1（PTL1 后面设计，截面为 ⊢N300×150×6.5×9）的截面宽度。①、②轴线框架梁的截面尺寸为 ⊢500×250×10×20。楼梯踏步详图详见图 4-4。

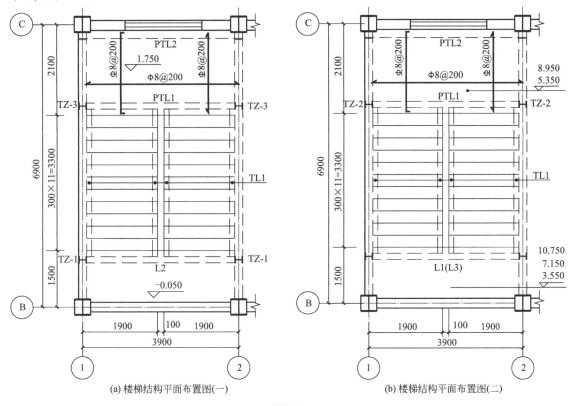

(a) 楼梯结构平面布置图(一)　　　　　　(b) 楼梯结构平面布置图(二)

图 4-2

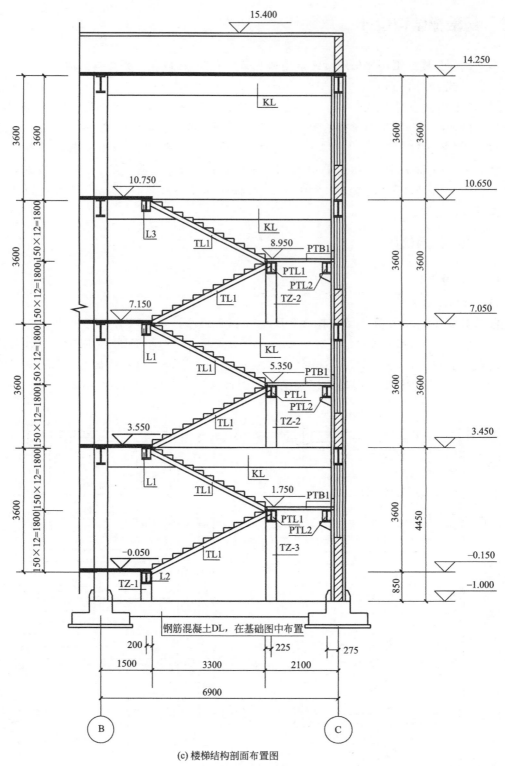

(c) 楼梯结构剖面布置图

图 4-2　楼梯结构布置图

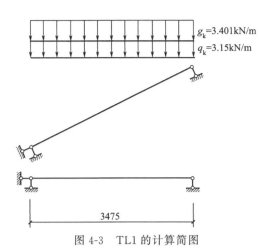

图 4-3　TL1 的计算简图

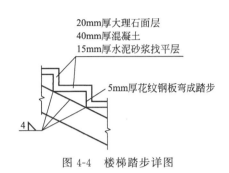

图 4-4　楼梯踏步详图

梯段板传至梯梁的线荷载计算如下。

40mm 厚混凝土面层重：

$$g_{k1}=\frac{(0.15+0.3)\times0.04\times0.90}{0.3}\times25=1.35(kN/m)$$

20mm 厚大理石面层重：

$$g_{k2}=\frac{(0.15+0.3)\times0.02\times0.90}{0.3}\times28=0.756(kN/m)$$

15mm 厚水泥砂浆找平层重：

$$g_{k3}=\frac{(0.15+0.3)\times0.015\times0.90}{0.3}\times20=0.405(kN/m)$$

5mm 厚花纹钢板重量：

$$g_{k4}=\frac{(0.15+0.3)\times0.005\times0.90}{0.3}\times7.85\times9.8\times1.1=0.571(kN/m)$$

1.1 的放大系数是考虑加劲肋和焊缝的重量。

以上计算式中 0.90 的含义是梯段板的荷载平均对半传至两边的斜梯梁，即 $\frac{1900-100}{2}=900(mm)$，①、②轴线框架梁的截面宽度为 250mm，维护墙体按 200mm 考虑，楼梯间墙体应采用钢丝网砂浆面层加强。

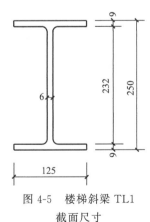

TL1 截面选择 HN250×125×6×9（图 4-5），自重为 29.0kg/m，踏步角度为 arctan(150/300)≈27°，则 TL1 自重换算为水平投影面的荷载为：

$$g_{k5}=\frac{29.0\times9.8\times10^{-3}}{\cos27°}=0.319(kN/m)$$

图 4-5　楼梯斜梁 TL1 截面尺寸

恒荷载汇总：$g_k=1.35+0.756+0.405+0.571+0.319$
$$=3.401(kN/m)$$

（2）可变荷载计算

$$q_k=3.5\times0.90=3.15(kN/m)$$

4.2.1.2 内力计算

可变荷载效应控制的组合：

$$q = \gamma_G \sigma_{Gk} + \gamma_{Q1} \sigma_{Q1k} = 1.2 \times 3.401 + 1.4 \times 3.15 = 8.49 (\text{kN/m})$$

永久荷载效应控制的组合：

$$q = \gamma_G \sigma_{Gk} + \sum_{i=1}^{n} \gamma_{Qi} \psi_{ci} \sigma_{Qik} = 1.35 \times 3.401 + 1.4 \times 0.7 \times 3.15 = 7.68 (\text{kN/m})$$

故取可变荷载效应控制的组合：$q = 8.49\text{kN/m}$

梁跨中截面最大弯矩设计值：

$$M_{x\max} = \frac{1}{8} q l_0^2 = \frac{1}{8} \times 8.49 \times 3.475^2 = 12.82 (\text{kN} \cdot \text{m})$$

梁支座截面最大剪力设计值：

$$V_{x\max} = \frac{1}{2} q l_0 = \frac{1}{2} \times 8.49 \times 3.475 = 14.75 (\text{kN})$$

剪力可以按净跨考虑，也可以近似按计算跨度考虑。

4.2.1.3 截面验算

查附表 13，$\vdash$N250×125×6×9 的截面参数：$A = 36.96\text{cm}^2$，$I_x = 3960\text{cm}^4$，$W_x = 317\text{cm}^3$，$i_y = 2.81\text{cm}$。

(1) 强度验算

$$\sigma = \frac{M_{x\max}}{\gamma_x W_x} = \frac{12.82 \times 10^6}{1.05 \times 317 \times 10^3}$$
$$= 38.52 (\text{N/mm}^2) < f = 310\text{N/mm}^2$$

满足要求。

$$\tau = \frac{V S_x}{I_x t_w} = \frac{14.75 \times 10^3 \times (125 \times 9 \times 120.5 + 6 \times 116 \times 58)}{3960 \times 10^4 \times 6}$$
$$= 10.92 (\text{N/mm}^2) < f_v = 180\text{N/mm}^2$$

满足要求。

(2) 整体稳定验算

$\xi = \dfrac{l_1 t_1}{b_1 h} = \dfrac{3475 \times 9}{125 \times 250} = 1.0008 < 2$（此处 l_1 的长度取 3475mm 比取 3300mm 更稳妥一些）

$$\beta_b = 0.69 + 0.13\xi = 0.69 + 0.13 \times 1.0008 = 0.820$$

双轴对称截面：$\eta_b = 0$

$$\lambda_y = \frac{l_1}{i_y} = \frac{347.5}{2.81} = 123.67$$

$$\varphi_b = \beta_b \frac{4320}{\lambda_y^2} \frac{Ah}{W_x} \left(\sqrt{1 + \left(\frac{\lambda_y t_1}{4.4h} \right)^2} + \eta_b \right) \frac{235}{f_y}$$

$$= 0.820 \times \frac{4320}{123.67^2} \times \frac{3696 \times 250}{317 \times 10^3} \times \left(\sqrt{1 + \left(\frac{123.67 \times 9}{4.4 \times 250} \right)^2} + 0 \right) \times \frac{235}{344.41} = 0.655 > 0.6$$

由于计算出的 φ_b 值大于 0.6 时，应以 φ_b' 代替 φ_b，φ_b' 的计算如下：

$$\varphi_b' = 1.07 - \frac{0.282}{\varphi_b} = 1.07 - \frac{0.282}{0.655} = 0.639 < 1.0$$

$$\frac{M_{x\max}}{\varphi_b' W_x} = \frac{12.82 \times 10^6}{0.639 \times 317 \times 10^3} = 63.29 (\text{N/mm}^2) < f = 310 \text{N/mm}^2$$

所以，梁的整体稳定性满足要求。

（3）局部稳定验算

因为 TL1 选择的是 H 型钢截面，一般情况下型钢截面均满足局部稳定的要求。因为对于轧制型钢梁，由于轧制条件限制，梁的翼缘和腹板的厚度都较大，其板件宽厚比较小，因而没有局部稳定性的问题，不必计算。

（4）刚度验算

梁上线荷载标准值为：$g_k = 3.401 \text{kN/m}$，$q_k = 3.15 \text{kN/m}$

梁跨中最大挠度：

$$\nu_T = \frac{5}{384} \times \frac{(g_k + q_k) l_0^4}{EI_x} = \frac{5 \times (3.401 + 3.15) \times 3475^4}{384 \times 206 \times 10^3 \times 3960 \times 10^4} = 1.52 (\text{mm}) < [\nu_T] = \frac{l_0}{250} = 13.9 (\text{mm})$$

$$\nu_Q = \frac{5}{384} \times \frac{q_k l_0^4}{EI_x} = \frac{5 \times 3.15 \times 3475^4}{384 \times 206 \times 10^3 \times 3960 \times 10^4} = 0.73 (\text{mm}) < [\nu_Q] = \frac{l_0}{300} = 11.58 (\text{mm})$$

所以，刚度满足要求。

4.2.2　踏步设计

踏步由厚度为 5mm 的花纹钢板弯成，如图 4-6 所示，取一个踏步为计算单元，跨度 $l_0 = 1.8\text{m}$。

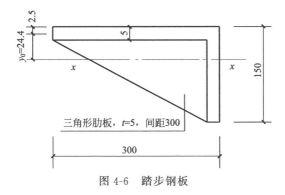

图 4-6　踏步钢板

4.2.2.1　踏步截面参数

$$A = 300 \times 5 + (150 - 5) \times 5 = 2225 (\text{mm}^2)$$

$$y_0 = \frac{(150 - 5) \times 5 \times \left(\frac{150 - 5}{2} + 2.5\right)}{300 \times 5 + (150 - 5) \times 5} = 24.4 (\text{mm})$$

$$I_x = \frac{300 \times 5^3}{12} + 300 \times 5 \times 24.4^2 + \frac{5 \times 145^3}{12} + (150 - 5) \times 5 \times \left(\frac{150 - 5}{2} + 2.5 - 24.4\right)^2$$

$$= 4022686.42 (\text{mm}^4)$$

$$W_{x1} = \frac{I_x}{y} = \frac{4022686.42}{150 - 24.4 - 2.5} = 32678.2 (\text{mm}^3)$$

4.2.2.2 荷载计算

(1) 恒荷载计算

40mm 厚混凝土面层重：

$$g_{k1} = (0.15 + 0.3) \times 0.04 \times 25 = 0.45 (\text{kN/m})$$

20mm 厚大理石面层：

$$g_{k2} = (0.15 + 0.3) \times 0.02 \times 28 = 0.252 (\text{kN/m})$$

15mm 厚水泥砂浆找平层：

$$g_{k3} = (0.15 + 0.3) \times 0.015 \times 20 = 0.135 (\text{kN/m})$$

5mm 厚花纹钢板重量：

$$g_{k4} = (0.15 + 0.3) \times 0.005 \times 7.85 \times 9.8 \times 1.1 = 0.190 (\text{kN/m})$$

恒荷载汇总：$g_k = 0.45 + 0.252 + 0.135 + 0.190 = 1.027 (\text{kN/m})$

(2) 可变荷载计算

$$q_k = 3.5 \times 0.30 = 1.05 (\text{kN/m})$$

4.2.2.3 内力计算

可变荷载效应控制的组合：

$$q = \gamma_G \sigma_{Gk} + \gamma_{Q1} \sigma_{Q1k} = 1.2 \times 1.027 + 1.4 \times 1.05 = 2.70 (\text{kN/m})$$

永久荷载效应控制的组合：

$$q = \gamma_G \sigma_{Gk} + \sum_{i=1}^{n} \gamma_{Qi} \psi_{ci} \sigma_{Qik} = 1.35 \times 1.027 + 1.4 \times 0.7 \times 1.05 = 2.42 (\text{kN/m})$$

故取可变荷载效应控制的组合：$q = 2.70 \text{kN/m}$

梁跨中截面最大弯矩设计值：

$$M_{x\max} = \frac{1}{8} q l_0^2 = \frac{1}{8} \times 2.70 \times 1.8^2 = 1.09 (\text{kN} \cdot \text{m})$$

梁支座截面最大剪力设计值：

$$V_{x\max} = \frac{1}{2} q l_0 = \frac{1}{2} \times 2.70 \times 1.8 = 2.43 (\text{kN})$$

4.2.2.4 截面验算

$$\frac{M}{W_{x1}} = \frac{1.09 \times 10^6}{32678.2} = 33.4 \ (\text{N/mm}^2) < f = 310 \text{N/mm}^2，满足要求。$$

$$\tau = \frac{VS_x}{I_x t_w} = \frac{2.43 \times 10^3 \times [5 \times (150 - 2.5 - 24.4) \times (150 - 2.5 - 24.4)/2]}{4022686.42 \times 5}$$

$$= 4.58 (\text{N/mm}^2) < f_v = 180 \text{N/mm}^2$$

满足要求。

踏步通过 $300 \times 150 \times 5$ 的三角形肋板与 TL1 上翼缘焊接连接。

4.2.3 平台板设计

钢筋混凝土平台板为两对边支承，近似地按短跨方向的简支单向板计算，取 1m 宽板带作为计算单元。平台板的计算跨度 $l_0 = 2100 - 400/2 - 300 + 125/2 = 1662.5 (\text{mm})$，平台板板厚取 100mm，靠近梯段板一段挑出至梯板，靠近框架柱侧可上翻小沿挡灰。

4.2.3.1　荷载计算

(1) 恒荷载计算

100mm 钢筋混凝土平台板自重：

$$g_{k1}=0.1\times1\times25=2.5(\text{kN/m})$$

20mm 厚大理石面层：

$$g_{k2}=0.02\times1\times28=0.56(\text{kN/m})$$

15mm 厚水泥砂浆找平层：

$$g_{k3}=0.02\times1\times15=0.30(\text{kN/m})$$

恒荷载汇总：$g_k=2.5+0.56+0.30=3.36$（kN/m）

(2) 可变荷载计算

$$q_k=1\times3.5=3.5(\text{kN/m})$$

4.2.3.2　内力计算

可变荷载效应控制的组合：

$$q=\gamma_G\sigma_{Gk}+\gamma_{Q1}\sigma_{Q1k}=1.2\times3.36+1.4\times3.5=8.932(\text{kN/m})$$

永久荷载效应控制的组合：

$$q=\gamma_G\sigma_{Gk}+\sum_{i=1}^{n}\gamma_{Qi}\psi_{ci}\sigma_{Qik}=1.35\times3.36+1.4\times0.7\times3.5=7.966(\text{kN/m})$$

故取可变荷载效应控制的组合：$q=8.932\text{kN/m}$

梁跨中截面最大弯矩设计值：

$$M_{x\max}=\frac{1}{8}ql_0^2=\frac{1}{8}\times8.932\times1.6625^2=3.09(\text{kN}\cdot\text{m})$$

梁支座截面最大剪力设计值：

$$V_{x\max}=\frac{1}{2}ql_0=\frac{1}{2}\times8.932\times1.6625=7.42(\text{kN})$$

4.2.3.3　配筋计算

截面有效高度 $h_0=h-20=100-20=80(\text{mm})$

$$\alpha_s=\frac{M}{\alpha_1 f_c bh_0^2}=\frac{3.09\times10^6}{1.0\times14.3\times1000\times80^2}=0.034$$

$$\gamma_s=0.5(1+\sqrt{1-2\alpha_s})=0.5\times(1+\sqrt{1-2\times0.034})=0.983$$

$$A_s=\frac{M}{f_y\gamma_s h_0}=\frac{3.09\times10^6}{300\times0.983\times80}=131(\text{mm}^2)$$

实配Φ8@200，$A_s=251\text{mm}^2>131\text{mm}^2$；考虑支座处的负弯矩，配置Φ8@200 的钢筋；分布钢筋采用Φ8@200。

4.2.4　平台梁设计

平台梁 PTL1 截面选择 ⊢N300×150×6.5×9（图 4-7），平台梁 PTL1 计算简图如图 4-8 所示。PTL1 的计算跨度为 $l_0=3900\text{mm}$，平台梁 PTL1 的截面参数：自重为 36.7kg/m，$A=46.78\text{cm}^2$，$I_x=7210\text{cm}^4$，$W_x=481\text{cm}^3$。

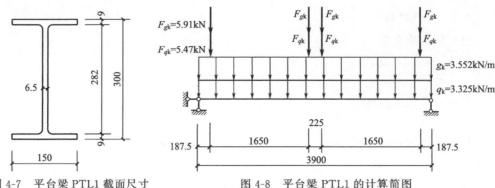

图 4-7　平台梁 PTL1 截面尺寸　　　　　图 4-8　平台梁 PTL1 的计算简图

4.2.4.1　荷载计算

（1）恒荷载计算

平台梁自重：

$$g_{k1}=36.7\times9.8\times10^{-3}=0.360(kN/m)$$

平台板传来的恒荷载线荷载标准值：

$$g_{k2}=3.36\times\frac{2.1-0.2}{2}=3.192(kN/m)$$

合计：$g_k=0.360+3.192=3.552(kN/m)$

梯段梁 TL1 传来的恒荷载集中荷载标准值：

$$F_{gk}=\frac{3.401\times3.475}{2}=5.91(kN)$$

（2）可变荷载计算

平台板传来的可变荷载线荷载标准值：

$$q_k=3.5\times\frac{2.1-0.2}{2}=3.325(kN/m)$$

梯段梁 TL1 传来的活荷载集中荷载标准值：

$$F_{qk}=\frac{3.15\times3.475}{2}=5.47(kN)$$

4.2.4.2　内力计算

（1）可变荷载效应控制的组合

线荷载设计值：

$$q=\gamma_G\sigma_{Gk}+\gamma_{Q1}\sigma_{Q1k}=1.2\times3.552+1.4\times3.325=8.917(kN/m)$$

梯段梁 TL1 传来的集中荷载设计值：

$$F=\gamma_G\sigma_{Gk}+\gamma_{Q1}\sigma_{Q1k}=1.2\times5.91+1.4\times5.47=14.75(kN/m)$$

（2）永久荷载效应控制的组合

线荷载设计值：

$$q=\gamma_G\sigma_{Gk}+\sum_{i=1}^{n}\gamma_{Qi}\psi_{ci}\sigma_{Qik}=1.35\times3.552+1.4\times0.7\times3.325=8.05(kN/m)$$

梯段梁 TL1 传来的集中荷载设计值：

$$F=\gamma_G\sigma_{Gk}+\gamma_{Q1}\sigma_{Q1k}=1.35\times5.91+1.4\times0.7\times5.47=13.34(kN/m)$$

故取可变荷载效应控制的组合：线荷载设计值 $q=8.917kN/m$，梯段梁 TL1 传来的集

中荷载设计值 $F=14.75\text{kN/m}$。

梁跨中截面最大弯矩设计值:

$$M_{x\max}=\frac{1}{8}ql_0^2+2F\times\frac{l_0}{2}-F\left(\frac{l_0}{2}-0.1875\right)-0.1125F$$

$$=\frac{1}{8}\times8.917\times3.9^2+2\times14.75\times\frac{3.9}{2}-14.75\times\left(\frac{3.9}{2}-0.1875\right)-0.1125\times14.75$$

$$=46.82(\text{kN·m})$$

梁支座截面最大剪力设计值:

$$V_{x\max}=\frac{1}{2}ql_0+2F=\frac{1}{2}\times8.917\times3.9+2\times14.75=46.89(\text{kN})$$

4.2.4.3 截面验算

(1) 强度验算

$$\sigma=\frac{M_{x\max}}{\gamma_xW_{nx}}=\frac{46.82\times10^6}{1.05\times481\times10^3}=92.70(\text{N/mm}^2)<f=310\text{N/mm}^2$$

因此,抗弯强度满足要求。

$$\tau=\frac{VS_x}{I_xt_w}=\frac{46.89\times10^3\times\left(150\times9\times\frac{300-9}{2}+6.5\times141\times70.5\right)}{7210\times10^4\times6.5}$$

$$=26.12(\text{N/mm}^2)<f_v=180\text{N/mm}^2$$

因此,抗剪强度满足要求。

(2) 整体稳定验算

由于平台梁上铺钢筋混凝土板,平台梁上翼缘设置双列ϕ16@150栓钉[间距150mm$>$6d=6×16=96(mm)],栓钉长度取70mm$>$4d=4×16=64(mm),平台梁与钢筋混凝土板可靠连接,因此整体稳定满足要求。

(3) 局部稳定

因为平台梁 PTL1 选择的是 H 型钢截面,一般情况下型钢截面均满足局部稳定的要求。

(4) 刚度验算

梁上荷载标准值为: $g_k=3.552\text{kN/m}$,$q_k=3.325\text{kN/m}$

梯段梁 TL1 传来的集中荷载标准值: $F_{gk}=5.91\text{kN}$,$F_{qk}=5.47\text{kN}$

恒荷载和可变荷载标准值产生的弯矩:

$$M_k=\frac{1}{8}(g_k+q_k)l_0^2+2(F_{gk}+F_{qk})\times\frac{l_0}{2}-(F_{gk}+F_{qk})\times\left(\frac{l_0}{2}-0.1875\right)-0.1125(F_{gk}+F_{qk})$$

$$=\frac{1}{8}\times(3.552+3.325)\times3.9^2+2\times(5.91+5.47)\times\frac{3.9}{2}-(5.91+5.47)\times\left(\frac{3.9}{2}-0.1875\right)-$$

$$0.1125\times(5.91+5.47)=36.12(\text{kN·m})$$

可变荷载标准值产生的弯矩:

$$M_{qk}=\frac{1}{8}q_kl_0^2+2F_{qk}\times\frac{l_0}{2}-F_{qk}\times\left(\frac{l_0}{2}-0.1875\right)-0.1125F_{qk}$$

$$=\frac{1}{8}\times3.325\times3.9^2+2\times5.47\times\frac{3.9}{2}-5.47\times\left(\frac{3.9}{2}-0.1875\right)-0.1125\times5.47$$

$$=17.40(\text{kN·m})$$

采用挠度的近似计算方法进行验算。

$$\nu_T \approx \frac{1}{10} \times \frac{M_k l_0^2}{EI_x} = \frac{1}{10} \times \frac{36.12 \times 10^6 \times 3900^2}{2.06 \times 10^5 \times 7210 \times 10^4} = 3.70 (\text{mm}) < [\nu_T] = \frac{l_0}{250} = 15.6 (\text{mm})$$

$$\nu_Q \approx \frac{1}{10} \times \frac{M_{qk} l_0^2}{EI_x} = \frac{1}{10} \times \frac{17.40 \times 10^6 \times 3900^2}{2.06 \times 10^5 \times 7210 \times 10^4} = 1.78 (\text{mm}) < [\nu_Q] = \frac{l_0}{300} = 13 (\text{mm})$$

所以，刚度满足要求。

平台梁 PTL2、L2 的截面与平台梁 PTL1 的截面相同，平台梁 PTL2、L2 的受力比平台梁 PTL1 的小，因此不用计算。

4.2.5 梯柱设计

梯柱 TZ-2 实际长度 $l = 1800 - 300 = 1500 (\text{mm})$，按悬壁柱考虑计算长度系数（梯柱 TZ-2 和平台梁 PTL1 组成一个框架，也可以按框架受力进行计算），则计算长度 $l_{0x} = l_{0y} = 2 \times 1500 = 3000 (\text{mm})$，按轴心受压构件设计，截面选取 ⊢M244×175×7×11，截面参数为：自重为 43.6kg/m，$A = 55.49 \text{cm}^2$，$I_x = 6040 \text{cm}^4$，$W_x = 495 \text{cm}^3$，$i_x = 10.4 \text{cm}$，$i_y = 4.21 \text{cm}$，$[\lambda] = 150$。

(1) 梯柱 TZ-2 所受轴心压力设计值

$$N = 1.2 \times (46.89 + 1.2 \times 55.49 \times 9.8 \times 1.5 \times 10^{-3}) = 1.2 \times 47.87 = 57.44 (\text{kN})$$

式中 1.2 的系数是考虑偏心的影响，将轴心压力放大。

(2) 长细比计算

$$\lambda_x = \frac{l_{0x}}{i_x} = \frac{300}{10.4} = 28.85 < [\lambda] = 150$$

$$\lambda_y = \frac{l_{0y}}{i_y} = \frac{300}{4.21} = 71.3 < [\lambda] = 150，满足要求。$$

(3) 整体稳定计算

因 $b/h = 175/244 = 0.72 < 0.8$，对 x 轴截面查取 φ 值时按 a 类截面，对 y 轴截面查取 φ 值时按 b 类截面，故由长细比的较大值 $\lambda_y = 71.3$ 查取，因钢材为 Q345B，故由 $71.3 \sqrt{\frac{f_y}{235}} = 71.3 \times \sqrt{\frac{344.41}{235}} = 86.3$ 查附表 11-2 得 $\varphi_y = 0.646$。则

$$\frac{N}{\varphi_y A} = \frac{57.44 \times 10^3}{0.646 \times 55.49 \times 10^2} = 16.02 (\text{N/mm}^2) < f = 310 \text{N/mm}^2，满足要求。$$

梯柱 TZ-1 的截面与 TZ-2 的截面相同，受力比 TZ-2 小，因此不需计算。TZ-3 的截面与 TZ-2 的截面相同，计算方法同 TZ-2。

梯柱 TZ-2 也可以采用吊柱连接于上部的框架梁上，如图 4-9 所示，此时可按轴心受拉构件进行计算。

梯柱 TZ-2 也可以延伸至上层框架梁底，如图 4-10 所示，这样连接更为可靠，尤其是在高烈度地震区，应采用可靠的连接。

楼梯各构件之间形成节点，节点的连接计算过程略。

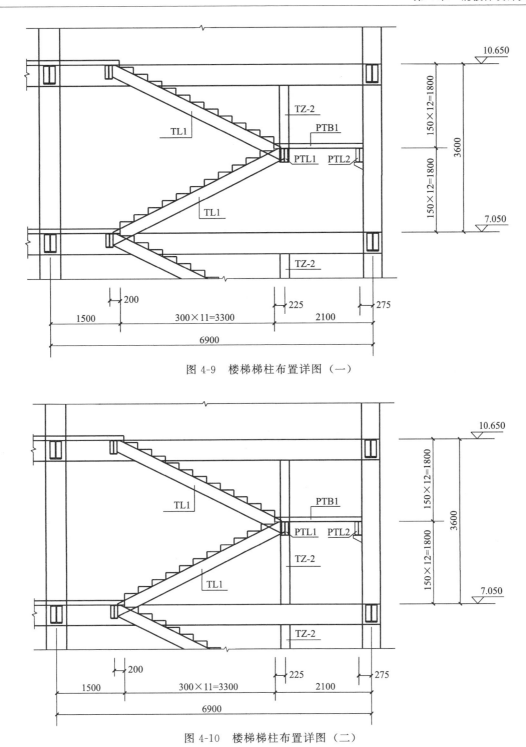

图 4-9 楼梯梯柱布置详图（一）

图 4-10 楼梯梯柱布置详图（二）

4.3 钢楼梯结构施工图

根据 4.2 的计算结果，本实例办公楼的钢楼梯结构布置图如图 4-11 所示，楼梯构件及连接详图如图 4-12 所示。

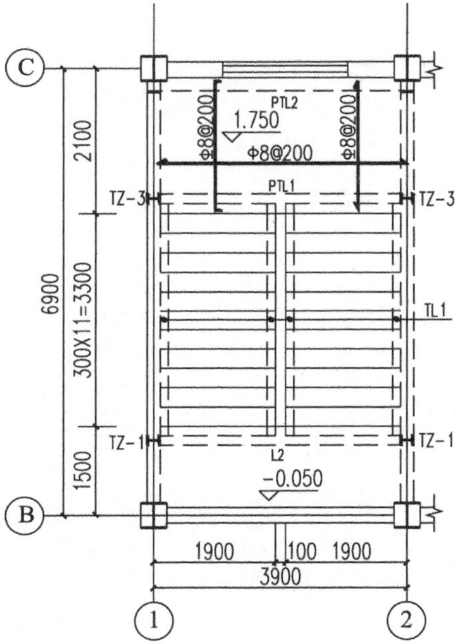

图 4-11　钢楼梯结构布置图

一层楼梯剖面图 1:50

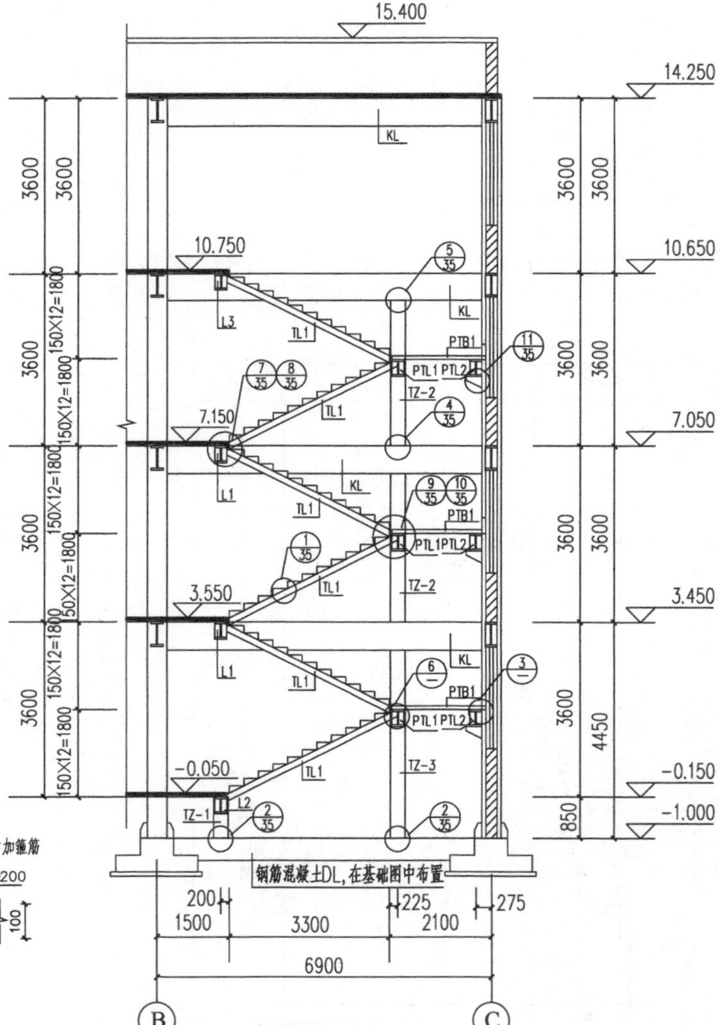

1号楼梯剖面图 1:50

钢筋混凝土DL，在楼梯居中布置

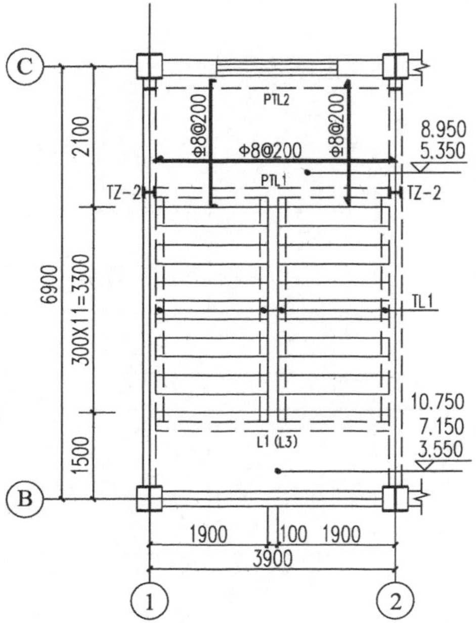

二～四层楼梯平面图 1:50

一～二层楼梯平面图 1:50

说明：

1. 本图中凡未标注的现浇板厚均为100mm。
2. 平台板TB1选用上混凝土选用C30，受力钢筋采用HRB335，分布钢筋采用HPB300。
3. 本图中凡未标注的板钢筋均为Φ8@200，未标注的板中分布钢筋均为Φ8@200。
4. 此图应密切配合建筑施工图，楼梯的起步位置与方向应与建筑保持一致。
5. 楼梯间TZ-1、TZ-3主梁托DL1，楼梯间DL1在TZ-1、TZ-3作托的两侧翼缘布置3Φ8@50的附加箍筋　3Φ8@50的附加箍筋

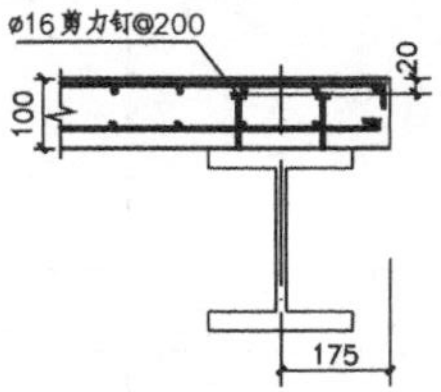

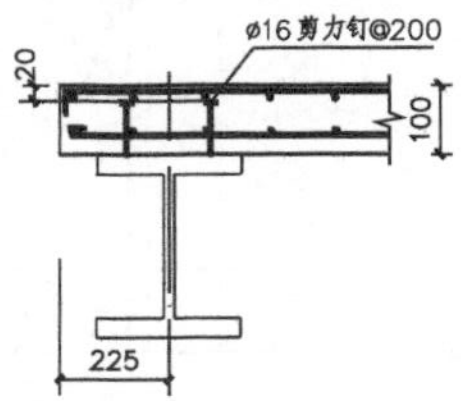

截　面　表

标号	截　面	材质	备　注
TZ-1	HM244X175X7X11	Q345B	
TZ-2	HM244X175X7X11	Q345B	
TZ-3	HM244X175X7X11	Q345B	
TL1	HN250X125X6X9	Q345B	
PTL1	HN300X150X6.5X9	Q345B	
PTL2	HN300X150X6.5X9	Q345B	
L2	HN300X150X6.5X9	Q345B	
L1	HN350X200X10X14	Q345B	
L3	HN350X200X10X14	Q345B	

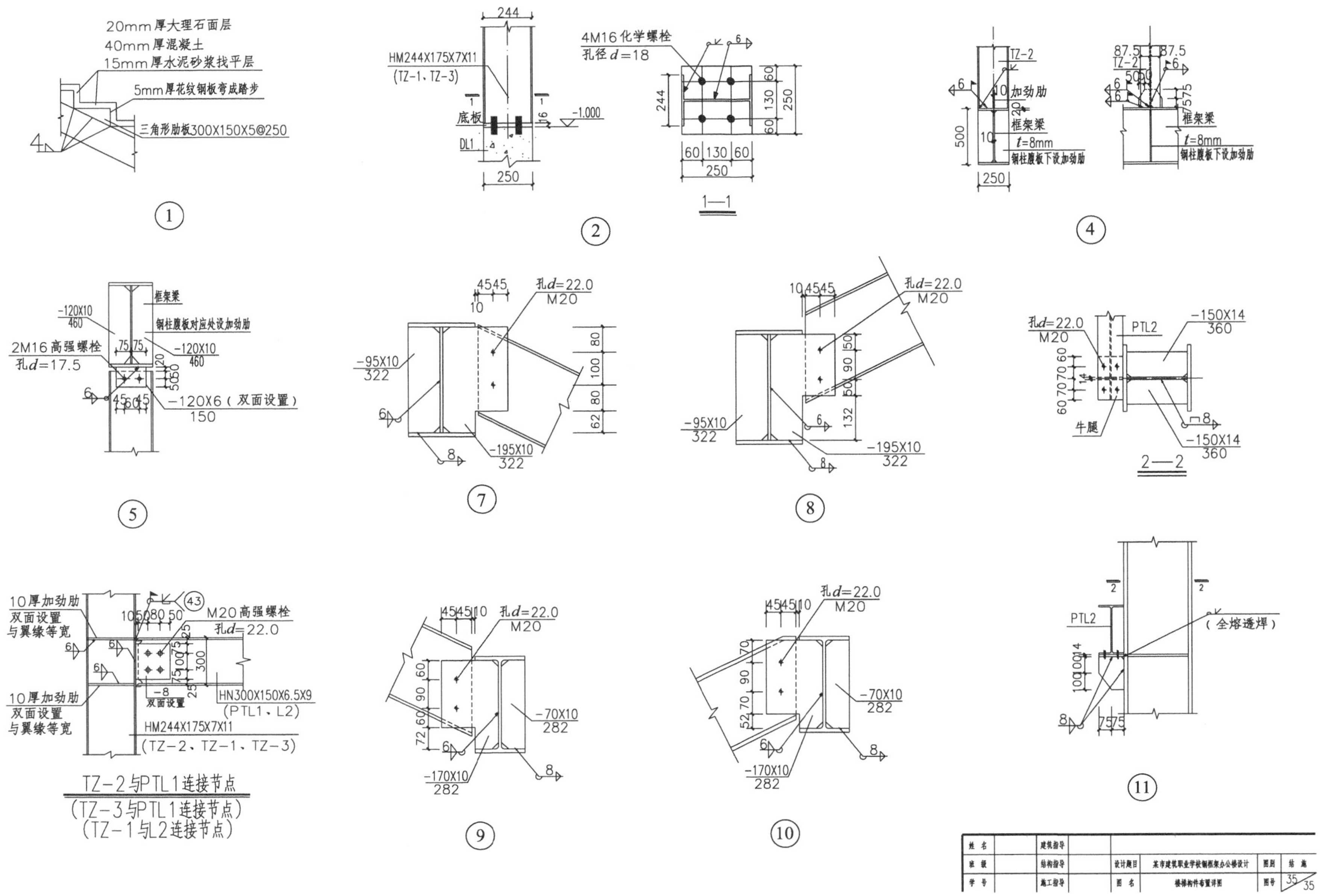

图 4-12 楼梯构件及连接详图

第5章
砌体结构钢筋混凝土楼梯设计实例

5.1 砌体结构钢筋混凝土楼梯建筑施工图

多层砖砌体房屋应按抗震设计的要求设置现浇钢筋混凝土构造柱。构造柱设置部位一般情况下应符合表5-1的要求。多层砖砌体房屋应按抗震设计的要求设置现浇钢筋混凝土圈梁。装配式钢筋混凝土楼、屋盖或木屋盖的砖房，应按表5-2的要求设置圈梁；纵墙承重时，抗震横墙上的圈梁间距应比表内要求适当加密。现浇或装配整体式钢筋混凝土楼、屋盖与墙体有可靠连接的房屋允许不另设圈梁，但楼板沿抗震墙体周边均应加强配筋并应与相应的构造柱钢筋可靠连接。

表 5-1　多层砖砌体房屋构造柱设置要求

房屋层数				设置部位	
6 度	7 度	8 度	9 度		
四、五	三、四	二、三		楼、电梯间四角，楼梯斜梯段上下端对应的墙体处 外墙四角和对应转角 错层部位横墙与外纵墙交接处 大房间内外墙交接处 较大洞口两侧	隔12m或单元横墙与外纵墙交接处 楼梯间对应的另一侧内横墙与外纵墙交接处
六	五	四	二		隔开间横墙(轴线)与外墙交接处 山墙与内纵墙交接处
七	≥六	≥五	≥三		内墙(轴线)与外墙交接处 内墙的局部较小墙垛处 内纵墙与横墙(轴线)交接处

注：较大洞口，内墙指不小于2.1m的洞口；外墙在内外墙交接处已设置构造柱时应允许适当放宽，但洞侧墙体应加强。

表 5-2　多层砖砌体房屋现浇钢筋混凝土圈梁设置要求

墙类	烈度		
	6、7 度	8 度	9 度
外墙和内纵墙	屋盖处及每层楼盖处	屋盖处及每层楼盖处	屋盖处及每层楼盖处
内横墙	屋盖处及每层楼盖处 屋盖处间距不应大于4.5m 楼盖处间距不应大于7.2m 构造柱对应部位	屋盖处及每层楼盖处 各层所有横墙，且间距不应大于4.5m 构造柱对应部位	屋盖处及每层楼盖处 各层所有横墙

砌体结构宿舍楼的钢筋混凝土楼梯平面图和剖面图如图5-1所示，该楼梯结构体系采用

钢筋混凝土板式楼梯。砌体结构的板式楼梯和框架结构的板式楼梯有相同点，但也有特殊地方。按抗震设计的要求，楼梯间应有 8 根构造柱，构造柱每层与圈梁连接。楼梯间地面采用瓷砖地面，瓷砖厚度约为 10mm，找平层为约 40mm 厚水泥砂浆，板底采用 20mm 混合砂浆粉刷。建筑标高与结构标高相差 50mm。

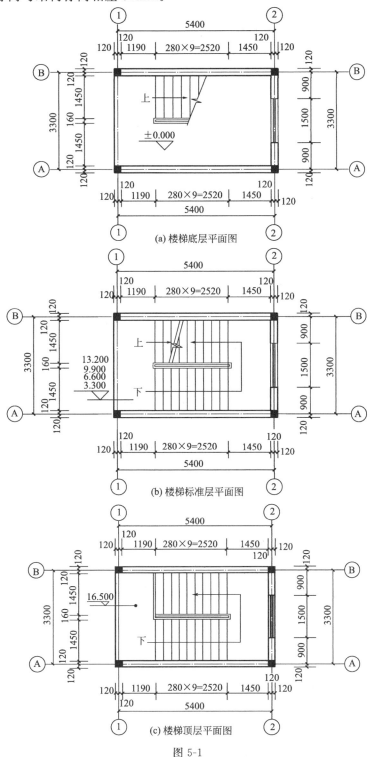

(a) 楼梯底层平面图

(b) 楼梯标准层平面图

(c) 楼梯顶层平面图

图 5-1

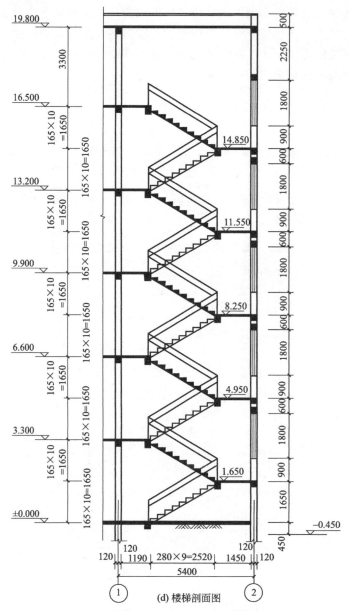

图 5-1   砌体结构钢筋混凝土楼梯建筑施工图

5.2   砌体结构双跑平行现浇钢筋混凝土板式楼梯设计

依据图 5-1 所示的砌体结构钢筋混凝土楼梯建筑施工图，进行该楼梯的结构布置。楼梯结构平面布置图如图 5-2 所示，楼梯结构剖面布置图如图 5-3 所示。楼梯间设置 4 根四角构造柱和 4 根梯梁支座位置构造柱，总共 8 根构造柱，构造柱与每层圈梁连接。对于顶层来说没有楼梯间，此时，楼梯间 4 根梯梁支座位置构造柱可以不深入顶层，如图 5-3（a）所示。当然，楼梯间 4 根梯梁支座位置构造柱深入顶层，与顶层圈梁连接是最好的构造做法，如图 5-3（b）所示。因为顶层楼梯间墙很高很宽，中间加构造柱和圈梁拉结，墙体整体性好，抗震性能好。楼梯间构件混凝土强度等级选用 C25，钢筋采用 HRB335 级。下面设计该楼梯结构平面图中的楼梯构件。

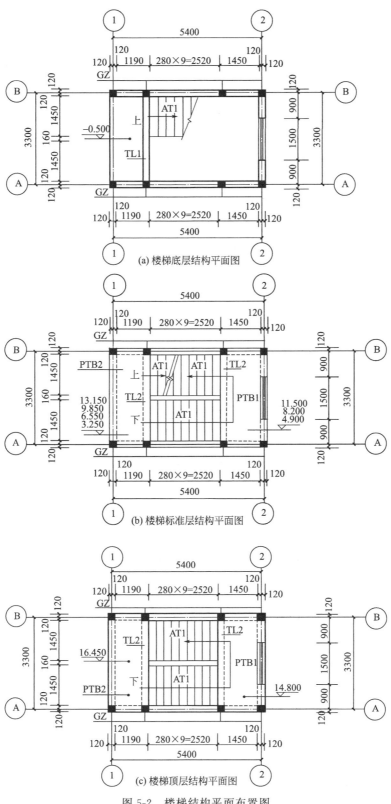

(a) 楼梯底层结构平面图

(b) 楼梯标准层结构平面图

(c) 楼梯顶层结构平面图

图 5-2　楼梯结构平面布置图

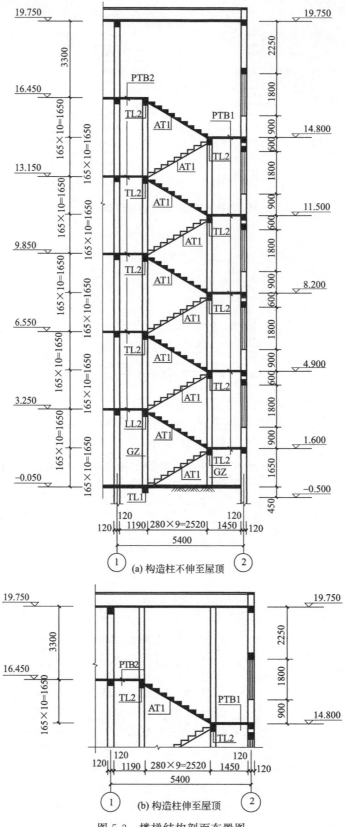

图 5-3   楼梯结构剖面布置图

5.2.1　楼梯梯段斜板设计

考虑到楼梯梯段斜板两端与混凝土楼梯梁的固结作用，斜板跨度近似可按梯段斜板净跨计算。对斜板取 1m 宽作为其计算单元。踏步尺寸为 280mm×165mm。

（1）确定斜板 AT1 厚度

斜板的水平投影净长为　$l_n = 2520\text{mm}$

斜板的斜向净长为　$l'_n = \dfrac{l_n}{\cos\alpha} = \dfrac{2520}{280/\sqrt{165^2 + 280^2}} = \dfrac{2520}{0.8615} = 2925(\text{mm})$

斜板厚度为　$t = \left(\dfrac{1}{30} \sim \dfrac{1}{25}\right)l'_n = \left(\dfrac{1}{30} \sim \dfrac{1}{25}\right) \times 2925 = 97.5 \sim 117(\text{mm})$

取 $t = 120\text{mm}$。

（2）荷载计算

楼梯梯段斜板 AT1 的荷载计算表见表 5-3。

表 5-3　楼梯梯段斜板 AT1 荷载计算表

荷载种类		荷载标准值/(kN/m)
恒荷载	栏杆自重	0.2
	锯齿形斜板自重	$\gamma_2(d/2 + t/\cos\alpha) = 25 \times (0.165/2 + 0.12/0.8615) = 5.54$
	瓷砖踏面、踢面重量	$\gamma_1 c_2(e+d)/e + \gamma_4 c_3(e+d)/e$ $= 17.8 \times 0.01 \times (0.28 + 0.165)/0.28 + 20 \times 0.04 \times (0.28 + 0.165)/0.28$ $= 1.55$
	板底 20 厚混合砂浆粉刷	$\gamma_3 c_1/\cos\alpha = 17 \times 0.02/0.8615 = 0.39$
	恒荷载合计	7.68
活荷载		3.5(考虑 1m 上的线荷载)

注：1. γ_1 为瓷面砖的容重，瓷砖厚度约为 10mm，找平层为约 40mm 厚水泥砂浆；γ_2 为钢筋混凝土的容重；γ_3 为混合砂浆的容重；γ_4 为水泥砂浆的容重。

2. e、d 分别为三角形踏步的宽度和高度。

3. c_1 为板底粉刷的厚度；c_2 为瓷砖厚度；c_3 为找平层厚度。

4. α 为楼梯斜板的倾角。楼梯的倾斜角：$\cos\alpha = \dfrac{280}{\sqrt{165^2 + 280^2}} = 0.8615$，$\alpha = 30.5°$。

5. t 为斜板的厚度。

（3）荷载效应组合

由可变荷载效应控制的组合：
$$q = 1.2 \times 7.68 + 1.4 \times 3.5 = 14.12(\text{kN/m})$$

永久荷载效应控制的组合：
$$q = 1.35 \times 7.68 + 1.4 \times 0.7 \times 3.5 = 13.80(\text{kN/m})$$

所以选可变荷载效应控制的组合来进行计算，取 $q = 14.12\text{kN/m}$。

（4）计算简图

斜板的计算跨度取水平投影净长 $l_n = 2520\text{mm}$。

（5）内力计算

斜板的内力一般只需计算跨中最大弯矩即可，考虑到斜板两端与梯梁整浇，跨中最大弯矩可取为

$$M = \frac{ql_n^2}{10} = \frac{14.12 \times 2.52^2}{10} = 8.97(\text{kN} \cdot \text{m})$$

（6）配筋计算

$$h_0 = t - 20 = 120 - 20 = 100(\text{mm})$$

$$\alpha_s = \frac{M}{\alpha_1 f_c b h_0^2} = \frac{8.97 \times 10^6}{1.0 \times 11.9 \times 1000 \times 100^2} = 0.0075$$

$$\gamma_s = 0.5(1 + \sqrt{1 - 2\alpha_s}) = 0.5 \times (1 + \sqrt{1 - 2 \times 0.0075}) = 0.996$$

$$A_s = \frac{M}{f_y \gamma_s h_0} = \frac{8.97 \times 10^6}{300 \times 0.996 \times 100} = 300(\text{mm}^2)$$

$$\rho = \frac{A_s}{bh} = \frac{300}{1000 \times 120} = 0.25\% > \rho_{min} = 0.45\frac{f_t}{f_y} = 0.45 \times \frac{1.27}{300} = 0.19\%$$

（7）选配钢筋

板底受力钢筋选用$\phi 10@150$，$A_s = 523\text{mm}^2$，分布钢筋选用$\phi 8@200$，$A_s = 251\text{mm}^2$。板顶负弯矩钢筋没有经过计算，和板底受力钢筋相同，即选用$\phi 10@150$，分布钢筋选用$\phi 8@200$。

5.2.2 平台板设计

5.2.2.1 PTB1 设计

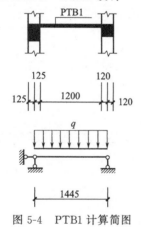

图 5-4 PTB1 计算简图

（1）平台板 PTB1 计算简图

平台板 PTB1 的计算简图如图 5-4 所示。平台板 PTB1 是四边支承板，长宽比为 $3300/(1450-250/2+120)=2.28>2$（近似取板长宽轴线尺寸进行计算，250 为 TL2 的截面宽度），因此按短跨方向的简支单向板计算，取 1m 宽作为计算单元。TL2 的截面尺寸为 $b \times h = 250\text{mm} \times 350\text{mm}$。平台板两端均与梁整浇，所以平台板计算跨度 l_{01} 取平台板两端梁的中心线之间距离，即 $l_{01} = 1450 - 250/2 + 120 = 1445(\text{mm})$。板厚度为跨度的 1/30，即 $1445/30 = 48$ (mm)，取平台板厚度 $t_1 = 100\text{mm}$。

（2）荷载计算

平台板 PTB1 的荷载计算列于表 5-4 中。

表 5-4 平台板 PTB1 荷载计算表

荷载种类		荷载标准值/(kN/m)
恒荷载	平台板自重	$25 \times 0.10 \times 1 = 2.5$
	瓷砖面层自重	$17.8 \times 0.01 \times 1 + 20 \times 0.04 \times 1 = 0.98$
	板底 20 厚混合砂浆粉刷	$17 \times 0.02 \times 1 = 0.34$
	恒荷载合计	3.82
活荷载		3.5

（3）荷载效应组合

由可变荷载效应控制的组合：

$$q = 1.2 \times 3.82 + 1.4 \times 3.5 = 9.48(\text{kN/m})$$

由永久荷载效应控制的组合：

$$q = 1.35 \times 3.82 + 1.4 \times 0.7 \times 3.5 = 8.59(\text{kN/m})$$

所以选可变荷载效应控制的组合进行计算，取 $q=9.48\text{kN/m}$。

（4）内力计算

考虑平台板两端梁的嵌固作用，跨中最大弯矩近似取

$$M=\frac{ql_{01}^2}{10}=\frac{9.48\times1.445^2}{10}=1.98(\text{kN}\cdot\text{m})$$

（5）配筋计算

$$h_0=100-20=80(\text{mm})$$

$$\alpha_s=\frac{M}{\alpha_1f_cbh_0^2}=\frac{1.98\times10^6}{1.0\times11.9\times1000\times80^2}=0.026$$

$$\gamma_s=0.5(1+\sqrt{1-2\alpha_s})=0.5\times(1+\sqrt{1-2\times0.026})=0.987$$

$$A_s=\frac{M}{f_y\gamma_sh_0}=\frac{1.98\times10^6}{300\times0.987\times80}=84(\text{mm}^2)$$

$$\rho=\frac{A_s}{bh}=\frac{84}{1000\times100}=0.08\%<\rho_{min}=0.45\frac{f_t}{f_y}=0.45\times\frac{1.27}{300}=0.19\%$$

应按 ρ_{min} 配筋，每米宽应配置的受力钢筋：

$$A_{smin}=\rho_{min}bh=0.0019\times1000\times100=190(\text{mm}^2)$$

因此，板底选用受力钢筋Φ8@150，$A_s=335\text{mm}^2$；分布钢筋选用Φ8@200，$A_s=251\text{mm}^2$。

5.2.2.2　PTB2 设计

PTB2 配筋与 PTB1 相同，设计过程不再赘述。

5.2.3　平台梁设计

5.2.3.1　TL2 设计

（1）平台梁（TL2）计算简图

平台梁（TL2）计算跨度 $l_0=3300\text{mm}$，计算简图如图 5-5 所示。平台梁（TL2）的截面尺寸取为 $b\times h=250\text{mm}\times350\text{mm}$。

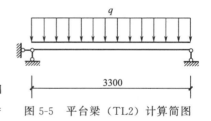

图 5-5　平台梁（TL2）计算简图

（2）荷载计算

平台梁（TL2）荷载计算详见表 5-5。

表 5-5　平台梁（TL2）荷载计算

荷载种类		荷载标准值/(kN/m)
恒荷载	由 AT1 梯段板传来的恒荷载	$7.68\times2.52/2=9.68$
	由平台板(PTB1)传来的恒荷载	$3.82\times(1.45-0.25)/2=2.29$
	平台梁(TL2)自重	$25\times0.25\times0.35=2.19$
	平台梁(TL2)底部和侧面的粉刷	$17\times0.02\times[0.25+2\times(0.35-0.10)]=0.26$
	恒荷载合计	14.42
	活荷载	$3.5\times(2.52/2+1.45/2)=6.95$

（3）荷载效应组合

按可变荷载效应控制的组合：

$$q=1.2\times14.42+1.4\times6.95=27.03(\text{kN/m})$$

按永久荷载效应控制的组合：
$$q = 1.35 \times 14.42 + 1.4 \times 0.7 \times 6.95 = 26.28(\text{kN/m})$$
所以选按可变荷载效应控制的组合计算，取 $q = 27.03\text{kN/m}$。

(4) 内力计算

计算跨中弯矩（两端铰接）：
$$M^+ = \frac{ql_0^2}{8} = \frac{27.03 \times 3.3^2}{8} = 36.79(\text{kN} \cdot \text{m})$$

计算支座负弯矩（两端固接），查附表 7-5，则
$$M^- = \frac{ql_0^2}{12} = \frac{27.03 \times 3.3^2}{12} = 24.53(\text{kN} \cdot \text{m})$$

计算支座剪力（最大）：
$$V = \frac{ql_0}{2} = \frac{27.03 \times 3.3}{2} = 44.60(\text{kN})$$

(5) 截面设计

① 正截面受弯承载力计算

a. 跨中截面：
$$h_0 = h - 35 = 350 - 35 = 315(\text{mm})$$
$$\alpha_s = \frac{M^+}{\alpha_1 f_c b h_0^2} = \frac{36.79 \times 10^6}{1.0 \times 11.9 \times 250 \times 315^2} = 0.125$$
$$\gamma_s = 0.5(1 + \sqrt{1 - 2\alpha_s}) = 0.5 \times (1 + \sqrt{1 - 2 \times 0.125}) = 0.933$$
$$A_s = \frac{M^+}{f_y \gamma_s h_0} = \frac{36.79 \times 10^6}{300 \times 0.933 \times 315} = 417(\text{mm}^2)$$
$$\rho = \frac{A_s}{bh} = \frac{417}{250 \times 350} = 0.48\% > \rho_{\min} = 0.45 \frac{f_t}{f_y} = 0.45 \times \frac{1.27}{300} = 0.19\%$$

考虑到平台梁两边受力不均匀，会使平台梁受扭，所以在平台梁内宜适当增加纵向受力钢筋和箍筋的用量，故梁底纵向受力钢筋选用 $3\phi16$，$A_s = 603\text{mm}^2$。

b. 支座截面：
$$\alpha_s = \frac{M^-}{\alpha_1 f_c b h_0^2} = \frac{24.53 \times 10^6}{1.0 \times 11.9 \times 250 \times 315^2} = 0.083$$
$$\gamma_s = 0.5(1 + \sqrt{1 - 2\alpha_s}) = 0.5 \times (1 + \sqrt{1 - 2 \times 0.083}) = 0.957$$
$$A_s = \frac{M^-}{f_y \gamma_s h_0} = \frac{24.53 \times 10^6}{300 \times 0.957 \times 315} = 271(\text{mm}^2)$$
$$\rho = \frac{A_s}{bh} = \frac{271}{250 \times 350} = 0.31\% > \rho_{\min} = 0.45 \frac{f_t}{f_y} = 0.45 \times \frac{1.27}{300} = 0.19\%$$

所以，梁顶纵向受力钢筋选用 $3\phi16$，$A_s = 603\text{mm}^2$。

② 斜截面受剪承载力计算
$$V_c = \alpha_{cv} f_t b h_0 = 0.7 \times 1.27 \times 250 \times 315 = 70.01(\text{kN}) > V = 44.60\text{kN}$$

虽可按构造配置箍筋，但考虑到平台梁两端连接构造柱，平台梁与构造柱形成弱框架结构，还应该考虑平台梁的受扭问题，因此，偏于安全考虑，沿梁全长加密箍筋，配 $\phi8@100$ 双肢箍筋。

5.2.3.2　TL1 设计

TL1 仅半跨承受梯段板的荷载，受力比 TL2 较小，因计算方法与 TL2 相同，因此，TL1 具体设计过程不再赘述。TL1 梁顶和梁底纵向受力钢筋选用 $3\,\phi\,14$，$A_s = 461\text{mm}^2$，箍筋选用 $\phi\,8@100$ 双肢箍筋。

5.2.4　楼梯结构施工图

根据本节 5.2.1、5.2.3 的计算结果，对砌体结构双跑平行现浇钢筋混凝土板式楼梯的结构施工图进行统一绘制。

(1) 楼梯结构平面布置图

楼梯结构平面布置图如图 5-2 所示。

(2) 楼梯结构剖面布置图

楼梯结构剖面布置图如图 5-3 所示。

(3) 梯段板配筋图

依据计算结果，AT1 配筋图如图 5-6 所示。AT1 也可以采用双层双向配筋，如图 5-7 所示。梯段板配筋图的平法表示如图 5-8 所示。

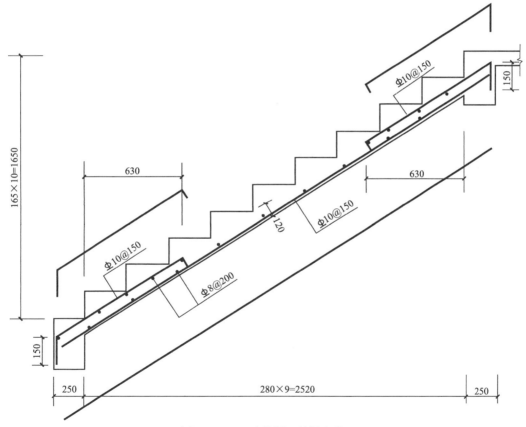

图 5-6　AT1 配筋图（单层配筋）

(4) 平台板配筋图

依据计算结果，PTB1、PTB2 配筋图采用平法表示，如图 5-8 所示。

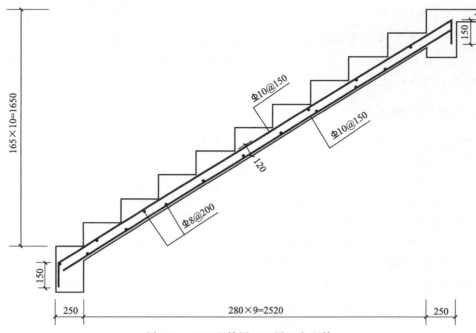

图 5-7　AT1 配筋图（双层双向配筋）

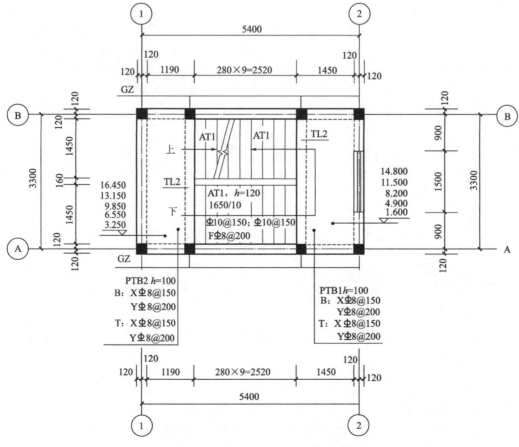

图 5-8　PTB1、PTB2、AT1 平法配筋图

（5）平台梁配筋图

依据计算结果，TL1 配筋图如图 5-9 所示。TL2 配筋图如图 5-10 所示。

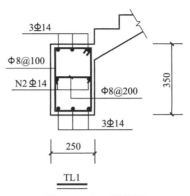

图 5-9　TL1 配筋图

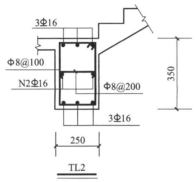

图 5-10　TL2 配筋图

（6）构造柱配筋图

构造柱混凝土等级采用 C20，纵向钢筋和箍筋采用 HRB335 级钢筋，GZ 配筋图如图 5-11 所示。构造柱立面示意图如图 5-12 所示，图中标示了构造柱箍筋加密区和非加密区的长度。本设计 GZ 箍筋加密区和非加密区如图 5-13 所示，依据图 5-12 所示计算构造柱箍筋加密区长度，图中 550 的计算方法是 3300/6＝550（mm）＞450mm，因此，圈梁下部构造柱箍筋加密区长度为 550mm。查附表 21，纵向受拉钢筋抗震搭接长度 $l_{lE}＝48×16＝768$（mm）＞550mm 和 450mm，所以，圈梁上部构造柱箍筋加密区长度取为 800mm。

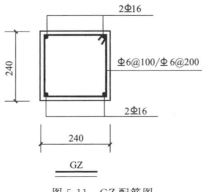

图 5-11　GZ 配筋图

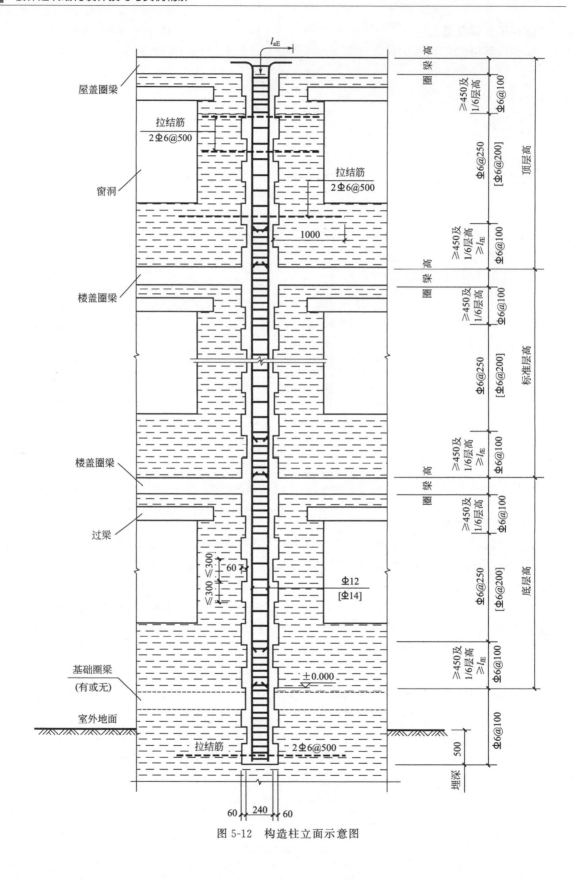

图 5-12　构造柱立面示意图

（7）圈梁配筋图

圈梁配筋图如图 5-14 所示。

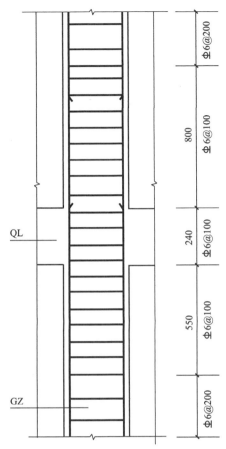

图 5-13　GZ 箍筋加密区和非加密区示意图

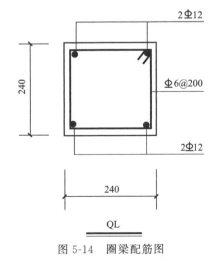

图 5-14　圈梁配筋图

5.3 砌体结构双跑平行现浇钢筋混凝土梁式楼梯设计

5.3.1 砌体结构双跑平行现浇钢筋混凝土梁式楼梯设计方案（一）

砌体结构双跑楼梯也可以采用梁式楼梯，以本书 5.1 节中施工图为例进行梁式楼梯结构体系布置说明（因该楼梯梯段跨度较短，使用板式楼梯更经济，本节只依据本章实例说明梁式楼梯的结构体系布置），具体计算过程同框架结构中梁式楼梯构件设计方法，因此，计算过程省略，只进行结构体系布置。

如图 5-15 所示的梁式楼梯结构平面布置图，楼梯踏步板的两侧均布置斜梁，踏步板两端均与斜梁整浇，踏步板位于斜梁上部，斜边梁与平台梁及楼层梁整浇，平台梁两端设置构造柱，楼梯间四角设置构造柱，因此，楼梯间共 8 根构造柱。楼梯结构剖面布置图如图 5-16 (a) 所示，图 5-16(b) 是 1—1 剖面图，采用双斜梁。有时可以采用单斜梁，此时 1—1 剖面图如图 5-16(c) 所示。斜梁也可以做成上翻梁，也即斜梁与踏步板下部平齐，上翻斜梁也可以挡灰，如图 5-17 所示。

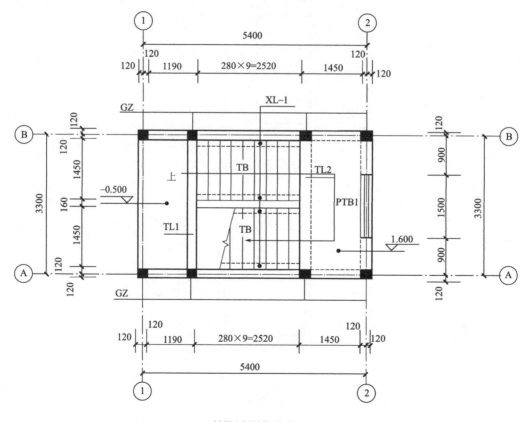

(a) 楼梯底层结构平面图

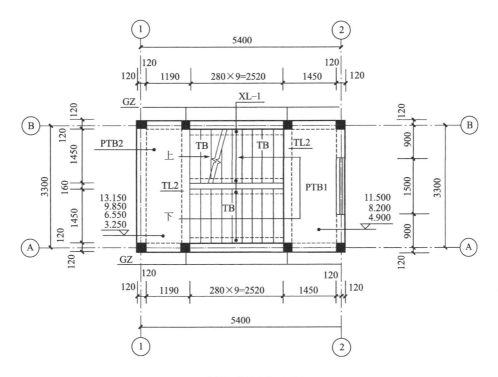

(b) 楼梯标准层结构平面图

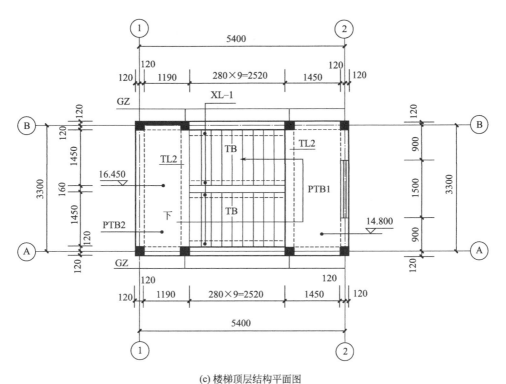

(c) 楼梯顶层结构平面图

图 5-15　梁式楼梯结构平面布置图

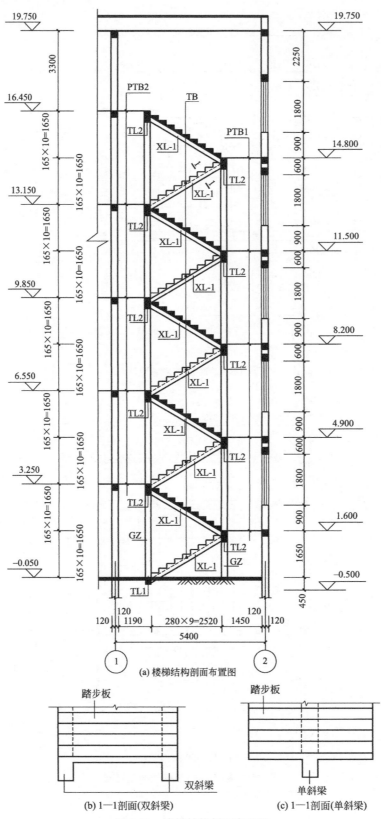

(a) 楼梯结构剖面布置图

踏步板

双斜梁

(b) 1—1剖面(双斜梁)

踏步板

单斜梁

(c) 1—1剖面(单斜梁)

图 5-16　楼梯结构剖面布置图

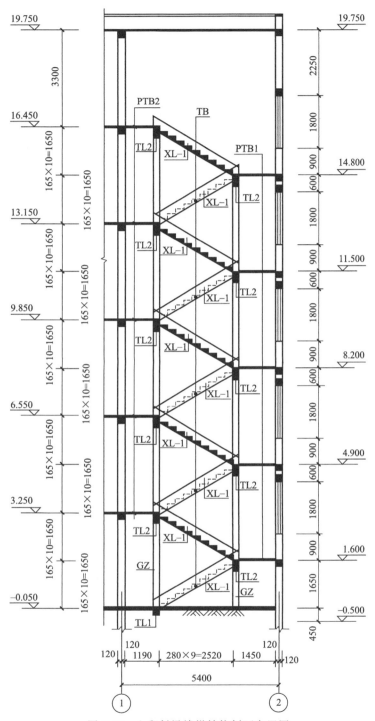

图 5-17　上翻斜梁楼梯结构剖面布置图

5.3.2　砌体结构双跑平行现浇钢筋混凝土梁式楼梯设计方案（二）

　　梁式楼梯踏步板两侧的斜边梁也可以设置在墙体里面，结构布置方案如图 5-18 所示。图中 XL-1 截面尺寸可取为 250mm×350mm，宽度与墙厚相同。XL-2 截面尺寸可取为

200mm×350mm。

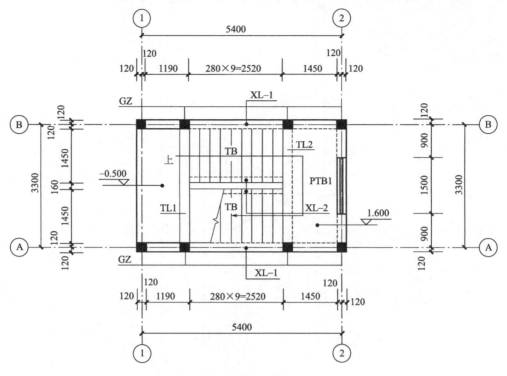

(a) 楼梯底层结构平面图

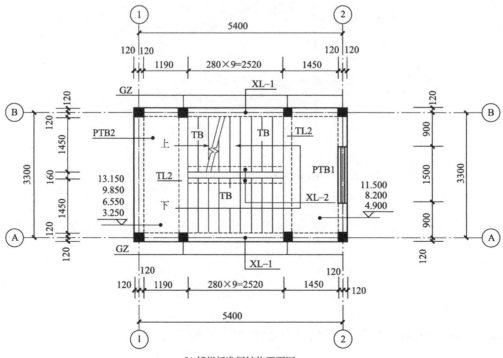

(b) 楼梯标准层结构平面图

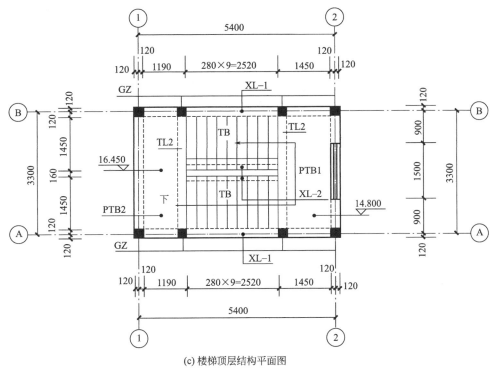

(c) 楼梯顶层结构平面图

图 5-18 楼梯结构平面布置图

5.4 砌体结构楼梯间构造要求

5.4.1 构造柱的构造要求

① 构造柱最小截面可采用 180mm×240mm（墙厚 190mm 时为 180mm×190mm，楼梯间墙体应为 240mm），纵向钢筋宜采用 4φ12，箍筋间距不宜大于 250mm，且在柱上下端应适当加密；6 度、7 度时超过六层、8 度时超过五层和 9 度时，构造柱纵向钢筋宜采用 4φ14，箍筋间距不应大于 200mm；房屋四角的构造柱应适当加大截面及配筋。

② 构造柱与墙连接处应砌成马牙槎，沿墙高每隔 500mm 设 2φ6 水平钢筋和 φ4 分布短筋平面内点焊组成的拉结网片或 φ4 点焊钢筋网片，每边伸入墙内不宜小于 1m。6 度、7 度时底部 1/3 楼层，8 度时底部 1/2 楼层，9 度时全部楼层，上述拉结钢筋网片应沿墙体水平通长设置。

③ 构造柱与圈梁连接处，构造柱的纵筋应在圈梁纵筋内侧穿过，保证构造柱纵筋上下贯通。

④ 构造柱可不单独设置基础，但应伸入室外地面下 500mm，或与埋深小于 500mm 的基础圈梁相连。

⑤ 房屋高度和层数接近《建筑抗震设计规范》（GB 50011—2010）（2016 年版）规定的限值时，纵、横墙内构造柱间距应符合下列要求：

a.横墙内的构造柱间距不宜大于层高的两倍；下部 1/3 楼层的构造柱间距适当减小；

b.当外纵墙开间大于 3.9m 时，应另设加强措施。内纵墙的构造柱间距不宜大于 4.2m。

5.4.2　现浇钢筋混凝土圈梁的构造要求

① 圈梁应闭合，遇有洞口圈梁应上下搭接。圈梁宜与预制板设在同一标高处或紧靠板底。

② 圈梁在规定的间距内无横墙时，应利用梁或板缝中配筋替代圈梁。

③ 圈梁的截面高度不应小于120mm，配筋应符合表5-6的要求；按要求增设的基础圈梁，截面高度不应小于180mm，配筋不应少于4φ12。

表 5-6　多层砖砌体房屋圈梁配筋要求

配筋	烈度		
	6、7 度	8 度	9 度
最小纵筋	4φ10	4φ12	4φ14
箍筋最大间距/mm	250	200	150

5.4.3　砌体结构抗震设计时楼梯间应符合的构造要求

① 顶层楼梯间墙体应沿墙高每隔500mm设2φ6通长钢筋和φ4分布短钢筋平面内点焊组成的拉结网片或φ4点焊网片；7～9度时其他各层楼梯间墙体应在休息平台或楼层半高处设置60mm厚、纵向钢筋不应少于2φ10的钢筋混凝土带或配筋砖带，配筋砖带不少于3皮，每皮的配筋不少于2φ6，砂浆强度等级不应低于M7.5且不低于同层墙体的砂浆强度等级。

② 楼梯间及门厅内墙阳角处的大梁支承长度不应小于500mm，并应与圈梁连接。

③ 装配式楼梯段应与平台板的梁可靠连接，8度、9度时不应采用装配式楼梯段；不应采用墙中悬挑式踏步或踏步竖肋插入墙体的楼梯，不应采用无筋砖砌栏板。

④ 突出屋顶的楼、电梯间，构造柱应伸到顶部，并与顶部圈梁连接，所有墙体应沿墙高每隔500mm设2φ6通长钢筋和φ4分布短筋平面内点焊组成的拉结网片或φ4点焊网片。

附　录

常用楼梯结构设计资料

附表 1　钢材的强度设计值

钢 材		抗拉、抗压和抗弯 $f/(\text{N/mm}^2)$	抗剪 $f_v/(\text{N/mm}^2)$	端面承压（刨平顶紧） $f_{ce}/(\text{N/mm}^2)$
牌号	厚度或直径/mm			
Q235 钢	≤16	215	125	325
	>16~40	205	120	
	>40~60	200	115	
	>60~100	190	110	
Q345 钢	≤16	310	180	400
	>16~35	295	170	
	>35~50	265	155	
	>50~100	250	145	
Q390 钢	≤16	350	205	415
	>16~35	335	190	
	>35~50	315	180	
	>50~100	295	170	
Q420 钢	≤16	380	220	440
	>16~35	360	210	
	>35~50	340	195	
	>50~100	325	185	

注：表中厚度指计算点的钢材厚度，对轴心受拉和轴心受压构件系指截面中较厚板件的厚度。

附表 2　焊缝的强度设计值

焊接方法和焊条型号	构件钢材		对接焊缝				角焊缝
	牌号	厚度或直径/mm	抗压 f_c^w/(N/mm²)	焊接质量为下列等级时，抗拉 f_t^w/(N/mm²)		抗剪 f_v^w/(N/mm²)	抗拉、抗压和抗剪 f_f^w/(N/mm²)
				一级、二级	三级		
自动焊、半自动焊和 E43 型焊条的手工焊	Q235 钢	≤16	215	215	185	125	160
		>16～40	205	205	175	120	
		>40～60	200	200	170	115	
		>60～100	190	190	160	110	
自动焊、半自动焊和 E50 型焊条的手工焊	Q345 钢	≤16	310	310	265	180	200
		>16～35	295	295	250	170	
		>35～50	265	265	225	155	
		>50～100	250	250	210	145	
自动焊、半自动焊和 E55 型焊条的手工焊	Q390 钢	≤16	350	350	300	205	220
		>16～35	335	335	285	190	
		>35～50	315	315	270	180	
		>50～100	295	295	250	170	
	Q420 钢	≤16	380	380	320	220	220
		>16～35	360	360	305	210	
		>35～50	340	340	290	195	
		>50～100	325	325	275	185	

注：1.自动焊和半自动焊所采用的焊丝和焊剂，应保证其熔敷金属的力学性能不低于现行国家标准《埋弧焊用碳钢焊丝和焊剂》（GB/T 5293）和《低合金钢埋弧焊用焊剂》（GB/T 12470）中相关的规定。

2.焊缝质量等级应符合现行国家标准《钢结构工程施工质量验收规范》（GB 50205）的规定。其中厚度小于 8mm 钢材的对接焊缝，不应采用超声波探伤确定焊缝质量等级。

3.对接焊缝在受压区的抗弯强度设计值取 f_c^w，在受拉区的抗弯强度设计值取 f_t^w。

4.表中厚度指计算点的钢材厚度，对轴心受拉和轴心受压构件系指截面中较厚板件的厚度。

附表 3　螺栓连接的强度设计值

单位：N/mm²

螺栓的性能等级、锚栓和构件钢材的牌号		普通螺栓						锚栓	承压型连接高强度螺栓		
		C 级螺栓			A 级、B 级螺栓						
		抗拉 f_t^b	抗剪 f_v^b	承压 f_c^b	抗拉 f_t^b	抗剪 f_v^b	承压 f_c^b	抗拉 f_t^b	抗拉 f_t^b	抗剪 f_v^b	承压 f_c^b
普通螺栓	4.6 级、4.8 级	170	140	—	—	—	—	—	—	—	—
	5.6 级	—	—	—	210	190	—	—	—	—	—
	8.8 级	—	—	—	400	320	—	—	—	—	—
锚栓	Q235 钢	—	—	—	—	—	—	140	—	—	—
	Q345 钢	—	—	—	—	—	—	180	—	—	—

续表

螺栓的性能等级、锚栓和构件钢材的牌号		普通螺栓						锚栓	承压型连接高强度螺栓		
		C 级螺栓			A 级、B 级螺栓						
		抗拉 f_t^b	抗剪 f_v^b	承压 f_c^b	抗拉 f_t^b	抗剪 f_v^b	承压 f_c^b	抗拉 f_t^b	抗拉 f_t^b	抗剪 f_v^b	承压 f_c^b
承压型连接高强度螺栓	8.8 级	—	—	—	—	—	—	—	400	250	—
	10.9 级	—	—	—	—	—	—	—	500	310	—
构件	Q235 钢	—	—	305	—	—	405	—	—	—	470
	Q345 钢	—	—	385	—	—	510	—	—	—	590
	Q390 钢	—	—	400	—	—	530	—	—	—	615
	Q420 钢	—	—	425	—	—	560	—	—	—	655

注：1. A 级螺栓用于 $d \leqslant 24\text{mm}$ 和 $l \leqslant 10d$ 或 $l \leqslant 150\text{mm}$（按较小值）的螺栓；B 级螺栓用于 $d > 24\text{mm}$ 和 $l > 10d$ 或 $l > 150\text{mm}$（按较小值）的螺栓。d 为公称直径，l 为螺杆公称长度。

2. A、B 级螺栓孔的精度和孔壁表面粗糙度，C 级螺栓孔的允许偏差和孔壁表面粗糙度，均应符合现行国家标准《钢结构工程施工质量验收规范》（GB 50205）的要求。

附表 4 混凝土强度设计值

单位：N/mm²

强度种类	混凝土强度等级													
	C15	C20	C25	C30	C35	C40	C45	C50	C55	C60	C65	C70	C75	C80
f_c	7.2	9.6	11.9	14.3	16.7	19.1	21.1	23.1	25.3	27.5	29.7	31.8	33.8	35.9
f_t	0.91	1.10	1.27	1.43	1.57	1.71	1.80	1.89	1.96	2.04	2.09	2.14	2.18	2.22

附表 5 普通钢筋强度设计值

单位：N/mm²

牌号	抗拉强度设计值 f_y	抗压强度设计值 f_y'
HPB300	270	270
HRB335、HRBF335	300	300
HRB400、HRBF400、RRB400	360	360
HRB500、HRBF500	435	410

附表 6 普通钢筋强度标准值

牌号	符号	公称直径 d/mm	屈服强度标准值 f_{yk}/(N/mm²)	极限强度标准值 f_{stk}/(N/mm²)
HPB300	φ	6～22	300	420

牌号	符号	公称直径 d/mm	屈服强度标准值 f_{yk}/(N/mm²)	极限强度标准值 f_{stk}/(N/mm²)
HRB335 HRBF335	Φ Φ^F	6～50	335	455
HRB400 HRBF400 RRB400	Φ Φ^F Φ^R	6～50	400	540
HRB500 HRBF500	Φ Φ^F	6～50	500	630

附表 7　单跨梁力学计算公式

单跨梁包括悬臂梁、简支梁、一端简支一端固定梁、一端固定一端滑动支承梁和两端固定梁，在多种荷载作用下单跨梁的支座反力、弯矩图、剪力图和挠度详见附表 7-1～附表 7-5。表中符号的意义如下：

R——支座反力，方向向上者为正；

M——弯矩，使梁的下层纤维受拉者为正（弯矩画在受拉边）；

V——剪力，使梁的截出部分顺时针方向转动者为正（图形位于上方）；

w——挠度，梁的变位向下者为正；

x——计算截面距梁 A 端的距离。

附表 7-1　悬臂梁力学计算公式

序号	简图及计算公式	序号	简图及计算公式
1	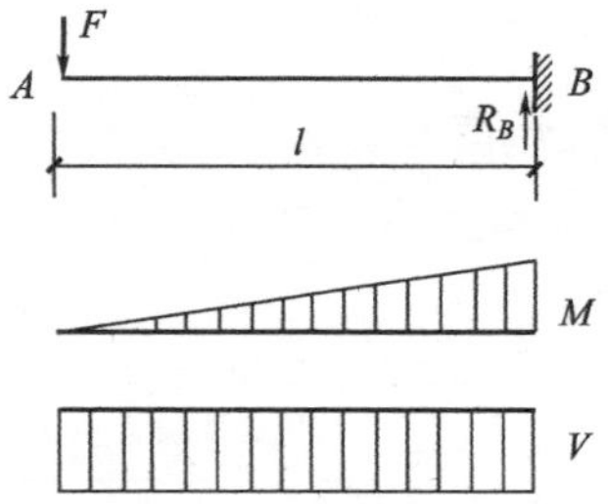 $R_B=+F$ $M_B=-Fl$ $w_A=\dfrac{Fl^3}{3EI}$	3	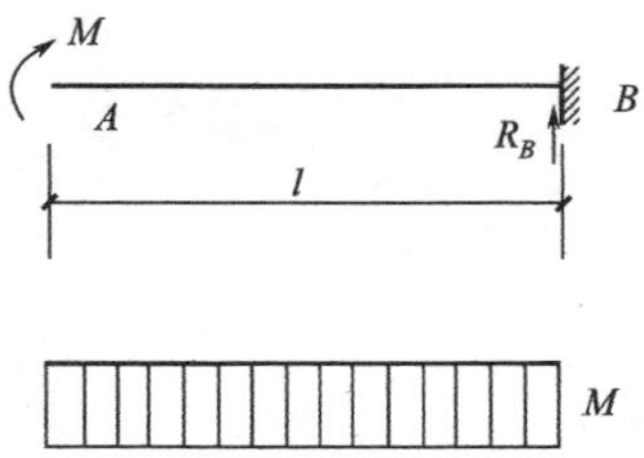 $R_B=0$ $M_B=-M$ $w_A=\dfrac{Ml^2}{2EI}$
2	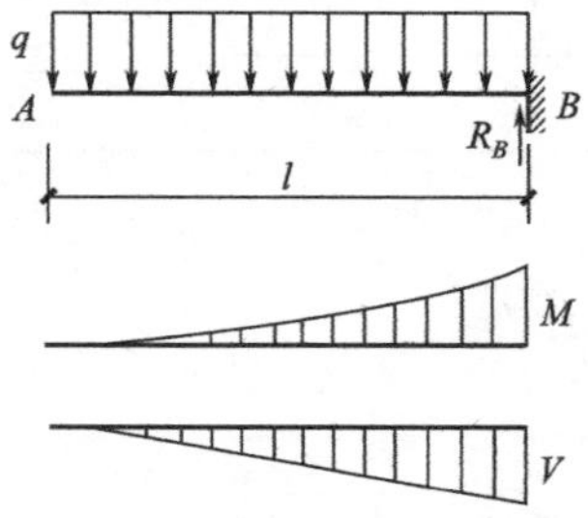 $R_B=ql$ $M_B=-\dfrac{ql^2}{2}$ $w_A=\dfrac{ql^2}{8EI}$	4	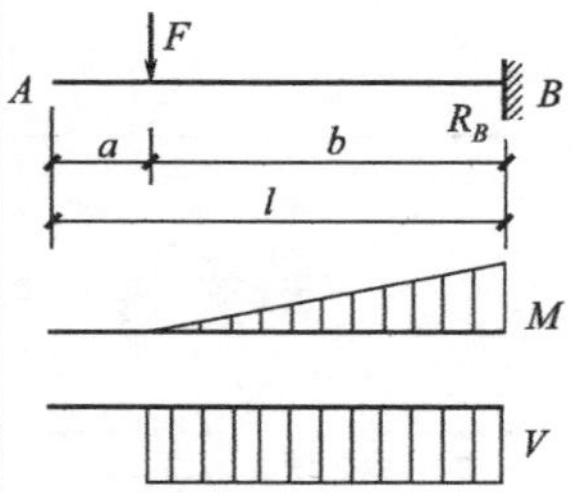 $R_B=+F$ $M_B=-Fb$ $w_A=\dfrac{Fb^2}{6EI}(3a+2b)$

续表

序号	简图及计算公式	序号	简图及计算公式
5	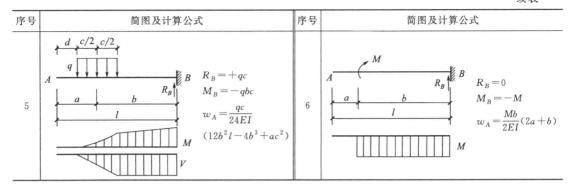 $R_B = +qc$ $M_B = -qbc$ $w_A = \dfrac{qc}{24EI}$ $(12b^2l - 4b^3 + ac^2)$	6	$R_B = 0$ $M_B = -M$ $w_A = \dfrac{Mb}{2EI}(2a+b)$

附表 7-2　简支梁力学计算公式

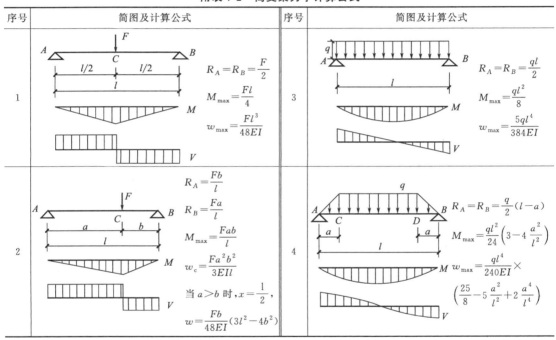

序号	简图及计算公式	序号	简图及计算公式
1	$R_A = R_B = \dfrac{F}{2}$ $M_{max} = \dfrac{Fl}{4}$ $w_{max} = \dfrac{Fl^3}{48EI}$	3	$R_A = R_B = \dfrac{ql}{2}$ $M_{max} = \dfrac{ql^2}{8}$ $w_{max} = \dfrac{5ql^4}{384EI}$
2	$R_A = \dfrac{Fb}{l}$ $R_B = \dfrac{Fa}{l}$ $M_{max} = \dfrac{Fab}{l}$ $w_c = \dfrac{Fa^2b^2}{3EIl}$ 当 $a > b$ 时,$x = \dfrac{1}{2}$, $w = \dfrac{Fb}{48EI}(3l^2 - 4b^2)$	4	$R_A = R_B = \dfrac{q}{2}(l-a)$ $M_{max} = \dfrac{ql^2}{24}\left(3 - 4\dfrac{a^2}{l^2}\right)$ $w_{max} = \dfrac{ql^4}{240EI} \times$ $\left(\dfrac{25}{8} - 5\dfrac{a^2}{l^2} + 2\dfrac{a^4}{l^4}\right)$

附表 7-3　一端简支一端固定梁力学计算公式

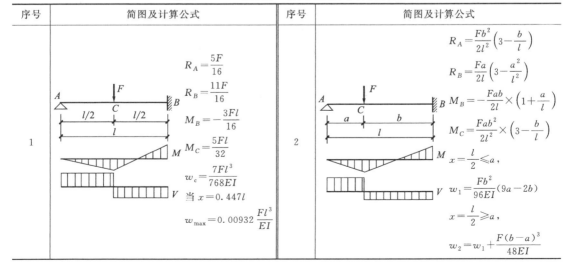

序号	简图及计算公式	序号	简图及计算公式
1	$R_A = \dfrac{5F}{16}$ $R_B = \dfrac{11F}{16}$ $M_B = -\dfrac{3Fl}{16}$ $M_C = \dfrac{5Fl}{32}$ $w_c = \dfrac{7Fl^3}{768EI}$ 当 $x = 0.447l$ $w_{max} = 0.00932\dfrac{Fl^3}{EI}$	2	$R_A = \dfrac{Fb^2}{2l^2}\left(3 - \dfrac{b}{l}\right)$ $R_B = \dfrac{Fa}{2l}\left(3 - \dfrac{a^2}{l^2}\right)$ $M_B = -\dfrac{Fab}{2l} \times \left(1 + \dfrac{a}{l}\right)$ $M_C = \dfrac{Fab^2}{2l^2} \times \left(3 - \dfrac{b}{l}\right)$ $x = \dfrac{l}{2} \leqslant a,$ $w_1 = \dfrac{Fb^2}{96EI}(9a - 2b)$ $x = \dfrac{l}{2} \geqslant a,$ $w_2 = w_1 + \dfrac{F(b-a)^3}{48EI}$

续表

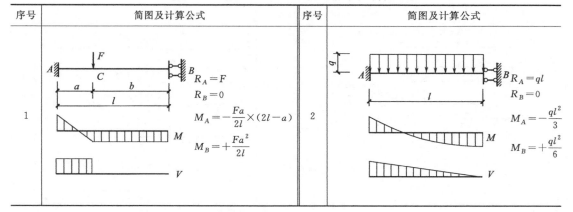

序号	简图及计算公式	序号	简图及计算公式
3	$R_A=\dfrac{3ql}{8}$　$R_B=\dfrac{5ql}{8}$ $M_B=-\dfrac{ql^2}{8}$ 当 $x=\dfrac{3}{8}l$，$M_{max}=\dfrac{9ql^2}{128}$ 当 $x=0.422l$，$w_{max}=0.00542\dfrac{ql^4}{EI}$	5	$R_A=\dfrac{qb^3}{8l^2}\left(4-\dfrac{b}{l}\right)$ $R_B=\dfrac{qb}{8}\left(8-4\dfrac{b^2}{l^2}+\dfrac{b^3}{l^3}\right)$ $M_B=-\dfrac{qb^2}{8}\left(2-\dfrac{b}{l}\right)^2$ 当 $x=a+\dfrac{R_A}{q}$，$M_{max}=R_A\left(a+\dfrac{R_A}{2q}\right)$
4	$R_A=\dfrac{qa}{8}\left(8-6\dfrac{a}{l}+\dfrac{a^3}{l^3}\right)$ $R_B=\dfrac{qa^2}{8l}\left(6-\dfrac{a^2}{l^2}\right)$ $M_B=-\dfrac{qa^2}{8}\left(2-\dfrac{a^2}{l^2}\right)$ 当 $x=\dfrac{R_A}{q}$，$M_{max}=\dfrac{R_A^2}{2q}$	6	$R_A=\dfrac{ql}{8}\left(3-4\dfrac{a}{l}+2\dfrac{a^2}{l^2}-\dfrac{a^3}{l^3}\right)$ $R_B=\dfrac{ql}{8}\left(5-4\dfrac{a}{l}-2\dfrac{a^2}{l^2}+\dfrac{a^3}{l^3}\right)$ $M_B=-\dfrac{ql^2}{8}\left(1-2\dfrac{a^2}{l^2}+\dfrac{a^3}{l^3}\right)$ 当 $a=0$，$w_{max}=\dfrac{ql^4}{185EI}$ 当 $a=\dfrac{l}{2}$，$w_{max}=\dfrac{ql^4}{280EI}$ 当 $0<a<l/2$，w_{max} 可用插入法近似求得

附表 7-4　一端固定一端滑动支承梁力学计算公式

序号	简图及计算公式	序号	简图及计算公式
1	$R_A=F$ $R_B=0$ $M_A=-\dfrac{Fa}{2l}\times(2l-a)$ $M_B=+\dfrac{Fa^2}{2l}$	2	$R_A=ql$ $R_B=0$ $M_A=-\dfrac{ql^2}{3}$ $M_B=+\dfrac{ql^2}{6}$

附表 7-5　两端固定梁力学计算公式

序号	简图及计算公式	序号	简图及计算公式
1	$$R_A = R_B = \frac{F}{2}$$ $$M_A = M_B = -\frac{Fl}{8}$$ $$M_{max} = \frac{Fl}{8}$$ $$w_{max} = \frac{Fl}{192EI}$$	3	$$R_A = \frac{Fb^2}{l^3}(3a+b), R_B = \frac{Fa^2}{l^3}(a+3b)$$ $$M_A = -\frac{Fab^2}{l^2}, M_B = -\frac{Fa^2b}{l^2}$$ $$M_{max} = \frac{2Fa^2b^2}{l^3} \quad w_c = \frac{Fa^3b^3}{3EIl^3}$$ 若 $a > b$，当 $x = \frac{2al}{3a+b}$，$w_{max} = \frac{2F}{3EI} \frac{a^3b^2}{(3a+b)^2}$
2	$$R_A = R_B = F$$ $$M_A = M_B = -Fa \times \left(1 - \frac{a}{l}\right)$$ $$M_{max} = \frac{Fa^2}{l}$$ $$w_{max} = \frac{Fa^2l}{24EI} \times \left(3 - 4\frac{a}{l}\right)$$	4	$$R_A = R_B = \frac{n}{2}F$$ $$M_A = M_B = \frac{-(2n^2+1)}{24n}Fl$$ 当 n 为奇数： $$M_{max} = \frac{n^2+2}{24n}Fl \quad w_{max} = \frac{n^4+1}{384n^3EI}Fl^3$$ 当 n 为偶数： $$M_{max} = \frac{n^2-1}{24n}Fl \quad w_{max} = \frac{nFl^3}{384EI}$$

序号	简图及计算公式	序号	简图及计算公式

5

$$R_A = R_B = \frac{ql}{2}$$

$$M_A = M_B = -\frac{ql^2}{12}$$

$$M_{max} = \frac{ql^2}{24}$$

$$w_{max} = \frac{ql^4}{384EI}$$

8

$$R_A = R_B = \frac{qc}{2}$$

$$M_A = M_B = -\frac{qcl}{24} \times \left(3 - 2\frac{c^2}{l^2}\right)$$

$$M_{max} = \frac{qcl}{24} \times \left(3 - 4\frac{c}{l} + 2\frac{c^2}{l}\right)$$

$$w_{max} = \frac{qcl^3}{960EI} \times \left(5 - 10\frac{c^2}{l^2} + 8\frac{c^3}{l^3}\right)$$

6

$$R_A = R_B = qa \qquad M_A = -\frac{2l+b}{6l}qa^2$$

$$M_{max} = \frac{qa^3}{3l} \qquad w_{max} = \frac{l-a}{24EI}qa^3$$

9

$$R_A = R_B = \frac{ql}{4} \qquad M_A = M_B = -\frac{5ql^2}{96}$$

$$M_{max} = \frac{ql^2}{32} \qquad w_{max} = \frac{7ql^4}{3840EI}$$

7

$$R_A = R_B = \frac{l-a}{2}q$$

$$M_A = M_B = -\frac{ql^2}{12} \times \left(1 - \frac{2a^2}{l^2} + \frac{a^3}{l^3}\right)$$

$$M_{max} = \frac{ql^2}{24}\left(1 - \frac{2a^3}{l^3}\right) \qquad w_{max} = \frac{ql^4}{480EI}\left(\frac{5}{4} - \frac{5a^3}{l^3} + \frac{4a^4}{l^4}\right)$$

10

$$R_A = R_B = \frac{ql}{4}$$

$$M_A = M_B = -\frac{17ql^2}{384}$$

$$M_{max} = \frac{7ql^2}{384}$$

$$w_{max} = \frac{ql^4}{768EI}$$

续表

序号	简图及计算公式	序号	简图及计算公式
11	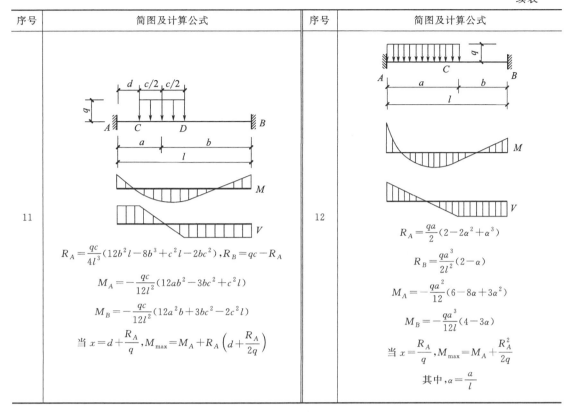 $$R_A=\frac{qc}{4l^3}(12b^2l-8b^3+c^2l-2bc^2),R_B=qc-R_A$$ $$M_A=-\frac{qc}{12l^2}(12ab^2-3bc^2+c^2l)$$ $$M_B=-\frac{qc}{12l^2}(12a^2b+3bc^2-2c^2l)$$ 当 $x=d+\frac{R_A}{q}$，$M_{max}=M_A+R_A\left(d+\frac{R_A}{2q}\right)$	12	$$R_A=\frac{qa}{2}(2-2\alpha^2+\alpha^3)$$ $$R_B=\frac{qa^3}{2l^2}(2-\alpha)$$ $$M_A=-\frac{qa^2}{12}(6-8\alpha+3\alpha^2)$$ $$M_B=-\frac{qa^3}{12l}(4-3\alpha)$$ 当 $x=\frac{R_A}{q}$，$M_{max}=M_A+\frac{R_A^2}{2q}$ 其中，$\alpha=\frac{a}{l}$

　　梁上的荷载类型有很多，根据固端弯矩相等的原则，可以将各种荷载的支座弯矩等效为均布荷载，具体详见附表8，表中的 $\alpha=a/l$，$\gamma=c/l$，l 为梁的跨度。

附表 8　各种荷载的支座弯矩等效均布荷载

序号	计算简图	支座弯矩等效均布荷载 q_e
1		$\frac{n^2-1}{n}\frac{F}{l}$
2		$\frac{\gamma}{2}(3-\gamma^2)q$
3		$\frac{2n^2+1}{2n}\frac{F}{l}$

序号	计算简图	支座弯矩等效均布荷载 q_e
4		$2\alpha^2(3-2\alpha)q$
5		$\gamma[12(\alpha-\alpha^2)-\gamma^2]q$
6		$\dfrac{17}{32}q$
7		$\dfrac{37}{72}q$
8		$\dfrac{\gamma}{2}(3-2\gamma^2)q$
9		$\dfrac{4}{5}q$

附表 9　两柱为固定端的 Π 形刚架的弯矩及支座反力

序号	计算简图	支座弯矩等效均布荷载 q_e
1		$L=\dfrac{1}{1+6\mu}\quad K=\dfrac{1}{2+\mu}\quad \mu=\dfrac{I_2 h}{I_1 l}$

序号	计算简图	支座弯矩等效均布荷载 q_e
2		$M_C = [0.5(v-u)L + K]Puvl$ $M_D = [K - 0.5(v-u)L]Puvl$ $M_A = [K - (v-u)L]\dfrac{Puvl}{2}$ $M_B = [K + (v-u)L]\dfrac{Pvvl}{2}$ $M_p = [1 - K - 0.5(v-u)^2 L]Puvl$ $H = 1.5K\dfrac{Pvvl}{h}$ $V_A = [1 + u(v-u)L]Pv$ $V_B = [1 - v(v-u)L]Pu$
3		$M_C = M_D = K\dfrac{ql^2}{6}$　$M_A = M_B = K\dfrac{ql^2}{12}$ $H_A = H_B = K\dfrac{ql^2}{4h}$　$V_A = V_B = \dfrac{ql}{2}$
4		$M_C^{柱} = (2K+L)\dfrac{m}{2}$　$M_C^{梁} = \mu(K+6L)\dfrac{m}{2}$ $M_D = (2K-L)\dfrac{m}{2}$　$M_A = (K-L)\dfrac{m}{2}$ $M_B = (K+L)\dfrac{m}{2}$　$H = H_A = H_B = 3K\dfrac{m}{2h}$ $V_A = V_B = 6\mu L\dfrac{m}{l}$
5		$M_A = M_B = \dfrac{5}{96}Kq_0 l^2$ $M_C = M_D = \dfrac{5}{48}Kq_0 l^2$ $M_{max} = \dfrac{q_0 l^2}{48}(4 - 5K)$ $H_A = H_B = \dfrac{5}{32}\cdot\dfrac{Kq_0 l^2}{h}$ $V_A = V_B = \dfrac{1}{4}q_0 l$
6		$M_A = M_B = \dfrac{Kq_0}{12}(l^3 - 2a^2 l + a^3)$ $M_C = M_D = \dfrac{Kq_0}{6}(l^3 - 2a^2 l + a^3)$ $M_{max} = \dfrac{q_0}{2}\left(\dfrac{l^2}{4} - \dfrac{a^2}{3}\right) - \dfrac{q_0 K}{6}(l^3 - 2a^2 l + a^3)$ $H_A = H_B = \dfrac{1}{4h}Kq_0(l^3 - 2a^2 l + a^3)$ $V_A = V_B = \dfrac{1}{2}q_0(l-a)$

附表 10　等截面焊接工字形和轧制 H 型钢简支梁的整体稳定系数

等截面焊接工字形和轧制 H 型钢（附图 10）简支梁的整体稳定系数 φ_b 应按下式计算。

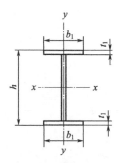
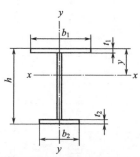

(a) 双轴对称焊接工字形截面　　　(b)加强受压翼缘的单轴对称焊接工字形截面

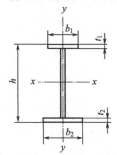
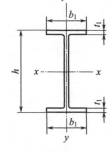

(c)加强受拉翼缘的单轴对称焊接工字形截面　　　(d)轧制H型钢截面

附图 10　焊接工字形和轧制 H 型钢截面

$$\varphi_b = \beta_b \frac{4320}{\lambda_y^2} \times \frac{Ah}{W_x} \left[\sqrt{1 + \left(\frac{\lambda_y t_1}{4.4h} \right)^2} + \eta_b \right] \frac{235}{f_y} \qquad (\text{附 }10\text{-}1)$$

式中　β_b——梁整体稳定的等效临界弯矩系数，按附表 10 采用；

λ_y——梁在侧向支撑点间对截面弱轴 $y-y$ 的长细比，$\lambda_y = l_1/i_y$，l_1 为侧向支承点间的距离，i_y 为梁毛截面对 y 轴的截面回转半径；

A——梁的毛截面面积；

h、t_1——梁截面的全高和受压翼缘厚度；

η_b——截面不对称影响系数；对双轴对称截面［附图 10（a）、(d)］：$\eta_b = 0$；对单轴对称工字形截面［附图 10(b)、(c)］：加强受压翼缘 $\eta_b = 0.8 (2\alpha_b - 1)$；加强受拉翼缘 $\eta_b = 2\alpha_b - 1$；$\alpha_b = \dfrac{I_1}{I_1 + I_2}$，式中 I_1 和 I_2 分别为受压翼缘和受拉翼缘对 y 轴的惯性矩。

当按式(附 10-1) 算得的 φ_b 值大于 0.6 时，应用下式计算的 φ_b' 代替 φ_b 值：

$$\varphi_b' = 1.07 - \frac{0.282}{\varphi_b} \leqslant 1.0 \qquad (\text{附 }10\text{-}2)$$

注：式(附 10-1) 亦适用于等截面铆接（或高强度螺栓连接）简支梁，其受压翼缘厚度 t_1 包括翼缘角钢厚度在内。

H 型钢和等截面工字形简支梁的系数 β_b

项次	侧向支承	荷　载		$\xi \leqslant 2.0$	$\xi > 2.0$	适用范围
1	跨中无侧向支承	均布荷载作用在	上翼缘	$0.69+0.13\xi$	0.95	附图 10(a)、(b) 和 (d) 的截面
2			下翼缘	$1.73-0.20\xi$	1.33	
3		集中荷载作用在	上翼缘	$0.73+0.18\xi$	1.09	
4			下翼缘	$2.23-0.28\xi$	1.67	
5	跨度中点有一个侧向支承点	均布荷载作用在	上翼缘	1.15		附图 10 中的所有截面
6			下翼缘	1.40		
7		集中荷载作用在截面高度上任意位置		1.75		
8	跨中有不少于两个等距离侧向支承点	任意荷载作用在	上翼缘	1.20		
9			下翼缘	1.40		
10	梁端有弯矩,但跨中无荷载作用			$1.75-1.05\left(\dfrac{M_2}{M_1}\right)+0.3\left(\dfrac{M_2}{M_1}\right)^2$,但 $\leqslant 2.3$		

注:1. ξ 为参数,$\xi=\dfrac{l_1 t_1}{b_1 h}$,其中 l_1 和 b_1 分别为 H 型钢或等截面工字形简支梁受压翼缘的自由长度和宽度。

2. M_1、M_2 为梁的端弯矩,使梁产生同向曲率时 M_1 和 M_2 取同号,产生反向曲率时取异号,$|M_1| \geqslant |M_2|$。

3. 表中项次 3、4 和 7 的集中荷载是指一个和少数几个集中荷载位于跨中央附近的情况,对其他情况的集中荷载,应按附表中项次 1、2、5、6 内的数值采用。

4. 表中项次 8、9 的 β_b,当集中荷载作用在侧向支承点处时,取 $\beta_b=1.20$。

5. 荷载作用在上翼缘系指荷载作用点在翼缘表面,方向指向截面形心;荷载作用在下翼缘系指荷载作用点在翼缘表面,方向背向截面形心。

6. 对 $\alpha_b>0.8$ 的加强受压翼缘工字形截面,下列情况的 β_b 值应乘以相应的系数:项次 1:当 $\xi \leqslant 1.0$ 时,乘以 0.95;项次 3:当 $\xi \leqslant 0.5$ 时,乘以 0.90;当 $0.5<\xi \leqslant 1.0$ 时,乘以 0.95。

附表 11　轴心受压构件的稳定系数

附表 11-1　a 类截面轴心受压构件的稳定系数 φ

$\lambda\sqrt{\dfrac{f_y}{235}}$	0	1	2	3	4	5	6	7	8	9
0	1.000	1.000	1.000	1.000	0.999	0.999	0.998	0.998	0.997	0.996
10	0.995	0.994	0.993	0.992	0.991	0.989	0.988	0.986	0.985	0.983
20	0.981	0.979	0.977	0.976	0.974	0.972	0.970	0.968	0.966	0.964
30	0.963	0.961	0.959	0.957	0.955	0.952	0.950	0.948	0.946	0.944
40	0.941	0.939	0.937	0.934	0.932	0.929	0.927	0.924	0.921	0.919
50	0.916	0.913	0.910	0.907	0.904	0.900	0.897	0.894	0.890	0.886
60	0.883	0.879	0.875	0.871	0.867	0.863	0.858	0.854	0.849	0.844
70	0.839	0.834	0.829	0.824	0.818	0.813	0.807	0.801	0.795	0.789
80	0.783	0.776	0.770	0.763	0.757	0.750	0.743	0.736	0.728	0.721
90	0.714	0.706	0.699	0.691	0.684	0.676	0.668	0.661	0.653	0.645
100	0.638	0.630	0.622	0.615	0.607	0.600	0.592	0.585	0.577	0.570
110	0.563	0.555	0.548	0.541	0.534	0.527	0.520	0.514	0.507	0.500
120	0.494	0.488	0.481	0.475	0.469	0.463	0.457	0.451	0.445	0.440
130	0.434	0.429	0.423	0.418	0.412	0.407	0.402	0.397	0.392	0.387
140	0.383	0.378	0.373	0.369	0.364	0.360	0.356	0.351	0.347	0.343
150	0.339	0.335	0.331	0.327	0.323	0.320	0.316	0.312	0.309	0.305

续表

$\lambda\sqrt{\dfrac{f_y}{235}}$	0	1	2	3	4	5	6	7	8	9
160	0.302	0.298	0.295	0.292	0.289	0.285	0.282	0.279	0.276	0.273
170	0.270	0.267	0.264	0.262	0.259	0.256	0.253	0.251	0.248	0.246
180	0.243	0.241	0.238	0.236	0.233	0.231	0.229	0.226	0.224	0.222
190	0.220	0.218	0.215	0.213	0.211	0.209	0.207	0.205	0.203	0.201
200	0.199	0.198	0.196	0.194	0.192	0.190	0.189	0.187	0.185	0.183
210	0.182	0.180	0.179	0.177	0.175	0.174	0.172	0.171	0.169	0.168
220	0.166	0.165	0.164	0.162	0.161	0.159	0.158	0.157	0.155	0.154
230	0.153	0.152	0.150	0.149	0.148	0.147	0.146	0.144	0.143	0.142
240	0.141	0.140	0.139	0.138	0.136	0.135	0.134	0.133	0.132	0.131
250	0.130	—	—	—	—	—	—	—	—	—

注：1. 附表 11-1 至附表 11-4 中的 φ 值系按下列公式算得：

当 $\lambda_n=\dfrac{\lambda}{\pi}\sqrt{f_y/E}\leqslant0.215$ 时：$\varphi=1-\alpha_1\lambda_n^2$

当 $\lambda_n\geqslant0.215$ 时：$\varphi=\dfrac{1}{2\lambda_n^2}\left[(\alpha_2+\alpha_3\lambda_n+\lambda_n^2)-\sqrt{(\alpha_2+\alpha_3\lambda_n+\lambda_n^2)^2-4\lambda_n^2}\right]$

式中，α_1、α_2、α_3 为系数，根据截面的分类，按附表 11-5 采用。

2. 当构件的 $\lambda\sqrt{f_y/235}$ 值超出附表 11-1 至附表 11-4 的范围时，则 φ 值按注 1 所列的公式计算。

附表 11-2　b 类截面轴心受压构件的稳定系数 φ

$\lambda\sqrt{\dfrac{f_y}{235}}$	0	1	2	3	4	5	6	7	8	9
0	1.000	1.000	1.000	0.999	0.999	0.998	0.997	0.996	0.995	0.994
10	0.992	0.991	0.989	0.987	0.985	0.983	0.981	0.978	0.976	0.973
20	0.970	0.967	0.963	0.960	0.957	0.953	0.950	0.946	0.943	0.939
30	0.936	0.932	0.929	0.925	0.922	0.918	0.914	0.910	0.906	0.903
40	0.899	0.895	0.891	0.887	0.882	0.878	0.874	0.870	0.865	0.861
50	0.856	0.852	0.847	0.842	0.838	0.833	0.828	0.823	0.818	0.813
60	0.807	0.802	0.797	0.791	0.786	0.780	0.774	0.769	0.763	0.757
70	0.751	0.745	0.739	0.732	0.726	0.720	0.714	0.707	0.701	0.694
80	0.688	0.681	0.675	0.668	0.661	0.655	0.648	0.641	0.635	0.628
90	0.621	0.614	0.608	0.601	0.594	0.588	0.581	0.575	0.568	0.561
100	0.555	0.549	0.542	0.536	0.529	0.523	0.517	0.511	0.505	0.499
110	0.493	0.487	0.481	0.475	0.470	0.464	0.458	0.453	0.447	0.442
120	0.437	0.432	0.426	0.421	0.416	0.411	0.406	0.402	0.397	0.392
130	0.387	0.383	0.378	0.374	0.370	0.365	0.361	0.357	0.353	0.349
140	0.345	0.341	0.337	0.333	0.329	0.326	0.322	0.318	0.315	0.311
150	0.308	0.304	0.301	0.298	0.295	0.291	0.288	0.285	0.282	0.279
160	0.276	0.273	0.270	0.267	0.265	0.262	0.259	0.256	0.254	0.251
170	0.249	0.246	0.244	0.241	0.239	0.236	0.234	0.232	0.229	0.227
180	0.225	0.223	0.220	0.218	0.216	0.214	0.212	0.210	0.208	0.206
190	0.204	0.202	0.200	0.198	0.197	0.195	0.193	0.191	0.190	0.188
200	0.186	0.184	0.183	0.181	0.180	0.178	0.176	0.175	0.173	0.172
210	0.170	0.169	0.167	0.166	0.165	0.163	0.162	0.160	0.159	0.158
220	0.156	0.155	0.154	0.153	0.151	0.150	0.149	0.148	0.146	0.145
230	0.144	0.143	0.142	0.141	0.140	0.138	0.137	0.136	0.135	0.134
240	0.133	0.132	0.131	0.130	0.129	0.128	0.127	0.126	0.125	0.124
250	0.123	—	—	—	—	—	—	—	—	—

注：见附表 11-1 注。

附表 11-3　c 类截面轴心受压构件的稳定系数 φ

$\lambda\sqrt{\dfrac{f_y}{235}}$	0	1	2	3	4	5	6	7	8	9
0	1.000	1.000	1.000	0.999	0.999	0.998	0.997	0.996	0.995	0.993
10	0.992	0.990	0.988	0.986	0.983	0.981	0.978	0.976	0.973	0.970
20	0.966	0.959	0.953	0.947	0.940	0.934	0.928	0.921	0.915	0.909
30	0.902	0.896	0.890	0.884	0.877	0.871	0.865	0.858	0.852	0.846
40	0.839	0.833	0.826	0.820	0.814	0.807	0.801	0.794	0.788	0.781
50	0.775	0.768	0.762	0.755	0.748	0.742	0.735	0.729	0.722	0.715
60	0.709	0.702	0.695	0.689	0.682	0.676	0.669	0.662	0.656	0.649
70	0.643	0.636	0.629	0.623	0.616	0.610	0.604	0.597	0.591	0.584
80	0.578	0.572	0.566	0.559	0.553	0.547	0.541	0.535	0.529	0.523
90	0.517	0.511	0.505	0.500	0.494	0.488	0.483	0.477	0.472	0.467
100	0.463	0.458	0.454	0.449	0.445	0.441	0.436	0.432	0.428	0.423
110	0.419	0.415	0.411	0.407	0.403	0.399	0.395	0.391	0.387	0.383
120	0.379	0.375	0.371	0.367	0.364	0.360	0.356	0.353	0.349	0.346
130	0.342	0.339	0.335	0.332	0.328	0.325	0.322	0.319	0.315	0.312
140	0.309	0.306	0.303	0.300	0.297	0.249	0.291	0.288	0.285	0.282
150	0.280	0.277	0.274	0.271	0.269	0.266	0.264	0.261	0.258	0.256
160	0.254	0.251	0.249	0.246	0.244	0.242	0.239	0.237	0.235	0.233
170	0.230	0.228	0.226	0.224	0.222	0.220	0.218	0.216	0.214	0.212
180	0.210	0.208	0.206	0.205	0.203	0.201	0.199	0.197	0.196	0.194
190	0.192	0.190	0.189	0.187	0.186	0.184	0.182	0.181	0.179	0.178
200	0.176	0.175	0.173	0.172	0.170	0.169	0.168	0.166	0.165	0.163
210	0.162	0.161	0.159	0.158	0.157	0.156	0.154	0.153	0.152	0.151
220	0.150	0.148	0.147	0.146	0.145	0.144	0.143	0.142	0.140	0.139
230	0.138	0.137	0.136	0.135	0.134	0.133	0.132	0.131	0.130	0.129
240	0.128	0.127	0.126	0.125	0.124	0.124	0.123	0.122	0.121	0.120
250	0.119	—	—	—	—	—	—	—	—	—

注：见附表 11-1 注。

附表 11-4　d 类截面轴心受压构件的稳定系数 φ

$\lambda\sqrt{\dfrac{f_y}{235}}$	0	1	2	3	4	5	6	7	8	9
0	1.000	1.000	0.999	0.999	0.998	0.996	0.994	0.992	0.990	0.987
10	0.984	0.981	0.978	0.974	0.969	0.965	0.960	0.955	0.949	0.944
20	0.937	0.927	0.918	0.909	0.900	0.891	0.883	0.874	0.865	0.857
30	0.848	0.840	0.831	0.823	0.815	0.807	0.799	0.790	0.782	0.774
40	0.766	0.759	0.751	0.743	0.735	0.728	0.720	0.712	0.705	0.697
50	0.690	0.683	0.675	0.668	0.661	0.654	0.646	0.639	0.632	0.625
60	0.618	0.612	0.605	0.598	0.591	0.585	0.578	0.572	0.565	0.559
70	0.552	0.546	0.540	0.534	0.528	0.522	0.516	0.510	0.504	0.498
80	0.493	0.487	0.481	0.476	0.470	0.465	0.460	0.454	0.449	0.444
90	0.439	0.434	0.429	0.424	0.419	0.414	0.410	0.405	0.401	0.397
100	0.394	0.390	0.387	0.383	0.380	0.376	0.373	0.370	0.366	0.363
110	0.359	0.356	0.353	0.350	0.346	0.343	0.340	0.337	0.334	0.331
120	0.328	0.325	0.322	0.319	0.316	0.313	0.310	0.307	0.304	0.301
130	0.299	0.296	0.293	0.290	0.288	0.285	0.282	0.280	0.277	0.275
140	0.272	0.270	0.267	0.265	0.262	0.260	0.258	0.255	0.253	0.251
150	0.248	0.246	0.244	0.242	0.240	0.237	0.235	0.233	0.231	0.229

续表

$\lambda\sqrt{\dfrac{f_y}{235}}$	0	1	2	3	4	5	6	7	8	9
160	0.227	0.225	0.223	0.221	0.219	0.217	0.215	0.213	0.212	0.210
170	0.208	0.206	0.204	0.203	0.201	0.199	0.197	0.196	0.194	0.192
180	0.191	0.189	0.188	0.186	0.184	0.183	0.181	0.180	0.178	0.177
190	0.176	0.174	0.173	0.171	0.170	0.168	0.167	0.166	0.164	0.163
200	0.162	—	—	—	—	—	—	—	—	—

注：见附表 11-1 注。

附表 11-5　系数 α_1、α_2、α_3

截面类型		α_1	α_2	α_3
a 类		0.41	0.986	0.152
b 类		0.65	0.965	0.300
c 类	$\lambda_n\leqslant1.05$	0.73	0.906	0.595
	$\lambda_n>1.05$		1.216	0.302
d 类	$\lambda_n\leqslant1.05$	1.35	0.868	0.915
	$\lambda_n>1.05$		1.375	0.432

附表 12　热轧普通工字钢规格及截面特性（按 GB/T 706—2008 计算）

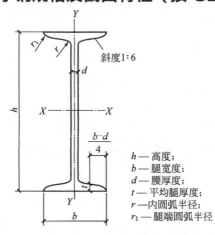

h — 高度；
b — 腿宽度；
d — 腰厚度；
t — 平均腿厚度；
r — 内圆弧半径；
r_1 — 腿端圆弧半径

型号	截面尺寸/mm						截面面积/cm²	理论质量/(kg/m)	惯性矩/cm⁴		惯性半径/cm		截面模数/cm³	
	h	b	d	t	r	r_1			I_x	I_y	i_x	i_y	W_x	W_y
10	100	68	4.5	7.6	6.5	3.3	14.345	11.261	245	33.0	4.14	1.52	49.0	9.72
12	120	74	5.0	8.4	7.0	3.5	17.818	13.987	436	46.9	4.95	1.62	72.7	12.7
12.6	126	74	5.0	8.4	7.0	3.5	18.118	14.223	488	46.9	5.20	1.61	77.5	12.7
14	140	80	5.5	9.1	7.5	3.8	21.516	16.890	712	64.4	5.76	1.73	102	16.1
16	160	88	6.0	9.9	8.0	4.0	26.131	20.513	1130	93.1	6.58	1.89	141	21.2
18	180	94	6.5	10.7	8.5	4.3	30.756	24.143	1660	122	7.36	2.00	185	26.0
20a	200	100	7.0	11.4	9.0	4.5	35.578	27.929	2370	158	8.15	2.12	237	31.5
20b		102	9.0				39.578	31.069	2500	169	7.96	2.06	250	33.1

续表

型号	截面尺寸/mm						截面面积/cm²	理论质量/(kg/m)	惯性矩/cm⁴		惯性半径/cm		截面模数/cm³	
	h	b	d	t	r	r_1			I_x	I_y	i_x	i_y	W_x	W_y
22a	220	110	7.5	12.3	9.5	4.8	42.128	33.070	3400	225	8.99	2.31	309	40.9
22b		112	9.5				46.528	36.524	3570	239	8.78	2.27	325	42.7
24a	240	116	8.0	13.0	10.0	5.0	47.741	37.477	4570	280	9.77	2.42	381	48.4
24b		118	10.0				52.541	41.245	4800	297	9.57	2.38	400	50.4
25a	250	116	8.0				48.541	38.105	5020	280	10.2	2.40	402	48.3
25b		118	10.0				53.541	42.030	5280	309	9.94	2.40	423	52.4
27a	270	122	8.5	13.7	10.5	5.3	54.554	42.825	6550	345	10.9	2.51	485	56.6
27b		124	10.5				59.954	47.064	6870	366	10.7	2.47	509	58.9
28a	280	122	8.5				55.404	43.492	7110	345	11.3	2.50	508	56.6
28b		124	10.5				61.004	47.888	7480	379	11.1	2.49	534	61.2
30a		126	9.0	14.4	11.0	5.5	61.254	48.084	8950	400	12.1	2.55	597	63.5
30b	300	128	11.0				67.254	52.794	9400	422	11.8	2.50	627	65.9
30c		130	13.0				73.254	57.504	9850	445	11.6	2.46	657	68.5
32a		130	9.5	15.0	11.5	5.8	67.156	52.717	11100	460	12.8	2.62	692	70.8
32b	320	132	11.5				73.556	57.741	11600	502	12.6	2.61	726	76.0
32c		134	13.5				79.956	62.765	12200	544	12.3	2.61	760	81.2
36a		136	10.0	15.8	12.0	6.0	76.480	60.037	15800	552	14.4	2.69	875	81.2
36b	360	138	12.0				83.680	65.689	16500	582	14.1	2.64	919	84.3
36c		140	14.0				90.880	71.341	17300	612	13.8	2.60	962	87.4
40a		142	10.5	16.5	12.5	6.3	86.112	67.598	21700	660	15.9	2.77	1090	93.2
40b	400	144	12.5				94.112	73.878	22800	692	15.6	2.71	1140	96.2
40c		146	14.5				102.112	80.158	23900	727	15.2	2.65	1190	99.6
45a		150	11.5	18.0	13.5	6.8	102.446	80.420	32200	855	17.7	2.89	1430	114
45b	450	152	13.5				111.446	87.485	33800	894	17.4	2.84	1500	118
45c		154	15.5				120.446	94.550	35300	938	17.1	2.79	1670	122
50a		158	12.0	20.0	14.0	7.0	119.304	93.654	46500	1120	19.7	3.07	1860	142
50b	500	160	14.0				129.304	101.504	48600	1170	19.4	3.01	1940	146
50c		162	16.0				139.304	109.354	50600	1220	19.0	2.96	2080	151
56a	560	166	12.5	21.0	14.5	7.3	134.185	105.335	62900	1370	21.6	3.19	2290	164
							145.185	113.970	65600	1420	21.2	3.14	2390	170
56b		168	14.5				156.185	122.605	68400	1480	20.9	3.08	2490	175
							135.435	106.316	65600	1370	22.0	3.18	2340	165
56c		170	16.5				146.635	115.108	68500	1490	21.6	3.16	2450	174
							157.835	123.900	71400	1560	21.3	3.16	2550	183
63a		176	13.0	22.0	15.0	7.5	154.658	121.407	93900	1700	24.5	3.31	2980	193
63b	630	178	15.0				167.258	131.298	98100	1810	24.2	3.29	3160	204
63c		180	17.0				179.858	141.189	102000	1920	23.8	3.27	3300	214

注：表中 r、r_1 的数据用于孔型设计，不做交货条件。

附表 13　宽、中、窄翼缘 H 型钢的规格及截面特性（按 GB/T 11263—2010 计算）

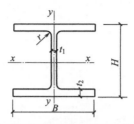

类别	型号 （高度×宽度） /(mm×mm)	截面尺寸/mm					截面 面积 /cm²	理论 质量 /(kg/m)	惯性矩/cm⁴		惯性半径/cm		截面模数/cm³	
		H	B	t_1	t_2	r			I_x	I_y	i_x	i_y	W_x	W_y
HW	100×100	100	100	6	8	8	21.58	16.9	378	134	4.18	2.48	75.6	26.7
	125×125	125	125	6.5	9	8	30.00	23.6	839	293	5.28	3.12	134	46.9
	150×150	150	150	7	10	8	39.64	31.1	1620	563	6.39	3.76	216	75.1
	175×175	175	175	7.5	11	13	51.42	40.4	2900	984	7.50	437	331	112
	200×200	200	200	8	12	13	63.53	49.9	4720	1600	8.61	5.02	472	160
		* 200	204	12	12	13	71.53	56.2	4980	1700	8.34	4.87	498	167
	250×250	* 244	252	11	11	13	81.31	63.8	8700	2940	10.3	6.01	713	233
		250	250	9	14	13	91.43	71.8	10700	3650	10.8	6.31	860	292
		* 250	255	14	14	13	103.9	81.6	11400	3880	10.5	6.10	912	304
	300×300	* 294	302	12	12	13	106.3	83.5	16600	5510	12.5	7.20	1130	365
		300	300	10	15	13	118.5	93.0	20200	6750	13.1	7.55	1350	450
		* 300	305	15	15	13	133.5	105	21300	7100	12.6	7.29	1420	466
	350×350	* 338	351	13	13	13	133.3	105	27700	9380	14.4	8.38	1640	534
		* 344	348	10	16	13	144.0	113	32800	11200	15.1	8.83	1910	646
		* 344	354	16	16	13	164.7	129	34900	11800	14.6	8.48	2030	669
		350	350	12	19	13	171.9	135	39800	13600	15.2	8.88	2280	776
		* 350	357	19	19	13	196.4	154	42300	14400	14.7	8.57	2420	808
	400×400	* 388	402	15	15	22	178.5	140	49000	16300	16.6	9.54	2520	809
		* 394	398	11	18	22	186.8	147	56100	18900	17.3	10.1	2850	951
		* 394	405	18	18	22	214.4	168	59700	20000	16.7	9.64	3030	985
		400	400	13	21	22	218.7	172	66600	22400	17.5	10.1	3330	1120
		* 400	408	21	21	22	250.7	197	70900	23800	16.8	9.74	3540	1170
		* 414	405	18	28	22	295.4	232	92800	31000	17.7	10.2	4480	1530
		* 428	407	20	35	22	360.7	283	119000	39400	18.2	10.4	5570	1930
		* 458	417	30	50	22	528.6	415	187000	60500	18.8	10.7	8170	2900
		* 498	432	45	70	22	770.1	604	298000	94400	19.7	11.1	12000	4370
	500×500	* 492	465	15	20	22	258.0	202	117000	33500	21.3	11.4	4770	1440
		* 502	465	15	25	22	304.5	239	146000	41900	21.9	11.7	5810	1800
		* 502	470	20	25	22	329.6	259	151000	43300	21.4	11.5	6020	1840
HM	150×100	148	100	6	9	8	26.34	20.7	1000	150	6.16	2.38	135	30.1
	200×150	194	150	6	9	8	38.10	29.9	2630	507	8.30	3.64	271	67.6
	250×175	244	175	7	11	13	55.49	43.6	6040	984	10.4	4.21	495	112
	300×200	294	200	8	12	13	71.05	55.8	11100	1600	12.5	4.74	756	160
		* 298	201	9	14	13	82.03	64.4	13100	1900	12.6	4.80	878	189
	350×250	340	250	9	14	13	99.53	78.1	21200	3650	14.6	6.05	1250	292
	400×300	390	300	10	16	13	133.3	105	37900	7200	16.9	7.35	1940	480
	450×300	440	300	11	18	13	153.9	121	54700	8110	18.9	7.25	2490	540

续表

类别	型号 （高度×宽度） /(mm×mm)	截面尺寸/mm					截面 面积 /cm²	理论 质量 /(kg/m)	惯性矩/cm⁴		惯性半径/cm		截面模数/cm³	
		H	B	t_1	t_2	r			I_x	I_y	i_x	i_y	W_x	W_y
HM	500×300	* 482	300	11	15	13	141.2	111	58300	6760	20.3	6.91	2420	450
		488	300	11	18	13	159.2	125	68900	8110	20.8	7.13	2820	540
	550×300	* 544	300	11	15	13	148.0	116	76400	6760	22.7	6.75	2810	450
		* 550	300	11	18	13	166.0	130	89800	8110	23.3	6.98	3270	540
	600×300	* 582	300	12	17	13	169.2	133	98900	7660	24.2	6.72	3400	511
		588	300	12	20	13	187.2	147	114000	9010	24.7	6.93	3890	601
		* 594	302	14	23	13	217.1	170	134000	10600	24.8	6.97	4500	700
HN	* 100×50	100	50	5	7	8	11.84	9.30	187	14.8	3.97	1.11	37.5	5.91
	* 125×60	125	60	6	8	8	16.68	13.1	409	29.1	4.95	1.32	65.4	9.71
	150×75	150	75	5	7	8	17.84	14.0	666	49.5	6.10	1.66	88.8	13.2
	175×90	175	90	5	8	8	22.89	18.0	1210	97.5	7.25	2.06	138	21.7
	200×100	* 198	99	4.5	7	8	22.68	17.8	1540	113	8.24	2.23	156	22.9
		200	100	5.5	8	8	26.66	20.9	1810	134	8.22	2.23	181	26.7
	250×125	* 248	124	5	8	8	31.98	25.1	3450	255	10.4	2.82	278	41.1
		250	125	6	9	8	36.96	29.0	3960	294	10.4	2.81	317	47.0
	300×150	* 298	149	5.5	8	13	40.80	32.0	6320	442	12.4	3.29	424	59.3
		300	150	6.5	9	13	46.78	36.7	7210	508	12.4	3.29	481	67.7
	350×175	* 346	174	6	9	13	52.45	41.2	11000	791	14.5	3.88	638	91.0
		350	175	7	11	13	62.91	49.4	13500	984	14.6	3.95	771	112
	400×150	400	150	8	13	13	70.37	55.2	18600	734	16.3	3.22	929	97.8
	400×200	* 396	199	7	11	13	71.41	56.1	19800	1450	16.6	4.50	999	145
		400	200	8	13	13	83.37	65.4	23500	1740	16.8	4.56	1170	174
	450×150	* 446	150	7	12	13	66.99	52.6	22000	677	18.1	3.17	985	90.3
		* 450	151	8	14	13	77.49	60.8	25700	806	18.2	3.22	1140	107
	450×200	446	199	8	12	13	82.97	65.1	28100	1580	18.4	4.36	1260	159
		450	200	9	14	13	95.43	74.9	32900	1870	18.6	4.42	1460	187
	475×150	* 470	150	7	13	13	71.53	56.2	26200	733	19.1	3.20	1110	97.8
		* 475	151.5	8.5	15.5	13	86.15	67.6	31700	901	19.2	3.23	1330	119
		482	153.5	10.5	19	13	106.4	83.5	39600	1150	19.3	3.28	1640	150
	500×150	* 492	150	7	12	13	70.21	55.1	27500	677	19.8	3.10	1120	90.3
		* 500	152	9	16	13	92.21	72.4	37000	940	20.0	3.19	1480	124
		504	153	10	18	13	103.3	81.1	41900	1080	20.1	3.23	1660	141
	500×200	* 496	199	9	14	13	99.29	77.9	40800	1840	20.3	4.30	1650	185
		500	200	10	16	13	112.3	88.1	46800	2140	20.4	4.36	1870	214
		* 506	201	11	19	13	129.3	102	55500	2580	20.7	4.46	2190	257
	550×200	* 546	199	9	14	13	103.8	81.5	50800	1840	22.1	4.21	1860	185
		550	200	10	16	13	117.3	92.0	58200	2140	22.3	4.27	2120	214
	600×200	* 596	199	10	15	13	117.8	92.4	66600	1980	23.8	4.09	2240	199
		600	200	11	17	13	131.7	103	75600	2270	24.0	4.15	2520	227
		* 606	201	12	20	13	149.8	118	88300	2720	24.3	4.25	2910	270
	625×200	* 625	198.5	11.5	17.5	13	138.8	109	85000	2290	24.8	4.06	2720	231
		630	200	13	20	13	158.2	124	97900	2680	24.9	4.11	3110	268
		* 638	202	15	24	13	186.9	147	118000	3320	25.2	4.21	3710	328

注："＊"表示的规格，目前国内尚未生产。

附表 14　钢结构受弯构件挠度容许值

项次	构 件 类 别	挠度容许值	
		$[v_T]$	$[v_Q]$
1	吊车梁和吊车桁架（按自重和起重量最大的一台吊车计算挠度） （1）手动吊车和单梁吊车（含悬挂吊车） （2）轻级工作制桥式吊车 （3）中级工作制桥式吊车 （4）重级工作制桥式吊车	$l/500$ $l/800$ $l/1000$ $l/1200$	—
2	手动或电动葫芦的轨道梁	$l/400$	—
3	有重轨（重量等于或大于 38kg/m）轨道的工作平台梁 有轻轨（重量等于或小于 24kg/m）轨道的工作平台梁	$l/600$ $l/400$	—
4	楼（屋）盖梁或桁架、工作平台梁（第 3 项除外）和平台板 （1）主梁或桁架（包括设有悬挂起重设备的梁和桁架） （2）抹灰顶棚的次梁 （3）除（1）、（2）款外的其他梁（包括楼梯梁） （4）屋盖檩条 　支承无积灰的瓦楞铁和石棉瓦屋面者 　支承压型金属板、有积灰的瓦楞铁和石棉瓦等屋面者 　支承其他屋面材料者 （5）平台板	$l/400$ $l/250$ $l/250$ $l/150$ $l/200$ $l/200$ $l/150$	$l/500$ $l/350$ $l/300$ — — — —
5	墙架构件（风荷载不考虑阵风系数） （1）支柱 （2）抗风桁架（作为连续支柱的支承时） （3）砌体墙的横梁（水平方向） （4）支承压型金属板、瓦楞铁和石棉瓦墙面的横梁（水平方向） （5）带有玻璃窗的横梁（竖直和水平方向）	— — — — $l/200$	$l/400$ $l/1000$ $l/300$ $l/200$ $l/200$

注：1. l 为受弯构件的跨度（对悬臂梁和伸臂梁为悬伸长度的 2 倍）。

2. $[v_T]$ 为永久和可变荷载标准值产生的挠度（如有起拱应减去拱度）的容许值；$[v_Q]$ 为可变荷载标准值产生的挠度的容许值。

附表 15　钢筋混凝土受弯构件的挠度限值

构件类型	挠度限值
吊车梁：手动吊车 电动吊车	$L_0/500$ $L_0/600$
屋盖、楼盖及楼梯构件： 当 $L_0 < 7$m 时 当 $7m \leqslant L_0 \leqslant 9$m 时 当 $L_0 > 9$m 时	 $L_0/200(L_0/250)$ $L_0/250(L_0/300)$ $L_0/300(L_0/400)$

注：1. 表中 L_0 为构件的计算跨度；计算悬臂构件的挠度限值时，其计算跨度 L_0 按实际悬臂长度的 2 倍取用；

2. 表中括号内的数值适用于使用上对挠度有较高要求的构件；

3. 如果构件制作时预先起拱，且使用上也允许，则在验算挠度时，可将计算所得的挠度值减去起拱值；对预应力混凝土构件，还应减去预加力所产生的反拱值；

4. 构件制作时的起拱值和预加力所产生的反拱值，不宜超过构件在相应荷载组合作用下的计算挠度值。

附表 16　混凝土结构的环境类别

环境类别	条　件
一	室内干燥环境 无侵蚀性静水浸没环境

续表

环境类别	条 件
二 a	室内潮湿环境 非严寒和非寒冷地区的露天环境 非严寒和非寒冷地区与无侵蚀性的水或土壤直接接触的环境 严寒和寒冷地区的冰冻线以下与无侵蚀性的水或土壤直接接触的环境
二 b	干湿交替环境 水位频繁变动环境 严寒和寒冷地区的露天环境 严寒和寒冷地区冰冻线以上与无侵蚀性的水或土壤直接接触的环境
三 a	严寒和寒冷地区冬季水位变动区环境 受除冰盐影响环境 海风环境
三 b	盐渍土环境 受除冰盐作用环境 海岸环境
四	海水环境
五	受人为或自然的侵蚀性物质影响的环境

附表 17 纵向受力钢筋的混凝土保护层最小厚度

单位：mm

环境类别	板、墙	梁、柱	环境类别	板、墙	梁、柱
一	15	20	三 a	30	40
二 a	20	25	三 b	40	50
二 b	25	35			

注：1.表中混凝土保护层是指最外层钢筋外边缘至混凝土表面的距离，适用于设计使用年限为50年的混凝土结构。
2.构件中受力钢筋的保护层厚度不应小于钢筋的公称直径 d。
3.一类环境中，设计使用年限为100年的混凝土结构最外层钢筋的保护层厚度不应小于表中数值的1.4倍；二、三类环境中，设计使用年限为100年的混凝土结构应采取专门的有效措施。
4.混凝土强度等级不大于C25时，表中保护层厚度数值应增加5mm。
5.基础底面钢筋的保护层厚度，有混凝土垫层时应从垫层顶面算起，且不应小于40mm，无垫层时不应小于70mm。
6.对于处于四、五类环境下的结构构件，其保护层应符合专门标准的有关规定。

附表 18 受拉钢筋锚固长度 l_a

钢筋种类	混凝土强度等级																	
	C20	C25		C30		C35		C40		C45		C50		C55		≥C60	
	$d{\leq}25$	$d{\leq}25$	$d{>}25$	$d{\leq}25$	$d{>}25$	$d{\leq}25$	$d{>}25$	$d{\leq}25$	$d{>}25$	$d{\leq}25$	$d{>}25$	$d{\leq}25$	$d{>}25$	$d{\leq}25$	$d{>}25$	$d{\leq}25$	$d{>}25$
HPB300	$39d$	$34d$	—	$30d$	—	$28d$	—	$25d$	—	$24d$	—	$23d$	—	$22d$	—	$21d$	—
HRB335	$38d$	$33d$	—	$29d$	—	$27d$	—	$25d$	—	$23d$	—	$22d$	—	$21d$	—	$21d$	—
HRB400、 HRBF400 RRB400	—	$40d$	$44d$	$35d$	$39d$	$32d$	$35d$	$29d$	$32d$	$28d$	$31d$	$27d$	$30d$	$26d$	$29d$	$25d$	$28d$
HRB500、 HRBF500	—	$48d$	$53d$	$43d$	$47d$	$39d$	$43d$	$36d$	$40d$	$34d$	$37d$	$32d$	$35d$	$31d$	$34d$	$30d$	$33d$

附表19　受拉钢筋抗震锚固长度 l_{aE}

钢筋种类及抗震等级		混凝土强度等级																
		C20		C25		C30		C35		C40		C45		C50		C55		>C60	
		d≤25	d>25	d≤25	d>25	d≤25	d>25	d≤25	d>25	d≤25	d>25	d≤25	d>25	d≤25	d>25	d≤25	d>25	d≤25	d>25
HPB300	一、二级	45d	—	39d	—	35d	—	32d	—	29d	—	28d	—	26d	—	25d	—	24d	—
	三级	41d	—	36d	—	32d	—	29d	—	26d	—	25d	—	24d	—	23d	—	22d	—
HRB335 HRBF335	一、二级	44d	—	38d	—	33d	—	31d	—	29d	—	26d	—	25d	—	24d	—	24d	—
	三级	40d	—	35d	—	30d	—	28d	—	26d	—	24d	—	23d	—	22d	—	22d	—
HRB400 HRBF400	一、二级	—	—	46d	51d	40d	45d	37d	40d	33d	37d	32d	36d	31d	35d	30d	33d	29d	32d
	三级	—	—	42d	46d	37d	41d	34d	37d	30d	34d	29d	33d	28d	32d	27d	30d	26d	29d
HRB500 HRBF500	一、二级	—	—	55d	61d	49d	54d	45d	49d	41d	46d	39d	43d	37d	40d	36d	39d	35d	38d
	三级	50d	—	50d	56d	45d	49d	41d	45d	38d	42d	36d	39d	34d	37d	33d	36d	32d	35d

注：1. 当为环氧树脂涂层带肋钢筋时，表中数据尚应乘以1.25。

2. 当纵向受拉钢筋在施工过程中易受扰动时，表中数据尚应乘以1.1。

3. 当锚固长度范围内纵向受力钢筋周边保护层厚度为3d、5d（d 为锚固钢筋的直径）时，表中数据可分别乘以0.8、0.7；中间时按内插值。

4. 当纵向受拉钢筋的锚固长度修正系数（注1～注3）多于一项时，可按连乘计算。

5. 受拉钢筋的锚固长度 l_a、l_{aE} 计算值不应小于200。

6. 四级抗震时，$l_{aE} = l_a$。

7. 当锚固钢筋的保护层厚度不大于5d时，锚固长度范围内应设置横向构造钢筋，其直径不应小于 d/4（d 为锚固钢筋的最大直径）；对梁、柱等构件间距不应大于5d，对板、墙等构件间距不应大于10d，且均不应大于100（d 为锚固钢筋的最小直径）。

附表20　纵向受拉钢筋搭接长度 l_l

钢筋种类及同一区段内搭接钢筋面积百分率		混凝土强度等级																
		C20		C25		C30		C35		C40		C45		C50		C55		C60	
		d≤25	d>25	d≤25	d>25	d≤25	d>25	d≤25	d>25	d≤25	d>25	d≤25	d>25	d≤25	d>25	d≤25	d>25	d≤25	d>25
HPB300	≤25%	47d	—	41d	—	36d	—	34d	—	30d	—	29d	—	28d	—	26d	—	25d	—
	50%	55d	—	48d	—	42d	—	39d	—	35d	—	34d	—	32d	—	31d	—	29d	—
	100%	62d	—	54d	—	48d	—	45d	—	40d	—	38d	—	37d	—	35d	—	34d	—

续表

混凝土强度等级

钢筋种类及同一区段内搭接钢筋面积百分率		C20	C25		C30		C35		C40		C45		C50		C55		C60	
		d≤25	d≤25	d>25	d≤25	d>25	d≤25	d>25	d≤25	d>25	d≤25	d>25	d≤25	d>25	d≤25	d>25	d≤25	d>25
HRB335 HRBF335	≤25%	46d	40d	—	35d	—	32d	—	30d	—	28d	—	26d	—	25d	—	25d	—
	50%	53d	46d	—	41d	—	38d	—	35d	—	32d	—	31d	—	29d	—	29d	—
	100%	61d	53d	—	46d	—	43d	—	40d	—	37d	—	35d	—	34d	—	34d	—
HRB400 HRBF400 RRB400	≤25%	—	48d	53d	42d	47d	38d	42d	35d	38d	34d	37d	32d	36d	31d	35d	30d	34d
	50%	—	56d	62d	49d	55d	45d	49d	41d	45d	39d	43d	38d	42d	36d	41d	35d	39d
	100%	—	64d	70d	56d	62d	51d	56d	46d	51d	45d	50d	43d	48d	42d	46d	40d	45d
HRB500 HRBF500	≤25%	—	58d	64d	52d	56d	47d	52d	43d	48d	41d	44d	38d	42d	37d	41d	36d	40d
	50%	—	67d	74d	60d	66d	55d	60d	50d	56d	48d	52d	45d	49d	43d	48d	42d	46d
	100%	—	77d	85d	69d	75d	62d	69d	58d	64d	54d	59d	51d	56d	50d	54d	48d	53d

注：1. 表中数值为纵向受拉钢筋绑扎搭接接头的搭接长度。
2. 两根不同直径钢筋搭接时，表中d取较细钢筋直径。
3. 当为环氧树脂涂层带肋钢筋时，表中数据尚应乘以1.25。
4. 当纵向受拉钢筋在施工过程中易受扰动时，表中数据尚应乘以1.1。
5. 当搭接长度范围内纵向受力钢筋周边保护层厚度为3d、5d（d为搭接钢筋的直径）时，表中数据可分别乘以0.8、0.7；中间时按内插值。
6. 当上述修正系数（注3～注5）多于一项时，可按连乘计算。
7. 任何情况下，搭接长度不应小于300。

附表 21　纵向受拉钢抗震筋搭接长度 l_{lE}

混凝土强度等级

钢筋种类及同一区段内搭接钢筋面积百分率			C20	C25		C30		C35		C40		C45		C50		C55		C60	
			d≤25	d≤25	d>25	d≤25	d>25	d≤25	d>25	d≤25	d>25	d≤25	d>25	d≤25	d>25	d≤25	d>25	d≤25	d>25
一、二级抗震等级	HPB300	≤25%	51d	47d	—	42d	—	38d	—	35d	—	34d	—	31d	—	30d	—	29d	—
		50%	63d	55d	—	49d	—	45d	—	41d	—	39d	—	36d	—	35d	—	34d	—
	HRB335	≤25%	53d	46d	—	40d	—	37d	—	35d	—	31d	—	30d	—	29d	—	29d	—
		50%	62d	53d	—	46d	—	43d	—	41d	—	36d	—	35d	—	34d	—	34d	—

续表

钢筋种类及同一区段内搭接钢筋面积百分率			混凝土强度等级																
			C20	C25		C30		C35		C40		C45		C50		C55		C60	
			d≤25	d≤25	d>25	d≤25	d>25	d≤25	d>25	d≤25	d>25	d≤25	d>25	d≤25	d>25	d≤25	d>25	d≤25	d>25
一、二级抗震等级	HRB400 HRBF400	≤25%	—	55d	61d	48d	54d	44d	48d	40d	44d	38d	43d	37d	42d	36d	40d	35d	38d
		50%	—	64d	71d	56d	63d	52d	56d	46d	52d	45d	50d	43d	49d	42d	46d	41d	45d
	HRB500 HRBF500	≤25%	—	66d	73d	59d	65d	54d	59d	49d	55d	47d	52d	44d	48d	43d	47d	42d	46d
		50%	—	77d	85d	69d	76d	63d	69d	57d	64d	55d	60d	52d	56d	50d	55d	49d	53d
三级抗震等级	HPB300	≤25%	49d	43d	—	38d	—	35d	—	31d	—	30d	—	29d	—	28d	—	26d	—
		50%	57d	50d	—	45d	—	41d	—	36d	—	35d	—	34d	—	32d	—	31d	—
	HRB335	≤25%	48d	42d	—	36d	—	34d	—	31d	—	29d	—	28d	—	26d	—	26d	—
		50%	56d	49d	—	42d	—	39d	—	36d	—	34d	—	32d	—	31d	—	31d	—
	HRB400 HRBF400	≤25%	—	50d	55d	44d	49d	41d	44d	36d	41d	35d	40d	34d	38d	32d	36d	31d	35d
		50%	—	59d	64d	52d	57d	48d	52d	42d	48d	41d	46d	39d	45d	38d	42d	36d	41d
	HRB500 HRBF500	≤25%	—	60d	67d	54d	59d	49d	54d	46d	50d	43d	47d	41d	44d	40d	43d	38d	42d
		50%	—	70d	78d	63d	69d	57d	63d	53d	59d	50d	55d	48d	52d	46d	50d	45d	49d

注：1. 表中数值为纵向受拉钢筋绑扎搭接接头的搭接长度。
2. 两根不同直径钢筋搭接时，表中 d 取较细钢筋直径。
3. 当为环氧树脂涂层带肋钢筋时，表中数据尚应乘以1.25。
4. 当纵向受拉钢筋在施工过程中易受扰动时，表中数据尚应乘以1.1。
5. 当搭接长度范围内受力钢筋周边保护层厚度为3d、5d（d 为搭接钢筋的直径）时，表中数据可分别乘以0.8、0.7；中间时按内插值。
6. 当上述修正系数（注3～注5）多于一项时，可按连乘计算。
7. 当位于同一连接区段内的钢筋搭接接头面积百分率为100%时，$l_{lE}=1.6l_{aE}$。
8. 当位于同一连接区段内的钢筋搭接接头面积百分率为表中数据中间值时，搭接长度可按内插取值。
9. 任何情况下，搭接长度不应小于300。
10. 四级抗震等级时，$l_{lE}=l_l$，详见16G101—1 第21页。
11. HPB300 级钢筋末端应做180°弯钩，做法详见16G101—1 第18页。

附表 22　钢筋计算截面面积及理论质量

公称直径 /mm	不同根数钢筋的公称截面面积/mm²									单根钢筋理论 质量/(kg/m)
	1	2	3	4	5	6	7	8	9	
6	28.3	57	85	113	142	170	198	226	255	0.222
8	50.3	101	151	201	252	302	352	402	453	0.395
10	78.5	157	236	314	393	471	550	628	707	0.617
12	113.1	226	339	452	565	678	791	904	1017	0.888
14	153.9	308	461	615	769	923	1077	1231	1385	1.21
16	201.1	402	603	804	1005	1206	1407	1608	1809	1.58
18	254.5	509	763	1017	1272	1527	1781	2036	2290	2.00(2.11)
20	314.2	628	942	1256	1570	1884	2199	2513	2827	2.47
22	380.1	760	1140	1520	1900	2281	2661	3041	3421	2.98
25	490.9	982	1473	1964	2454	2945	3436	3927	4418	3.85(4.10)
28	615.8	1232	1847	2463	3079	3695	4310	4926	5542	4.83
32	804.2	1609	2413	3217	4021	4826	5630	6434	7238	6.31(6.65)
36	1017.9	2036	3054	4072	5089	6107	7125	8143	9161	7.99
40	1256.6	2513	3770	5027	6283	7540	8796	10053	11310	9.87(10.34)
50	1963.5	3928	5892	7856	9820	11784	13748	15712	17676	15.42(16.28)

注：括号内为预应力螺纹钢筋的数值。

附表 23　钢筋混凝土板每米宽的钢筋面积

钢筋面积 /mm²　　钢筋直径/mm 钢筋间距/mm	3	4	5	6	6/8	8	8/10	10	10/12	12	12/14	14
70	101.0	180.0	280.0	404.0	561.0	719.0	920.0	1121.0	1369.0	1616.0	1907.0	2199.0
75	94.2	168.0	262.0	377.0	524.0	671.0	859.0	1047.0	1277.0	1508.0	1780.0	2052.0
80	88.4	157.0	245.0	354.0	491.0	629.0	805.0	981.0	1198.0	1414.0	1669.0	1924.0
85	83.2	148.0	231.0	333.0	462.0	592.0	758.0	924.0	1127.0	1331.0	1571.0	1811.0
90	78.5	140.0	218.0	314.0	437.0	559.0	716.0	872.0	1064.0	1257.0	1483.0	1710.0
95	74.5	132.0	207.0	298.0	414.0	529.0	678.0	826.0	1008.0	1190.0	1405.0	1620.0
100	70.6	126.0	196.0	283.0	393.0	503.0	644.0	785.0	958.0	1131.0	1335.0	1539.0
110	64.2	114.0	178.0	257.0	357.0	457.0	585.0	714.0	871.0	1028.0	1214.0	1399.0
120	58.9	105.0	163.0	236.0	327.0	419.0	537.0	654.0	798.0	942.0	1113.0	1283.0
125	56.5	101.0	157.0	226.0	314.0	402.0	515.0	628.0	766.0	905.0	1068.0	1231.0
130	54.4	96.6	151.0	218.0	302.0	387.0	495.0	604.0	737.0	870.0	1027.0	1184.0
140	50.5	89.8	140.0	202.0	281.0	359.0	460.0	561.0	684.0	808.0	954.0	1099.0
150	47.1	83.8	131.0	189.0	262.0	335.0	429.0	523.0	639.0	754.0	890.0	1026.0
160	44.1	78.5	123.0	177.0	246.0	314.0	403.0	491.0	599.0	707.0	834.0	962.0
170	41.5	73.9	115.0	166.0	231.0	296.0	379.0	462.0	564.0	665.0	785.0	905.0
180	39.2	69.8	109.0	157.0	218.0	279.0	358.0	436.0	532.0	628.0	742.0	855.0
190	37.2	66.1	103.0	149.0	207.0	265.0	339.0	413.0	504.0	595.0	703.0	810.0
200	35.3	62.8	98.2	141.0	196.0	251.0	322.0	393.0	479.0	565.0	668.0	770.0
220	32.1	57.1	89.2	129.0	179.0	229.0	293.0	357.0	436.0	514.0	607.0	700.0

续表

钢筋面积/mm² \ 钢筋直径/mm \ 钢筋间距/mm	3	4	5	6	6/8	8	8/10	10	10/12	12	12/14	14
240	29.4	52.4	81.8	118.0	164.0	210.0	268.0	327.0	399.0	471.0	556.0	641.0
250	28.3	50.3	78.5	113.0	157.0	201.0	258.0	314.0	383.0	452.0	534.0	616.0
260	27.2	48.3	75.5	109.0	151.0	193.0	248.0	302.0	369.0	435.0	513.0	592.0
280	25.2	44.9	70.1	101.0	140.0	180.0	230.0	280.0	342.0	404.0	477.0	550.0
300	23.6	41.9	65.5	94.2	131.0	168.0	215.0	262.0	319.0	377.0	445.0	513.0
320	22.1	39.3	61.4	88.4	123.0	157.0	201.0	245.0	299.0	353.0	417.0	481.0

参 考 文 献

[1] 程文瀼.楼梯·阳台和雨篷设计.南京：东南大学出版社，1998.

[2] 本书编写组.建筑结构设计资料集（混凝土结构分册）.北京：中国建筑工业出版社，2007.

[3] GB 50011—2010.

[4] GB 50010—2010.

[5] 中国建筑标准设计研究院.多层砖房钢筋混凝土构造柱抗震节点详图.北京：中国计划出版社，2006.

[6] GB/T 50104—2010.

[7] GB/T 50105—2010.

[8] GB 50009—2012.

[9] GB 50011—2010（2016 年版）.

[10] GB 50017—2017.

[11] 王松岩，焦红.钢结构设计与应用实例.北京：中国建筑工业出版社，2007.

[12] 徐有邻.汶川地震震害调查及对建筑结构安全的反思.北京：中国建筑工业出版社，2009.

[13] 周俐俐.多层钢筋混凝土框架结构毕业设计实用指导.北京：中国水利水电出版社，2012.

[14] 周俐俐.混凝土框架结构工程实例手算与电算设计解析.北京：化学工业出版社.2014.

[15] 16G101-1.

[16] 16G101-2.

[17] 中国建筑科学研究院 PKPM CAD 工程部.结构平面计算机辅助设计软件 PK.北京：中国建筑科学研究院，2016.

[18] GB 50016—2014.

[19] 陈燕菲.房屋建筑学.北京：化学工业出版社，2011.

[20] 李必瑜，王雪松.房屋建筑学.第 4 版.武汉：武汉理工大学出版社，2012.

[21] 邱洪兴.建筑结构设计（第一册）.北京：高等教育出版社，2007.

[22] 宋占海，宋东，贾建东.建筑结构设计.第 2 版.北京：中国建筑工业出版社，2007.

[23] 彭亚萍，李云兰.板式楼梯斜板厚度取值的讨论.山东建材学院学报，1999，13（3）：266-269.

[24] 黄云峰，刘慧芳，王强.房屋建筑学.武汉：武汉大学出版社，2013.

[25] 王鹏飞，栗艺元，梁沛琳.楼梯设计中的几个常见问题及处理方法.山西建筑，2015，41（4）：47-48.

[26] 郝献华，李章政.混凝土结构设计.武汉：武汉大学出版社，2013.

[27] 刘铮.建筑结构设计误区与禁忌实例.北京：中国电力出版社，2015.

[28] 王威等.建筑楼梯在 2008 年汶川大地震中的震害分析.地震工程与工程振动，2011，31（5）：157-165.

[29] 薛建阳，王威.混凝土结构设计.北京：中国电力出版社，2011.

[30] 张季超.新编混凝土结构设计.北京：科学出版社，2011.

[31] JGJ 3—2010.

[32] 林宗凡.建筑结构原理及设计.北京：高等教育出版社，2002.

[33] 张晋元.混凝土结构设计.天津：天津大学出版社，2012.

[34] 褚振文.11G101 图集平法钢筋识图.北京：中国建筑工业出版社，2015.

[35] 朱彦鹏.钢筋混凝土结构课程设计指南.北京：中国建筑工业出版社，2010.

[36] 顾祥林.建筑混凝土结构设计.上海：同济大学出版社，2011.

[37] 郝峻弘.房屋建筑学.北京：清华大学出版社，2015.

[38] 王天.楼梯与台阶构造.北京：机械工业出版社，2013.

[39] 乌苏拉·鲍斯，克劳斯·西格勒.钢楼梯——构造·造型·实例.方瑜译.北京：中国建筑工业出版社，2008.

[40] 宋晓冰.建筑结构.北京：中国电力出版社，2015.

[41] 皮凤梅，杨洪渭，戎贤，王丽枚.土木工程结构设计指导.北京：中国水利水电出版社，2012.

[42] 陈雪光.混凝土结构常见构造问题处理措施.北京：中国建筑工业出版社，2016.

[43] 张耀庭，段剑林.钢筋混凝土框架结构中楼梯间布置位置的研究.建筑结构学报，2013，34（5）：72-79.

[44] 陈青来.钢筋混凝土结构平法设计与施工规则.北京：中国建筑工业出版社，2007.